中国科学院科学出版基金资助出版

食品科学与工程类系列规划教材

食品质量与安全管理学

秦　文　王立峰　主编

科 学 出 版 社
北　京

内 容 简 介

本书从食品质量与安全管理学的基本要求出发，系统地阐述了食品质量与安全管理的基本概念、理论和方法，重点介绍了食品质量新体系、食品质量管理新方法、食品质量控制及数理统计方法、食品质量检验、食品质量审核与质量认证、食品企业诚信体系等内容，全面地反映了当今食品质量与安全管理学的基本内容。

本书适合作为食品质量与安全专业学生的专业课教材，可供食品科学与工程、食品质量管理、食品贸易等方面的教学、科研、管理人员参考，也可作为食品管理部门、质量监督部门和相关企业质量管理的培训教材。

图书在版编目(CIP)数据

食品质量与安全管理学 / 秦文，王立峰主编. —北京：科学出版社，2016

ISBN 978-7-03-048756-8

食品科学与工程类系列规划教材

Ⅰ. ①食… Ⅱ. ①秦… ②王… Ⅲ. ①食品安全-质量管理-教材 Ⅳ. ①TS201.6

中国版本图书馆 CIP 数据核字(2016)第 131755 号

责任编辑：席 慧/责任校对：王晓茜

责任印制：张 伟/封面设计：铭轩堂

科学出版社出版

北京东黄城根北街 16 号

邮政编码：100717

http://www.sciencep.com

北京虎彩文化传播有限公司 印刷

科学出版社发行 各地新华书店经销

*

2016 年 7 月第 一 版 开本：787×1092 1/16

2022 年 1 月第六次印刷 印张：18

字数：452 000

定价：59.00 元

(如有印装质量问题，我社负责调换)

《食品质量与安全管理学》编委会名单

主　编　秦　文　（四川农业大学）

　　　　　王立峰　（南京财经大学）

副主编　艾启俊　（北京农学院）

　　　　　宫智勇　（武汉工业大学）

　　　　　赵　勤　（四川农业大学）

编　委　（按姓氏汉语拼音排序）

　　　　　艾启俊　（北京农学院）

　　　　　宫智勇　（武汉工业大学）

　　　　　韩新锋　（四川农业大学）

　　　　　李美良　（四川农业大学）

　　　　　秦　文　（四川农业大学）

　　　　　任媛媛　（河北科技大学）

　　　　　王立峰　（南京财经大学）

　　　　　邢亚阁　（西华大学）

　　　　　张　铁　（兰州理工大学）

　　　　　张铁男　（哈尔滨商业大学）

　　　　　赵　勤　（四川农业大学）

前　言

“民以食为天”，食品质量和安全是全世界政府和广大消费者关注的焦点和热点话题，更是食品工业的命脉。一个潜在的食品质量安全小问题，可以导致一个工厂倒闭。面对全球经济一体化和食品市场的巨大竞争，产品质量安全已成为决定胜负的关键因素，食品企业将面临新的竞争形势和强大的市场压力，这都迫切需要用质量管理的新思想、新理论、新方法来提升企业的核心竞争力，走质量效益型的发展道路已成为企业生存和发展的必然选择。学习食品质量与安全管理学，运用现代管理手段和方法，对保证食品质量与安全，维护消费者身体健康与社会安定，改善企业管理，提高产品及服务的质量与竞争力，提高生产效益，推动食品贸易的发展至关重要。

本书按照食品质量与安全管理学的基本要求，从微观到宏观，从实践到理论介绍了食品质量与安全管理的理论和方法。全书共分 13 章，由四川农业大学秦文老师担任第一主编，负责全书的统稿和第五章、第十三章的编写工作，南京财经大学王立峰老师担任第二主编，负责第七章的编写，此外第一章和第十章由四川农业大学李美良老师编写，第二章由北京农学院艾启俊老师编写，第三章由兰州理工大学张轶老师编写，第四章由西华大学邢亚阁老师编写，第六章由武汉工业大学宫智勇老师编写，第八章由四川农业大学赵勤老师编写，第九章由哈尔滨商业大学张铁男老师编写，第十一章由河北科技大学任媛媛老师编写，第十二章由四川农业大学韩新锋老师编写。

在本书的编写出版过程中得到了编者所在院校和科学出版社的指导、帮助和支持，在此深表谢意。

由于工作繁忙和时间紧迫，加之学科内容广泛和发展迅速，书中疏漏和不妥之处在所难免，盼望诸位读者赐教惠正。

编　者

2016 年 1 月 5 日

目　录

第一章 质量与安全管理的基本概念

【本章提要】

本章主要介绍了食品质量管理和安全的一些基本概念，这些概念对于本章内容的理解具有促进作用，同时概括讲解了食品质量安全管理的发展历程和一些方法等。

【学习目标】

掌握和理解食品质量管理和安全的一些基本概念，并全面了解当前一些常见的食品安全质量事故，学会并掌握相关的食品质量管理的方法和措施。

【主要概念和名词】

质量管理、食品质量、食品安全、生物性危害、化学性危害、物理性危害、食品安全法

第一节 质量与安全管理概述

纵观社会发展历程，自从有了商品生产，人类就开始了以商品的成品检验为主的质量管理。根据文献记载，我国早在2400多年前的春秋战国时期，就有了质量管理的文献记载。例如，在《周礼》一书中汉代补入的《考工记》文章中，就记载了各种手工业产品的类型与工程技术规格设计、所需原材料的数量与成分比例、制造方法、技术要求及“命百工审查五库器材质量”之类的质量管理方法。从世界历史来看，其他一些国家也在很早以前就有了质量管理。例如，古希腊的《汉谟拉比法典》中记载：如果营造商为他人建造的房屋倒塌，致使房屋主人死亡，那么这个营造商也将被处死。随着社会生产力的发展和科学技术的进步，质量管理也在不断进步和发展。

质量控制圈(quality control circle，QCC)之父、日本质量管理大师石川馨认为，质量管理就是开发、设计、生产、提供最经济、最有用、买方满意地购买的优质产品。

著名的质量管理专家戴明博士认为，质量管理就是为了最经济地生产出具有使用价值与商品性的产品，而在生产的各个阶段应用统计学的原理与方法。

全面质量管理的创始人菲根堡姆认为，质量管理就是为了在最经济的水平上生产出充分满足顾客质量要求的产品，而综合协调企业各部门活动，构成保证与改善质量的有效体系。

而现代质量管理的领军人物朱兰博士将质量管理划分为3个普遍的过程，即质量策划、质量控制和质量改进，称为朱兰质量管理三部曲。

质量管理是指在质量方面指挥和控制组织的协调的活动，通常包括制订质量方针和质量目标，以及质量策划、质量控制、质量保证和质量改进。上述定义可从以下几个方面来理解。

第一，质量管理是通过建立质量方针和质量目标，并为实现规定的质量目标进行质量策

划，实施质量控制和质量保证措施，开展质量改进等活动予以实现的。

第二，组织在整个生产和经营过程中，需要对诸如质量、计划、劳动、人事、设备、财务和环境等各个方面进行有序的管理。由于组织的基本任务是向市场提供符合顾客和其他相关方要求的产品，围绕着产品质量形成的全过程实施质量管理是组织的各项管理的主线。

第三，质量管理涉及组织的各个方面，是否有效地实施质量管理关系到组织的兴衰。组织的最高管理者应正式发布本组织的质量方针，在确立质量目标的基础上，按照质量管理的基本原则，运用管理的系统方法来建立质量管理体系，为实现质量方针和质量目标配备必要的人力和物质资源，开展各项相关的质量活动，这也是各级管理者的职责。

因此，组织应采取激励措施激发全体员工积极参与，充分发挥其才干和工作热情，造就人人争做贡献的工作环境，确保质量策划、质量控制、质量保证和质量改进活动顺利地进行。

质量管理的发展大致经历了质量检验、统计质量控制、全面质量管理 3 个阶段。

第一个阶段——质量检验阶段：20 世纪前，产品质量主要依靠操作者本人的技艺水平和经验来保证，属于“操作者的质量管理”。20 世纪初，以 F. W. 泰勒为代表的科学管理理论的产生，促使产品的质量检验从加工制造中分离出来，质量管理的职能由操作者转移给工长，是“工长的质量管理”。随着企业生产规模的扩大和产品复杂程度的提高，产品有了技术标准，公差制度也日趋完善，各种检验工具和检验技术也随之发展，大多数企业开始设置检验部门，有的直属于厂长领导，这时是“检验员的质量管理”。上述几种做法都属于事后检验的质量管理方式。

第二个阶段——统计质量控制阶段：1924 年，美国数理统计学家 W. A. 休哈特提出控制和预防缺陷的概念。他运用数理统计的原理提出在生产过程中控制产品质量的“6σ”法（σ 为标准差），绘制出第一张控制图并建立了一套统计卡片。与此同时，美国贝尔研究所提出关于抽样检验的概念及其实施方案，成为运用数理统计理论解决质量问题的先驱，但当时并未被普遍接受。以数理统计理论为基础的统计质量控制的推广应用始于第二次世界大战。由于事后检验无法控制武器弹药的质量，美国国防部决定把数理统计法用于质量管理，并有由标准协会制定有关数理统计方法应用于质量管理方面的规划，成立了专门委员会，并于 1941～1942 年先后公布了一批美国战时的质量管理标准。

第三个阶段——全面质量管理阶段：20 世纪 50 年代以来，随着生产力的迅速发展和科学技术的日新月异，人们对产品的质量从注重产品的一般性能发展为注重产品的耐用性、可靠性、安全性、维修性和经济性等。在生产技术和企业管理中要求运用系统的观点来研究质量问题。在管理理论上也有新的发展，突出重视人的因素，强调依靠企业全体人员的努力来保证质量。此外，还有“保护消费者利益”运动的兴起，企业之间市场竞争越来越激烈。在这种情况下，美国 A. V. 费根鲍姆于 60 年代初提出全面质量管理的概念。他提出，全面质量管理是为了能够在最经济的水平上、并考虑到充分满足顾客要求的条件下进行生产和提供服务，并把企业各部门在研制质量、维持质量和提高质量方面的活动构成为一体的一种有效体系。

食品质量管理就是为保证和提高食品生产的产品质量或卫生质量所进行的调查、计划、组织、协调、控制、检查、处理及信息反馈等各项活动的总称，它是食品企业管理的中心环节。加强质量管理是全面提高生产及产品质量的前提，要保证高质量的生产和产品，食品质量管理是一种被广泛认可的科学有效的管理方法。

第二节　食品质量和食品质量管理

“民以食为天”，食品质量对每个人来说意义非凡，全面保证食品安全与质量是食品行业让消费者满意的必要条件之一。食品行业有责任给公众提供安全、有营养和质量一致的产品。质检人员和管理者的作用就是通过有效执行全面质量保证体系或措施，使产品质量达到企业预期，即使消费者满意、使企业获得所期望的增长、给投资者利益回报。随着科学技术和经济的飞速发展，人们生活水平的不断提高，加上全球化市场的到来，食品行业的发展也日新月异，新产品层出不穷；加工技术水平提高；特别是在质量保证领域，出现了许多新的管理规范、程序和概念。食品质量与安全保证就是指从原辅料生产到工业化食品加工过程和产品，对消费者来说都是可以接受的，并符合相关标准的要求。

一、食 品 质 量

食品质量(food quality)的概念与一般产品质量的概念是一致的，只是食品本身具有其特殊性。我国《食品工业基本术语》将食品质量定义为“食品满足规定或潜在要求的特征和特性总和”，“反映食品品质的优劣”。它不仅指食品的外观、品质、规格、数量、质量、包装，也包括了安全卫生。就食品而言，安全卫生是反映食品质量的主要指标，离开了安全卫生的要求，就无法对食品质量的优劣下结论。2015 年 10 月 1 日起施行的新修订的《中华人民共和国食品安全法》(简称《食品安全法》)第一百五十条对食品的定义是“指各种供人食用或者饮用的成品和原料以及按照传统既是食品又是中药材的物品，但是不包括以治疗为目的的物品”。食品的总特征和特性在食品标准中得到具体体现，如某种食品的感官特性、理化指标和微生物指标。其中，感官特性是指通过视觉(产品外观或包装的完整性等)、嗅觉、听觉、触觉和味觉感知的食品特性；不同食品的原料和终产品不同，产品标准中的理化指标和微生物指标也有所不同。国际食品法典委员会(CAC)指出：所有消费者都有权获得安全、完好的食品，且不得含有或掺杂有毒、有害或有损健康水平的任何成分；不得在全部或部分产品中含有不洁、变质、腐败、腐烂或致病的物质及异物或其他不适于人类食用的成分；不得掺假；标示上的内容不得有错，不得误导欺骗消费者；不得在不卫生的条件下进行销售、制备、包装、贮藏及运输。

二、食品质量管理

食品是一种与人类健康息息相关的特殊的有形产品。它既具有一般有形产品质量特性和质量管理的特征，又具有其独有的特殊性和重要性。食品质量管理包括 4 个主要研究方向：食品质量管理的基本理论和基本方法；食品质量管理的法规和标准；食品安全的质量控制；食品质量检验的制度和方法。

1)*食品质量管理的基本理论和基本方法*　食品质量管理是质量管理在食品工程中的应用。因此质量管理学科在理论和方法上的突破必将深刻影响到食品质量管理的发展方向。相反，食品质量管理在理论和方法上的进展也会促进质量管理学科的发展。因为食品工业是制造业中占据重要份额且发展最快的行业。

2）食品质量管理的法规和标准　食品质量管理的法规和标准是保障人民健康的生命线，是各行各业生产和贸易的生命线，是企业行为的依据和准绳，因而对食品质量管理的法规和标准的研究受到极高的重视。世界各国政府已经认识到在经济全球化时代，食品质量管理必须走标准化、法制化、规范化管理的道路。国际组织和各国政府制定了各种法规和标准，旨在保障消费者的安全和合法利益，规范企业的生产行为，防止出现疯牛病、三聚氰胺等恶性事件，促进企业的有序公平竞争，推动世界各国的正常贸易，避免不合理的贸易壁垒。对于我国政府、企业和人民来说，食品质量管理的法规和标准更有着重要的现实意义。我国社会主义市场经济正处于逐步完善和发展的阶段，企业在完成原始积累以后正朝着现代企业目标前进，生活水平得到提高的广大人民群众十分强烈地关注食品质量问题，特别是食品的安全质量问题。2015 年 10 月 1 日正式实施的新的《食品安全法》正是在国家、企业和人民的期盼中产生的。

3）食品安全的质量控制　食品安全管理是一个系统工程，可分为食品安全监管体系、食品安全支持体系和食品安全过程控制体系。食品安全监管体系包括机构设置、明确责任等；食品安全支持体系包括食品安全法律法规体系、安全标准体系、认证体系、检验检测体系、信息交流和服务体系、科技支持体系及突发事件应急反应机制等；食品安全过程控制体系包括良好农业规范（GAP）、良好操作规范（GMP）、危害分析与关键点控制（HACCP）等。

4）食品质量检验的制度和方法　食品企业种类很多，不同的企业在质量检验的制度和方法上可能会有所差异，但是其目的和原则都是相似的，一般来讲包括如下几个方面：食品进货查验制度，是指根据国家有关规定及食品生产者和其他供货者之间的合同约定，对购进的食品质量进行检查，符合规定和约定的予以验收的制度。对存在食品安全问题的，应提出异议，经进一步证实不符合食品安全要求的，拒绝验收进货。食品进货查验记录制度，企业的食品进货查验记录作为对供货者的许可证和食品合格证明文件等一系列文件进行查验的书面证明，应当真实。食品批发企业销售记录制度，如实记录所销售的食品的名称、规格、数量、生产批号、保质期、购货者名称及联系方式、售货日期等内容，或者采用计算机管理，建立电子台账；或者保留载有相关信息的销售票据。食品退市制度，是指在我国境内对已经进入销售领域的食品，发现其质量不合格或者有其他违法问题，采取停止销售、退回供货方整改、销毁、召回等措施退出市场的行为。食品检查、贮存、运输制度，是指食品在生产、贮存及运输过程时要有专用冷柜存放，专人看管，及时查验货物，按照要求冷链运输等。从业人员健康检查制度和健康档案制度，是指为了防止食品生产经营从业人员因其所患疾病污染食品而建立的制度。另外，还有卫生管理制度等。通过这些制度和方法来保证食品质量管理能够有章可循，有法可依。

第三节　食品安全

一、食品安全的概念

食品安全（food safety）是指食品被人食用后，对人体健康没有任何危害。CAC 对食品安全给出的定义是：“在按照预期用途进行制备或食用时，不会对消费者造成伤害”。它具有 3 个方面的含义：一是保证食品中不含有造成慢性食物中毒的有毒、有害物质；二是保证食物中不含有引起急性食物中毒的有毒、有害物质；三是防止商业欺诈和营养失衡。我国《食品安全法》第一百五十条中对食品安全的定义是：“食品安全，是指食品无毒、无害，符合应当有的营养要求，对人体健康不造成任何急性、亚急性或者慢性危害。”食品质量的内容除了食品的属性特征、加工过程和服务之外，安全是最重要的要求。食品安全意味着食品应该是无害、有营养并保障供应的。

没有危害就必须让食品中不含有任何不安全因子，即危害因子(hazard factor)。但是，食品加工生产的全过程并非在真空状态下进行，原料采购、配料混合、加工处理、包装贮藏、运输销售等很多环节都是在自然环境下进行的。食品在生产加工环节中，不可避免地会受到周围环境中有害生物(细菌、病毒、霉菌、原生物、寄生虫)、化学残留(农药、兽药残留)及物理异物(毛发、碎石、灰尘)等有害物的污染，这些污染不是人为有意造成的，而是自然环境或突发灾害导致的。例如，鲜肉中可能含有致病的大肠杆菌；鸡蛋表面有致病的沙门菌；香肠腊肠在生产过程中很容易感染肉毒梭菌，并可能产生含剧毒的肉毒素。食品加工的首要目的就是尽可能排除这些不安全因子。

二、食品安全标准

食品安全标准(food safety standard)是强制执行的标准，除食品安全标准外，不得制定其他食品强制性标准。食品安全标准包括食品安全国家标准和地方标准。食品安全标准是保证食品安全、保障公众身体健康的重要措施，是实现食品安全科学管理，强化各环节监管的重要基础，也是规范食品生产经营、促进食品行业健康发展的技术保障。生产经营者、检验机构及监管部门必须严格执行，禁止生产经营不符合食品安全标准的食品、食品添加剂和食品相关产品，否则应承担相应的法律责任。为了解决2009年《食品安全法》通过之前的食品卫生标准、食品质量标准及行业标准等多套标准同时存在的问题，从制度上确保食品安全国家标准的统一，《食品安全法》规定，除食品安全标准外，不得制定其他的食品强制性标准。

食品安全标准应当包括下列内容。

(1)食品、食品添加剂、食品相关产品中的致病性微生物，农药残留、兽药残留、生物毒素、重金属等污染物质及其他危害人体健康物质的限量规定；

(2)食品添加剂的品种、使用范围、用量；

(3)专供婴幼儿和其他特定人群的主辅食品的营养成分要求；

(4)对与卫生、营养等食品安全要求有关的标签、标志、说明书的要求；

(5)食品生产经营过程的卫生要求；

(6)与食品安全有关的质量要求；

(7)与食品安全有关的食品检验方法与规程；

(8)其他需要制定为食品安全标准的内容。

三、食品安全危害的来源

食品安全危害的来源可分为化学性危害、生物性危害和物理性危害3类。

(一)化学性危害

化学性危害是指给消费者身体带来危害的食品中的农业投入品(如杀虫剂、除草剂、灭鼠药、化肥、抗生素和一些兽药等)、清洁剂残留、天然毒素和致过敏性物质等。食品中化学物质的残留可直接影响到消费者身体健康，发生急性或慢性疾病，因此降低食品的化学性危害，是保证食品安全性的重要环节之一。

农业投入品在农业生产中使用后，微量农药原体、有毒代谢物、降解物和杂质等残存于生物体、食品和环境中，都称为农残，具有毒理学意义。当农残超过最大残留量时，将对人畜产生不良影响或通过食物链对生态系统中的生物造成毒害。农药通过大气和饮水进入人体的仅占 10%，通过食物进入人体的占 90%，农药进入人体产生致癌、致突变和致畸性等毒害作用。

食品企业不可避免地使用各种清洁剂和消毒剂，如果不漂洗干净，会给人体健康带来损害。天然毒素指由食物原料产生的，对人体有害的成分。天然毒素包括有害糖苷类、有毒氨基酸、凝集素、皂素和有毒活性肽及其毒素，以及甲壳类动物毒素、河豚毒素等。能引起过敏症状的食物中都含有过敏原，含有过敏原的食品称为过敏性食品。致过敏性物质是指存在于食品中可以引发人体对食品过敏的免疫反应的物质。目前已发现许多食品中含有能使人过敏的内源性过敏原，且不同人群对其敏感性不同。全球因食物过敏或有食物不耐症的人口比例始终都在增长。据相关统计，8%的儿童和 3%的成人受过敏症影响，而且新的过敏原还在不断出现。过敏症不仅可以引起慢性疾病，如遗传的过敏性皮炎、风疹和消化症状等，还能威胁生命，如哮喘和过敏性休克。

欧盟新条例要求食品标签必须明确标明的潜在过敏性配料主要有如下几类：含有甲壳类动物及含该类动物的产品；蛋及含蛋产品；麸质及含其产品的谷类食品；鱼及含鱼类的产品；花生及含花生类的产品；大豆及含有大豆的产品；乳及乳制品；坚果及其制品；芹菜及其制品；芥末及其制品；芝麻及其制品。过敏性和有毒化学添加物、食品的工业化加工能直接或间接通过动植物食品进入食品链。

(二)生物性危害

生物性危害是能导致食源性疾病的致病性细菌、病毒和寄生虫等，这些生物体通常随着生产人员和原辅料进入食品。

常见的致病性细菌包括弯曲杆菌属(弧菌)、蜡状芽孢杆菌、产气荚膜梭状芽孢杆菌、李斯特单胞菌属、沙门菌、肉毒梭状芽孢杆菌、埃希氏大肠杆菌、志贺氏菌、金黄色葡萄球菌、霍乱弧菌、副溶血性弧菌、创伤弧菌等。

病毒是微生物中的一个类群，个体比细菌小，无完整的细胞结构，也无完整的酶系，不能独立生活，只能寄生在活细胞内。常见的食源性病毒有肝炎病毒和肠流感病毒等。病毒通过以下途径污染食品：携带病毒的人和动物通过粪便、尸体直接污染食品原料和水源；带有病毒的食品从业人员通过手、生产工具、生活用品等在食品加工、运输和销售等过程中对食品造成污染；携带病毒的动物与健康动物接触；蚊、蝇、鼠类、蟑螂和跳蚤等是某些病毒的传播媒介，造成食品污染；污染食品的病毒通过摄食进入人和动物体内繁殖后，又以粪便、唾液、动物尸体或生活用品等形式再次污染食品，导致恶性循环。

通过食品感染人体的寄生虫称为食源性寄生虫，主要包括绦虫、原虫、节肢动物、吸虫和线虫等。寄生虫能通过多种途径污染食品和饮水，从而进入人体导致人的食源性寄生虫病的发生和流行。

（三）物理性危害

物理性危害是指食品中的异物，可以定义为任何消费者认为不属于食物本身的物质，而有些异物与食物原料本身有关，如肉制品中的骨头渣，它是食物的一部分，还有糖和盐结晶时常被误认为碎玻璃。所以，异物一般被分为自身异物和外来异物，自身异物是指与原材料和包装材料有关的异物；外来异物是指与食物本身无关而来自外界并与食物合为一体的物质。也可以如此描述物理性危害，即任何尖利物可引起人体伤害、任何硬物可造成牙齿损坏和任何可堵塞气管使人窒息之物。外来异物包括金属片、木头、昆虫、珠宝、塑料、玻璃等。

目前，很多食品生产商、零售商和政府机关反馈，消费者投诉较多的就是食品中的异物。尽管是在最佳管理模式下，产品中也难免会含有一些意外物质。所以，食品中的异物问题成为所有食品生产者和零售商非常关心的一个问题。媒体对消费者权利维护的大量报道及消费者的投诉意识的增强，使得食品安全问题日益受到关注。

食品污染物是指非有意添加到食品中，会危机食品的安全性或适用性的任何生物物质、化学试剂、外来异物或其他物质。食品安全危害可能是本身所固有的，也可能是外来污染物。

食品的固有属性和加工方法涉及食品安全危害，如食品配方及食品在加工过程中有可能产生食品安全危害或被污染。产品配方可能涉及的食品安全问题有防腐剂、水分活度和配料、pH 与酸度。加工技术中的冷冻、热加工、发酵、辐照和包装系统不当都有可能涉及食品安全危害。

第四节 食品质量与安全管理

一、食品安全的形势

随着社会和经济的发展，食品工业在所有国家都承担着食品符合质量与安全要求的责任，有责任在食物链的所有环节进行食品质量管理与安全控制，并建立相应的保证体系，确保食品质量安全。

针对食品工业来说，安全卫生是反映食品质量的最重要和最基本的指标，离开了安全卫生，食品质量无从谈起。CAC 在《食品卫生通则》中指出，食品安全是指当根据食品的原定用途进行处理或食用时，不会给消费者健康带来危害的一种保证。食品卫生则是指在食品链中的所有环节保证食品的安全性和适宜性所必备的一切条件和措施。导致食品安全问题通常有两个方面的原因：一是食品自身的因素，如毒素；二是人为因素。后者为引起食品安全问题的主要因素。

随着人类进入 21 世纪，现代科技发展日新月异，人类生活条件得到极大的改善，但并未给食品安全卫生带来根本改善。近年来，国内外相继发生了一系列严重的食品安全事件，如二噁英、疯牛病、禽流感、苏丹红、三聚氰胺、瘦肉精等事件，一次又一次敲响了食品安全的警钟；食源性疾病发病率日趋上升，有关食品安全方面的争端严重阻碍着国际食品贸易的发展；食品新技术、新资源的应用给食品安全带来了新的挑战。在全球范围内，食品安全的问题日益成为全球消费者共同困扰和关注的焦点问题之一，相关国际组织和机构及各国政府对此都高度重视，逐渐将食品质量与安全管理放在极其重要的位置。以下列举了国内外出现的典型的食品安全事件。

疯牛病蔓延：最早发生并流行于英国的牛海绵状脑病，俗称疯牛病，简称 BSE。这种病波及世界很多国家，如法国、爱尔兰、加拿大、丹麦、葡萄牙、瑞士、阿曼和德国等 30 余个国家。从 20 世纪 80 年代末的 10 多年时间内被证实的病牛达 17 余万头，造成了巨大的经济损失和严重的社会恐慌。牛的感染过程通常是：被疯牛病病原体感染的肉和骨髓制成的饲料被牛食用后，经胃肠消化吸收，经过血液到达大脑，破坏大脑，使其失去功能呈海绵状，导致疯牛病。人类也会因接触或食用含疯牛病的牛肉及其制品而感染得病。目前，对于疯牛病的朊病毒究竟通过何种方式在牲畜中传播，又是通过何种途径传染给人类，研究得还不清楚，一旦得病将无药可医。

日本大肠杆菌中毒：1996 年，日本数十所中学和幼儿园相继发生数起集体食物中毒事件，中毒人数多达 1000 多人，导致数名儿童死亡，近百人入院治疗。后续一个月时间内，中毒人数超过万人，中毒波及 40 多个县市，这就是引起全世界极大关注的由大肠杆菌 O157 引起的暴发性中毒事件。

比利时二噁英污染食品：1999 年 5 月在比利时发生二噁英污染食品的事件，起初是养鸡场出现母鸡不生蛋、肉鸡生长异常的现象，后经调查发现，这是由于比利时 9 家饲料公司的饲料中含有致癌物质二噁英所致。这一事件使 1000 万只受污染的蛋鸡和肉鸡被屠宰销毁，造成直接损失将近 4 亿欧元，再加上与之相关联的食品工业，损失超过上百亿欧元。

法国、美国李斯特菌食物中毒：1999 年年底，美国发生了历史上因食用带有李斯特菌的食品而引发的最严重的食物中毒事件。据美国疾控中心资料显示，在密歇根州，有 14 人因食用被该菌污染了的“热狗”和熟肉而死亡，在其余州也有近 100 人因此致病，还有数名妇女因此流产。随后，在法国也暴发了李斯特菌污染食品的事件。

日本金黄色葡萄球菌感染：2000 年 6 月，日本大阪的雪印牌牛奶厂低脂高钙牛奶被金黄色葡萄球菌肠毒素污染，造成近 15 000 人腹泻和呕吐，住院人数上百，导致全国几十家分厂停业整顿，接受调查。

禽流感风波：自从 H5N1 型禽流感病毒被发现以来，一直未能得到有效控制，特别是 2005 年，其在世界范围传播速度惊人，在东亚、中国、印度尼西亚、柬埔寨、越南和泰国都发现了其踪影，甚至远至欧洲的俄罗斯和罗马尼亚也发现染病的鸟禽。迄今为止，全世界已有超过 1 亿只的家禽染病死亡或集中处理，造成的经济损失高达 100 亿美元。据世界卫生组织证实，目前因禽流感而染病或身亡的人数已逾 150 人。

劣质奶粉事件：2004 年 3 月底，安徽阜阳发生了用淀粉、蔗糖替代乳粉、奶香精生产的劣质奶粉造成婴儿营养不良的事件，其中因食用劣质奶粉造成营养不良的婴儿近 230 人，因此导致死亡的婴儿近 20 人。无独有偶，2008 年以河北三鹿集团为代表的 20 多家企业近 70 批次的奶粉被检出了含量不同的三聚氰胺，导致数百名婴儿患肾结石。截至 2008 年 11 月底，全国累计报告因食用三鹿奶粉和其他个别问题奶粉导致泌尿系统出现异常的患儿近 30 万人。同时不久前的美国《华尔街日报》报道，享誉全球的新西兰牛奶及奶制品被检测出含有低含量的有毒物质双氰胺，让人们对洋奶粉也产生了极大的恐慌。

另外，还有涉及全球的“苏丹红一号”国际食品安全紧急警告事件、“速生鸡”、“丙烯酰胺”等涉及全球著名快餐连锁行业的丑闻一件接一件。日、韩致癌的聚氯乙烯食品保鲜膜转道中国及发展中国家时发生的农药及掺假食品导致的食物中毒事件层出不穷。食品安全事故几乎在全球每个地方都存在着。

这一系列突发事件涉及的国家范围、危及健康的人群及给相关食品国际间贸易带来的危机，对相关国家乃至全球经济的影响使食品安全问题受到了历史上空前的关注。如何有效地管理食品安全、建立食品安全管理体系，是政府、企业和消费者共同关注的问题。

二、食品安全事件发生的主要原因

（一）食品的污染

食品从农田到餐桌的过程中可能受到各种有害物质的污染。首先是农业种植、养殖业的源头污染严重，除了在农产品生产中存在的超量使用农药、兽药外，日益严重的全球污染对农业生态系统环境产生了很大的影响，环境中的有害物质导致农产品受到不同程度的污染，特别是有些污染物还可以通过食物链的生物富集、浓缩，引起污染物的浓度增加，导致人类食物中毒。其次是食品生产、加工、储藏、运输过程中的污染严重，既存在由于加工条件、加工工艺落后造成的卫生问题，又存在滥用食品添加剂甚至使用非食品加工添加物的现象。

（二）食源性疾病

食源性疾病是指通过摄食而进入人体的有毒有害物质所造成的疾病。一般指感染性和中毒性，包括常见的食物中毒、肠道传染病、人畜共患传染病、寄生虫病及化学性有毒有害物质所引起的疾病。食源性疾病的发病率居各类疾病总发病率的前位，是当前世界上最突出的卫生问题。

（三）食品新技术所带来的问题

食品工业新技术一般与化工、生物和其他的生产技术领域相结合，对食品卫生的影响有一个认识过程。例如，有关对微波、辐射等技术对食品安全性的影响一直存在争议。被认为有广阔前景的转基因食品，其安全性问题也不可能在短时间内彻底弄清。另外，食品工程新技术所使用的配剂、介质、添加剂及其对食品质量安全的影响也不能忽略。总之，食品工程新技术会给食品安全带来许多新的研究课题。

（四）食品标识规范问题

食品标识是现代食品不可分割的重要组成部分，不同食品的特征及功能主要是通过标识来展示的，因此，食品标识对消费者选择食品的心理影响很大。一些不法的食品生产经营者时常利用食品标识的这一特性，欺骗消费者，使消费者受骗，甚至身心受到伤害。现代食品标识的滥用比较严重，主要有如下一些方面：①食品标识的内容不符合有关法规的规定。②伪造食品标识。伪造食品，实际上是伪造食品标识，与标识不相符就被认定为伪造食品。③夸大食品标识展示的信息，用虚夸的方法展示该食品不具有的功能或成分。④滥用外文食品标识。进口食品，甚至某些国产食品，利用外文标识，让普通消费者无法辨认。

三、食品质量与安全管理的特点

食品质量管理是为了保证和提高食品生产的产品质量或卫生质量所进行的一系列活动的总称，它是食品企业管理的中心环节。加强质量管理是全面提高生产及产品质量的前提，要保证高质量的生产和产品，食品质量管理是一种被广泛认可的科学有效的管理方法，它具有广泛性、复杂性、安全性和长期性的特点。

（一）在空间和时间上具有广泛性

空间上包括田间、原料运输车辆、原料储存车间、生产车间、成品储存库房、运载车辆、超市或商店、运输车辆、冰箱、再加工、餐桌等环节的各种环境。从田间到餐桌的任何一环的疏忽都可使食品丧失食用价值。时间上包括几个主要的时间段：原料生产阶段、加工阶段、消费阶段，其中原料生产阶段时间特别长。任何一个时间段的疏忽都可使食品丧失食用价值。目前对食品加工企业而言，对加工期间的原料、在制品和产品质量管理和控制的能力较强，而对原料生产阶段和消费阶段的管理和控制的能力比较薄弱。

（二）对象具有复杂性

食品原料包括植物、动物、微生物等，许多原料在采收以后必须立即进行预处理、储存和加工，稍有延误就会变质或丧失加工和食用价值。而且原料大多为具有生命机能的生物体，必须将其控制在适当的温度、气体分压、水分等环境条件下，才能保持其鲜活的状态和可利用的状态。食品原料还受产地、品种、季节、采收期、生产条件、环境条件的影响，这些因子都会很大程度上改变原料的化学组成、风味、质地、结构，进而改变原料的质量和利用程度，最后影响到产品的质量。因此，食品质量管理对象的复杂性增加了食品质量管理的难度，需要随原料的变化不断调整工艺参数，才能保证产品质量的一致性。

（三）安全性在有形产品质量特性中居于首位

食品的质量特性同样包括功能性、可信性、安全性、适应性、经济性和时间性等主要特性，但其中安全性始终放在首要考虑的位置。一个食品产品的其他质量特性再好，只要安全性不过关就丧失了作为产品和商品存在的价值。

（四）在食品质量检测方面存在着相当的难度

质量检测方法发展迅速，从传统的手工操作到快速的自动化分析；从常量标本单个项目检测到微量标本多项目联合检测；从化学定性实验到高精密度的定量实验。食品的质量检测内容广，包括风味成分、组成成分、卫生等方面的检测。食品质量检测结果受人、机器、物料、环节、方法等诸多因素共同影响。

（五）对产品功能性和适用性有特殊要求

食品的功能性除了内在性能、外在性能以外，还有文化性能的潜在功能。内在性能包括营养功能、风味功能和生理调节功能。外在性能主要是从感官方面进行描述，如食品的色泽、光彩、造型、款式等。文化性能包括民族、宗教、文化、习俗、历史等特性。所以在食品质量管理上还要严格尊重和遵循相关法律、道德规范、风俗习惯等规定，不得擅自更改。消费者对一种食品的热情不会维持很久，对食品口味的要求经常发生变化，因此食品质量管理也必须不断进行市场调查，适时调整工艺参数，提高产品的适应性。一般来说，大多数食品都适合一般人群，但也有部分食品是针对一部分特殊人群，如婴幼儿食品、孕妇食品、老年食品、运动食品、航天食品等。政府及主管部门对特殊食品制定了相应的法规和政策，建立了审核、检查、管理、监督的制度和标准，因此特殊食品质量管理一般都比普通食品有更严格的要求和更高的监管水平。

（六）管理的水平需要极大提高

一部分大中型食品企业的技术设备先进，管理水平较高，但也有部分食品企业生产线落后、设备陈旧、科技含量低、从业人员素质低、管理观念薄弱。行政管理部门也存在法规不健全及执行和监督不力，设置入门槛过低等问题。因此，食品行业的质量管理总体水平与医药、电子、机械等行业相比有一定差距，应不断提高管理水平。

我国食品行业在原料供给、生产环境、加工、包装、储存运输及销售等环节的质量安全管理，都存在严重的不适应性。同世界其他国家一样，目前，由致病微生物和其他有毒、有害因素引起的食物中毒和食源性疾病对我国食品质量安全构成的威胁最明显。

食品质量与安全是一个遍及全球的公共卫生问题，不仅直接与整个人类的健康有关，还会严重影响经济和社会的发展。1984 年，我国政府向全世界宣布已经基本解决了温饱问题，这标志着我国食品安全开始由数量安全向质量安全转变。自此，食品数量供给不再成为中国政府和人民担心焦虑的问题，然而，食品质量安全却开始成为中国政府和大众的关注焦点，对食品质量安全的管理成效不理想也成为政府治理的一大顽症。

作为食品质量管理人员，应该懂得食品质量管理的基础知识，应从整体上把握质量管理的共性，更好地学习和应用先进、科学的质量管理方法，全面提高企业的质量管理意识和水平。此外，我们应该认识到保证产品质量不仅是企业参与市场竞争的利器，也是对广大消费者认真负责的重要表现，有助于提高企业形象，树立良好的品牌，为营造我国食品安全的良好氛围奠定坚实的基础。

四、食品质量与安全管理的发展目标

(1)加快食品安全管理全球化进程。按照世界卫生组织（WHO）第 53 届大会的决议，各成员国很早都在采取措施建立健全本国的食品管理体系，我国也很早就颁布了《食品安全行动计划》，世界贸易组织（WTO）和 WHO 很早就发布了《WTO 协定与公共卫生》，把全球食品贸易与食品安全放到重要位置。世界各国已越来越认识到食品安全管理的重要性，只有加强国际间的合作，才能有效保证食品安全，促使社会经济的发展。

(2)强化食品生产经营者的食品安全责任。食品生产经营者应当向社会提供安全的食品，而食品生产经营者只有树立了较强的食品安全意识，才能自觉地遵守良好卫生规范（GHP），实施 HACCP 食品安全管理系统，控制和消除食品安全危害，保证所生产经营食品的安全。同时，食品生产经营者应接受食品安全管理机构的监督检查，共同研究解决食品安全的办法或措施，消除产生食物中毒或食源性疾病的隐患，确保消费者的健康。

(3)实行农田到餐桌整条食物链的食品安全管理。中国引进“从农田到餐桌”管理的理念较早，但目前尚未见到“从农田到餐桌”的国家食品安全行动计划，这点亟待加强。

(4)全面推行危险性分析方法。危险性分析(risk analysis)方法已被WTO、联合国粮食与农业组织(FAO)、WHO、CAC及欧盟(EU)采纳为基本的科学方法，用于食品安全的危险评估、危险管理及危险的信息交流。欧盟及其很多成员国都建立了独立危险性评估研究所及负责危险性管理和危险性信息的部门。

(5)增加食品安全管理政策和法律的透明度。根据SPS协定(Agreement on the Application of Sanitary and Phytosanitary Measure)的要求，应当保证所有有关的卫生规定迅速公布，并使其他与利益相关的国家知晓。对发现的食品安全问题，不仅要迅速公开，还应保证其政策和规定制定程序的透明。

(6)食品溯源管理。食品安全溯源体系，是指在食品产供销的各个环节(包括种植养殖、生产、流通及销售与餐饮服务等)中，食品质量安全及其相关信息能够被顺向追踪(生产源头—消费终端)或者逆向回溯(消费终端—生产源头)，从而使食品的整个生产经营活动始终处于有效监控之中。该体系能够理清职责，明晰管理主体和被管理主体各自的责任，并能有效处置不符合安全标准的食品，从而保证食品质量安全。在食品溯源管理方面，既要追溯可疑或问题食物原料的来源地，也要追溯导致食物产生问题的致病菌的来源地，以便采取相应措施进行处理。

复习思考题

1. 试阐述当前食品安全事故频发的原因有哪些。
2. 如何加强和健全我国食品质量和安全管理的法律法规?

第二章 质量成本管理

【本章提要】

本章概述了质量成本的分类和管理，质量成本的预测、控制、分析、核算及优化的目的、方法和要求，阐述了全面质量成本的构成和质量成本报告的撰写。

【学习目标】

掌握质量成本的定义、分类，质量成本预测的目的和方法，质量成本优化的步骤和方法，明确质量、成本、价格的关系，质量成本控制的步骤和方法，了解质量成本核算的目的、方法和要求。

【主要概念和名词】

质量成本、质量效益、质量损失

第一节 质量成本概述

一、质量的经济性

质量的经济性是人们获得质量所耗费资源的价值量的度量，在质量相同的情况下，耗费资源价值量小的，其经济性就好，反之就差。

二、质量效益与质量损失

“向质量要效益”这个口号反映了质量和效益之间的内在联系（图 2-1）。质量效益可理解为通过保证、改进和提高产品质量而获得的效益，它来源于消费者对产品的认同及其支付。反之，质量问题严重的产品会引起一系列的损失，这些损失会直接或间接地转嫁到消费者头上，这会使消费者失去对产品的信任，使产品失去市场。生产过程中的不良品损失仅属于企业内部的质量损失范畴，不良品损失犹如水中冰山，暴露在水面上的显见比例并不大，而大部分隐患和损失都潜在水面下。因此，质量损失应该是产品在整个生命周期中，由于质量不符合规定要求，

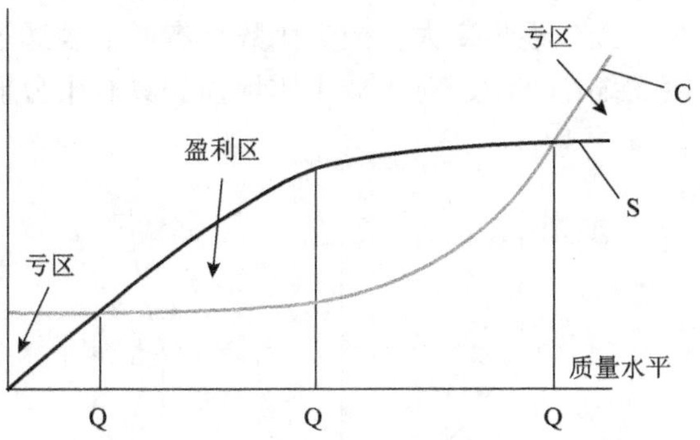

图 2-1　质量、成本、价格关系示意图

C. 成本；S. 价格；Q. 质量

对生产者、消费者及社会所造成的全部损失之和，涉及多方面的利益。所以，朱兰认为："在次品上发生的成本等于一座金矿，可以对它进行有利的开采。"

1）生产者的损失　对于食品生产企业，有形损失主要有：废品损失，返工损失，销售中的退货、赔偿、降级降价损失，运输贮存中的损坏变质损失等。这些损失通过价值计算都可计入成本，从而转嫁到消费者头上，如转嫁不成，则表现为企业利润减少，效益恶化。无形损失也有种种表现。例如，产品质量低劣，影响企业信誉，直接影响到订货，严重时可使企业丧失市场。这种损失虽然难以直接计算，但对企业的危害极大，甚至是致命的。

2）消费者的损失　产品在食用或使用中因质量缺陷而使消费者蒙受的各种损失属于消费者的损失。消费者损失的表现形式很多。对于食品来讲，主要是由于产品不卫生而使消费者的健康甚至生命安全受到的危害，并由此而造成的各种损失。在消费者损失中也存在无形损失的现象，主要表现为构成产品的零部件或成分的功能不匹配，使用寿命不一致或不能充分发挥作用。

3）社会的损失　生产商和消费者都是社会成员，他们的损失也是社会损失的一部分。除此以外，还存在另一类社会损失，它是由于产品的缺陷对社会造成的污染和公害而引起的损失，对社会环境的破坏和资源的浪费而造成的损失等。由于这类损失的受害者并不十分确定，难以追究赔偿，生产商往往不重视。为减少这类损失，除了生产商必须提高社会责任意识外，政府部门的干预是非常必要的，可以采取法律的、行政的、经济的等种种手段，迫使生产商改进产品质量，减少社会损失。

三、质量波动与损失

质量波动是不可避免的。每一批产品在相同的环境下制造出来，其质量特性或多或少总会有所差别，呈现出波动性。质量波动与质量损失之间存在着某种可定量估计的联系，日本的质量专家田口玄一提出了损失函数的如下表达式：

$$L(x) = K(x-m)^2$$

式中，$L(x)$ 是质量特性值为 x 时的波动损失；x 是实际测定的质量特性值；m 是质量特性的标准值，$\Delta = (x-m)$ 为偏差；K 是比例常数。

由图 2-2 可知，当质量特性值正好等于质量标准值 T 时，质量损失为零，随着偏差的增加，损失逐步变大。损失函数在本质上表达了质量波动和质量损失之间的逻辑关系。提高精度，缩小波动，对于减小质量损失具有十分显著的作用。但是，要提高工序加工精度，缩小质量特性值的波动，就必须提高工序能力。提高工序的能力，依赖于技术进步，也依赖于管理进步，这一切都意味着大量的投入。从经济性看，因质量改善所取得的质量效益应超过为此而付出的投入。但从企业长期发展看，技术和管理水平的进步毕竟是企业竞争力的基础。只要确实能带来质量改进，在这方面的投入是值得的。

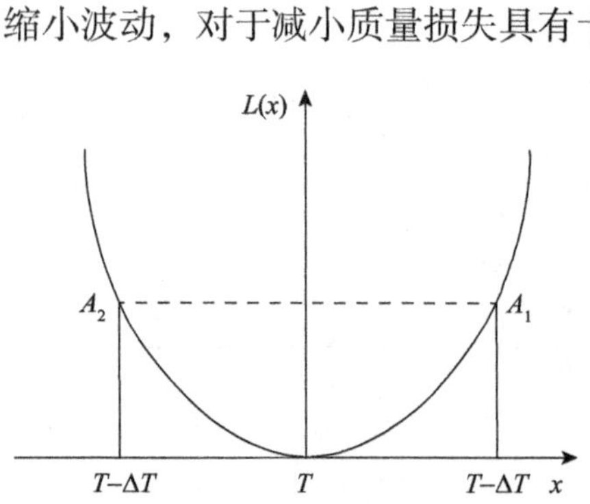

图 2-2　损失函数曲线

第二节　质量成本的基本概念

一、质量成本的含义

20世纪50年代初，美国通用电气公司质量管理专家A. V.菲根鲍姆首先明确提出质量成本的概念。20世纪80年代，菲根鲍姆进一步发展了质量成本的内涵。菲根鲍姆认为：质量成本是企业战略计划的核心之一。企业必须不断地寻找产品产生质量问题的根源，寻找改进的机会，减少质量事故带来的损失，这样才能从根本上提高企业的经济效益。所谓质量成本是指为了确保和保证满意的质量而发生的费用及没有达到满意的质量所造成的损失。

二、质量成本的分类

质量成本由符合性成本和非符合性成本构成。符合性成本是在现行过程无故障情况下，完成所有规定的和指定的顾客要求所支付的费用。例如，某啤酒厂为生产社会需要的啤酒所支付的正常生产成本费用，即原材料费、工资与福利费、设备折旧费、电费、辅助生产费等。非符合性成本是由于现行过程的故障造成的，如生产过程中发酵失败导致的损失费，设备故障而导致的停工损失费、设备维修费等。显然，质量管理中核算过程成本的根本目的是要不断降低非符合性成本。

（一）质量成本的构成

- 质量成本
  - 运行质量成本
    - 预防成本
    - 鉴定成本
    - 内部故障成本
    - 外部故障成本
  - 外部质量保证成本

从共性的角度可将质量成本分为两部分：企业内部运行而发生的各种质量费用，即运行质量成本；企业为顾客提供客观证据而发生的各种费用，即外部质量保证成本。运行质量成本可进一步划分为预防成本、鉴定成本、内部故障成本及外部故障成本4类。

（二）运行质量成本

运行质量成本是指企业为保证和提高产品质量而支付的一切费用，以及因质量故障所造成的损失费用之和。

1. 预防成本　预防成本是指有关企图预防不良产品或服务发生的成本，包括计划与管理系统、人员训练、品质管制过程，以及对设计和生产两阶段的注意以减少不良品发生的概率所产生的种种成本。

这类成本一般都发生在生产之前，而且这一类成本若发生，往往使故障成本下降。其主要包括：质量计划工作费用、质量教育培训费用、新产品评审费用、工序控制费用、质量改进措施费用、质量审核费用、质量管理活动费用、质量奖励费、专职质量管理人员的工资及其附加费等。

2. 鉴定成本　鉴定成本是指为检查和评定材料、在产品或产成品等是否达到规定的质量标准所发生的费用。企业支出此类成本的目的，是希望在生产过程中，能够尽快发现不符合质量标准的产品，避免损失延续下去。显然，此类成本的发生，也可减少故障成本。

鉴定成本主要包括：进货检验费用、工序检验费用、成品检验费用、质量审核费用、保持检验和试验设备精确性的费用、试验和检验损耗费用、存货复试复验费用、质量分级费用、检验仪器折旧费及计量工具购置费等。

3. 内部故障成本　内部故障成本又称内部损失成本，是指产品在出厂前由于发生品质缺陷而造成损失，以及为处理品质缺陷所发生的费用之和，如废品损失、返工损失、停工损失、产量损失等。

这类成本一般与企业的废、次品数量成正比。内部故障成本主要包括：废品损失费用、返修损失费用、复试复验费用、停工损失费用、处理质量缺陷费用、减产损失及产品降级损失费用等。

4. 外部故障成本　外部故障成本又称外部损失成本，是指产品售出后因质量问题而产生的一切损失和费用，这种质量问题是在交付给顾客后发生的成本。

外部故障成本主要包括质量异议赔偿、产品折价损失等。其又可以细分为：申诉受理费用、保修费用、退换产品的损失费用、折旧损失费用和产品责任损失费用等。

（三）外部质量保证成本

外部质量保证成本是指为提供用户要求的客观证据所支付的费用，包括特殊的和附加的质量保证措施费用、产品质量验证费、质量评定费用。其又可以细分为：按合同要求，向用户提供的、特殊附加的质量保证措施、程序、数据等所支付的专项措施费用及提供证据的费用；按合同要求，对产品进行的附加的验证试验和评定的费用；为满足用户要求，进行质量体系认证所发生的费用等。

第三节　质量成本管理

一、质量成本预测

质量成本预测就是分析、研究各种影响质量成本的因素对质量成本的依存关系，并利用大量观察数据，结合产品质量目标的要求，对一定时期的质量成本目标和质量成本水平进行测算、分析和预计。其目的是为企业提高产品质量和挖掘降低质量成本的潜力指明方向，为正确编制计划期质量成本计划、增产节约计划、产品质量改进措施计划提供可靠的依据。在反映实物量的基础上进行价值量反映，以补充实物量反映质量管理效果的局限性，取得综合的质量管理数据，考核质量管理效果。

（一）质量成本预测的依据

预测时要求综合考虑用户对产品质量的要求、竞争对手的质量水平、本企业的历史资料，以及企业关于产品质量的竞争策略，采用科学的方法对质量成本目标值作出预测。

（二）质量成本预测的目的

质量成本预测主要有 3 个目的：为企业提高产品质量和降低质量成本指明方向；为企业制订质量成本计划提供依据；为企业内各部门指出降低质量成本的方向和途径。

（三）质量成本预测的程序

质量成本预测首先要掌握大量的观测数据和资料，主要收集以下资料：用户资料，收集用户关于产品质量和售后服务的要求；竞争对手资料，包括产品质量、质量成本、用户对竞争对手产品质量的反应等；企业资料，主要包括本企业关于质量成本的历史资料，如质量成本结构、质量成本水平等；技术性资料，即企业所使用的检测设备、检测标准、检测方法，以及企业所使用的原材料、外构件对产品质量及质量成本的影响资料，还有企业关于新产品开发、新技术新工艺使用的情况；宏观政策，即国家或地方关于产品质量的政策等。然后对收集到的资料进行整理分析，从中寻找质量成本变化的规律、用户需求的规律、质量成本不同构成要素之间相互作用的规律等，在充分准备的基础上作预测。

（四）质量成本预测的方法

质量成本预测时要求对各成本构成的明细科目逐项进行。由于影响不同科目的方式不同，表现出来的规律也不同，因此对不同科目可采用不同的预测方法。通常有下列方法。

1）经验判断法　当影响因素比较多，或者影响的规律复杂，难以找出哪怕是粗糙的函数关系，这时可组织经验丰富的质量管理人员、有关的财会人员和技术人员，根据已掌握的资料，凭借自己的工作经验作预测。此外，对于长期质量成本也适宜使用经验判断法。

2）计算分析法　如果经过对历史数据作数理会计方法的处理后，有关因素之间呈现出较强的规律性，则可以找到某些反映内在规律的数学公式，用来作预测。

二、质量成本计划

质量成本计划是指在质量成本预测的基础上，针对质量与成本的依存关系，用货币形式确定生产符合产品质量要求时，在质量上所需的费用计划。其中包括质量成本总额及降低率，四项质量成本项目的比例，以及保证实现降低率的措施。每个推行质量成本管理的部门和单位必须编制质量成本计划付诸实施，并逐渐使质量成本进入控制阶段。质量成本计划应规定质量成本目标，采取的具体措施，以及检查与考核的指标等。要求目标定量，措施有力，具有可行性。

（一）质量成本计划的分类

按时间可划分为长期计划和短期计划。长期计划通常是 3～5 年的计划，短期计划通常是指年度（或季度、月度）的计划。

按管理范围可划分为企业成本计划和部门成本计划。

质量成本计划由财会部门编制，提交综合计划部门下达。质量成本计划一经确定，就成为质量成本目标值，作为为进行质量成本管理提供检查、分析、控制和考核的依据。编制质量成本计划的目的是要力求实现质量成本的最佳值。

（二）质量成本计划的内容

(1)主要产品单位质量成本计划。

(2)全部商品产品质量成本计划，即计划期内可比产品及不可比产品的单位质量成本、总质量成本及可比产品质量成本降低额计划。

(3)质量费用计划。

(4)质量成本构成比例计划，即计划期内质量成本各部分的结构比例及与各种基数(如销售收入、总利润及产品总成本等)相比的比例情况。

(5)质量改进措施计划，这是实现质量成本计划的保证。

三、质量成本控制

质量成本控制是指在既定的技术经济条件下，对质量成本的形成和发生施以必要的、积极的影响，从而实现最佳质量效益的行为。对质量成本进行控制，充分反映了现代企业对产品质量和产品成本的重视，也反映了技术与经济相结合促进经济和社会发展这一历史发展的必然趋势。

（一）质量成本控制的步骤

质量成本控制贯穿质量形成的全过程，一般应采取以下步骤。

(1)事前控制：事先确定质量成本项目控制标准。按质量成本计划所定的目标作为控制的依据，分解、展开到单位、班组、个人，采用限额费用控制等方法作为各单位控制的标准，以便对费用开支进行检查和评价。

(2)事中控制：按生产经营全过程进行质量成本控制，即按开发、设计、采购、生产、销售服务几个阶段提出质量费用的要求，分别进行控制，对日常发生的费用对照计划进行检查对比，以便发现问题和采取措施，这是监督控制质量成本目标的重点和有效的控制手段。

(3)事后控制：查明实际质量成本偏离目标值的问题和原因，在此基础上提出切实可行的措施，以便进一步为改进质量、降低成本进行决策。

（二）质量成本控制的方法

(1)限额费用控制的方法。

(2)围绕生产过程重点提高合格率水平的方法。

(3)运用改进区、控制区、过剩区的划分方法进行质量改进、优化质量成本的方法。

(4)运用价值工程原理进行质量成本控制的方法。

企业应针对自己的情况选用适合本企业的控制方法。

四、质量成本分析

将质量成本核算后的各种质量成本资料，按照质量管理工作的要求进行分析比较，使之成为改进质量、提高经济效益的有力工具。其主要包括质量成本总额分析、质量成本构成分析、内部故障成本和外部故障成本分析及其他质量成本分析。通过质量成本分析，可以找出影响产品质量的主要缺陷和质量管理工作的薄弱环节，为提出质量改进意见提供依据。通过质量成本分析也可以找到一个最佳质量点，使质量总成本最低，从而实现质量与经济的平衡。

质量成本分析共包括 4 个分析内容：质量成本总额的构成内容分析；质量成本总额的构成比例分析；质量成本各要素之间的比例关系分析；质量成本占预算成本的比例分析。

（一）质量成本分析方法

质量成本分析可采用定性和定量相结合的方法。

定性分析：可以加强企业质量成本分析工作的科学性，可以提高企业员工对质量工作重要性的认识，有利于增强员工的质量意识，推动企业质量管理工作。

定量分析：作用在于做精确的计算，求得比较确切的经济效果。定量分析有指标分析法、趋势分析法、排列图分析法 3 种。

1）指标分析法　把质量成本分析中有关内容进行数量计算，主要分为计算增减值和增减率两大类。

$$增减值\ C=基期质量成本总额-计划期质量成本总额$$

$$增减率\ P=C/基期质量成本总额\times 100\%$$

2）趋势分析法　企业质量成本总额的趋势分析，是指将企业质量成本总额的计划目标分析和相关指标分析中的各种计算结果分别按时间序列作图进行分析，观察各种指标值的变动情况，直观推断企业质量成本的变化趋势。目的是为了掌握企业质量成本在一定时期内的变化趋势。可分为 1 年内各月的变化情况短期趋势分析和 5 年以上的长期趋势分析。趋势分析可采用表格法（具体的数值表达）和作图法（曲线表达）2 种形式。

3）排列图分析法　使用排列图分析不同原因引起损失的大小，可以找出影响质量成本的主要问题。

质量成本的分析结果中，要指出报告期影响质量成本的关键区域和主要因素，并提出改进措施；对质量管理系统（QMS）作出评价；提出下期工作的重点和目标。

（二）质量成本报告

质量成本报告是在质量成本分析的基础上写成的书面文件，它们是企业质量成本分析活动的总结性文件，供领导及有关部门决策使用。质量成本报告的内容与形式视报告呈送对象而定。给高层领导的报告，要求简明扼要地说明企业质量成本的总体情况、变化趋势、计划期所取得的效果，以及主要存在的问题和改进的方向。送给中层部门的报告，除了报告总体情况外，还应该根据各部门的特点提供专题分析报告，使他们能从中发现自己部门的主要问题和改进的重点。质量成本报告的次数，对高层领导的要少一些，如公司规模大又无异常变化，可一季度一次，而对中层领导则应该一月一次，如情况有异常，可每旬报告一次，以便及时处理质量问题。质量成本报告应该由财务部门和质量部门联合提出，以保证成本数据的正确性。

1）质量成本报告的基本内容　报告一般需要包括质量成本发生额的汇总数据、原因分析和质量改进对策三大内容，所以要包括以下 5 个方面：①质量成本计划执行和完成情况与基期的对比分析；②质量成本的 4 项构成比例变化分析；③质量成本与主要经济指标的效益比较分析；④典型事例和重点问题的分析及处理意见；⑤对企业质量问题的改进建议。

2）质量成本报告的形式　质量成本报告内容可以繁简各异，形式可以各种各样。按时间可采用定期报告和不定期报告两种形式。书面形式可采用报表式、图表式和陈述式。①报表式：

报表是一种最常用的质量成本报告方式，具有准确性高、综合性强的特点(表 2-1)。②图表式：图表式是技术人员较乐意采用的一种方法，它具有醒目、形象、简单的特点。③陈述式：该形式是用语言来表述的一种方法，陈述式的报告表达全面、详细、易懂，因此也经常被采用。

表 2-1　质量成本月度报表

质量成本项目	月份		比较基数		比率/%
	金额/元	占总质量成本/%			
预防成本 质量工作费 质量培训费 … 合计			名称 产品总成本 产值	金额/万元	$\frac{总内部故障(损失)成本}{总产值}=$
鉴定成本 检测试验费 检测设备 折旧费 合计			利润 销售 …	 …	$\frac{总内部故障(损失)成本}{总销售额}=$ $\frac{总质量成本}{总销售额}=$ $\frac{总质量成本}{总利润}=$
内部损失成本 废品损失 返工损失 停工损失 合计					$\frac{总质量成本}{产品总成本}=$
外部损失成本 退货费用 索赔费 合计					分析结果处理意见：

制表人：　　　　　　　　　　日期：

在企业编制年度质量成本报告时，往往是 3 种形式混用，而月度报告可以单独使用某一方式，但无论采用何种方式都要针对报告的内容和接受的对象，力求准确、简明、易懂。

五、质量成本考核

对质量成本责任单位和个人的质量成本指标完成情况进行考察和评价，以达到鼓励和鞭策全体成员不断提高质量成本管理绩效的目的，是对质量成本实施闭环管理的必备环节。为了进行有效的考核，一般要建立各部门、各单位直至班组和个人的简明考核指标，并与经济责任制、“质量否决权”等结合起来，制订相应的考核奖励办法，定期进行奖励，保证质量成本管理的实施。

(一)考核方法

考核质量成本有两种思路：一是单独考核，二是捆绑考核，即将质量成本融入成本考核。

1. 单独考核　即将各单位的质量成本进行单独的归集、核算，并将其作为一项单独指标来考核的办法。单独考核可采取以下两种方式。

(1)质量成本否决制。应制订一个计划质量成本指标，如完不成计划指标则按比例否决该单位的综合奖，也可依据超计划的多少确定否决比例。采取这种质量成本否决方式，一般是“只否不奖”，也可以“有否有奖”。但作为否决指标，实施奖励可考虑使用非物质奖励形式，并应在较长的时间跨度内兑现。

(2)质量成本扣奖制。采用这种形式，既可制订计划指标也可不制订计划指标，以“零缺陷”为原则，只要发生就扣奖。比如，单位质量成本完成5元以下时，按质量成本的10%扣综合奖；5～10元，按其质量成本的15%扣综合奖；10元以上，按质量成本的20%扣综合奖。当然，5元以下也可以不扣，5元以上分段(或不分段)确定扣奖比例。这种考核方式可不考虑累计完成问题，且扣奖金数额直观，只反映质量成本完成好坏，考核容易控制。而“比例否决办法”会随综合奖的多少影响否决的力度，综合奖多时，力度可能过大；少时，力度可能过小。而各单位的最终奖金可能反映不了其综合业绩。

2. 捆绑考核 即将质量成本纳入生产成本中或考核利润时体现在产品价格中。这种思路源于这样的认识。质量成本也是成本，只要能够较准确地计量它，则可将其视为各工序的一个成本项目，融入其总成本中。对公司来说，要求的是总成本最低，不管它某一项成本的高低波动。这一办法发挥效用的好处和前提是：①要准确、全面地以货币形式计量质量问题给下道工序或公司带来的损失；②对各工序的总成本和利润有相当的考核力度；③只对利润实施考核时，利润基准水平(利润率)不宜太高，因为那样会使产量对利润的影响远远大于成本降低对利润的影响，进而影响其对成本(包括质量成本)的控制力度；④制订成本(利润)计划时，对质量成本额的估计要科学合理。

在捆绑考核办法下，质量成本进入考核的途径有两种：一是调整产成品价格，二是直接加进成本。两种办法可同时用，但不能重复。在只考核成本的情况下，只能用第二种办法实现对质量成本的考核。如二级品损失，如果实行了优质优价，则二级品的质量损失就不能再进入生产成本。

3. 两种考核办法的比较 按照上述分析，对两种考核办法得出如下结论。

(1)单独考核的最大优点是，它能防止“质量成本”融于生产总成本的“大锅”之中。之所以把总成本当成个“大锅”，是由于降低总成本有各种途径，对这个“总成本”到底还有多大潜力心里没底。

(2)单独考核的难度，主要是如何控制质量成本与利润(或成本)考核力度的比值。也就是说，质量成本的考核含金量控制在什么水平上合适。

(3)捆绑考核的优缺点正好与单独考核相反。

(二)质量成本指标考核体系的建立

建立科学完善的质量成本指标考核体系，是企业质量成本管理的基础。实践证明，企业建立质量成本指标考核体系应坚持以下原则。

1)系统性原则 质量成本考核系统是质量管理中的一个子系统，而质量管理系统又是企业管理系统中的一个子系统。质量成本考核指标与其他经济指标是相互联系、相互制约的关系。分析子系统的状态，能促使企业不断降低质量成本。

2)有效性原则 有效性是指所设立的指标体系要有可比性、实用性和简明性。

3)科学性原则 企业质量成本考核对改进和提高产品质量，降低消耗，提高企业经济效益具有重要的实际意义，在实际中是企业开展以上工作的依据。因此，质量成本考核指标须符合实际，真实反映质量成本的实际水平。

为了对质量成本实行控制和考核，企业应建立质量成本责任制，即在将质量成本指标分解落实到各有关部门和个人时，应明确他们的责、权、利，形成统一领导、部门归口、分级管理的质量成本管理系统。

六、质量成本会计

质量成本会计是以产品质量成本为核算对象，将一定时期内所发生的产品质量费用按其使用目的和性质加以确认，并归入适当科目进行核算，为质量成本的分析和控制提供依据。

质量成本是企业为了保证和提高产品质量而支出的一切费用，以及因产品质量不能满足用户和消费者的要求而产生的一切损失。质量成本会计是基于全面质量管理运动产生和发展的。当今社会是一个“客户导向”的管理思想年代，推行“全面质量管理”观念是企业提高竞争优势的重要途径之一。质量成本是指企业为了确保产品质量和实施全面质量管理而支出的费用，以及因未达到既定产品质量标准而发生损失的总和。质量成本包括预防成本、检验成本、厂内成本和厂外成本。质量成本的核算可以由两种方式进行：一是采用统计方法；二是借助于财务会计账簿系统。

（一）质量成本会计的作用

质量成本会计的出现不但丰富了会计理论体系，而且对加强企业质量管理具有十分重要的作用。

1）建立质量成本会计能提高全员质量意识　由于建立质量成本核算体系及考核体系，将各项成本指标落实到车间、班组及相关部门，建立奖惩制度，促使职工形成自觉加强工艺纪律和自检、互查，自觉控制和减少故障废品损失的质量意识，大大降低不合格品的发生，提高产品质量，降低产品成本，提高经济效益。

2）建立质量成本会计能为企业经营管理提供有效依据　建立质量成本会计核算体系，对质量成本进行分析控制，不仅是为了降低一些质量成本，更重要的是一个管理概念，通过趋势分析、对比分析等方法，可掌握产品质量信息，了解产品质量所处的状态，衡量质量管理效果，使领导者作出正确的经营决策。

3）建立质量成本会计将带来质量管理模式的转变　目前，公司的质量管理还停留在定性化管理阶段，日常所发生的质量费用与质量管理呈现脱节现象，表现为质量费用由财务部门进行核算，且不单独核算，不对质量管理部门提供质量费用信息，质量管理缺少决策的依据。建立质量成本核算体系，使质量管理转化为量化管理，处于有序、可控状态。

（二）建立质量成本会计的主要措施

1）明确质量成本会计的核算对象　根据公司的实际，可将质量费用划分为质量管理费、质量鉴定费、质量损失费 3 类。质量鉴定费核算内容为质量检查中心发生的各项费用，采购部门的原、燃料入库前的化检费，内部各单位之间产品转移发生的化检费等。质量管理费核算内容为各单位发生的质量培训费、质量管理部门发生的各项费用、质量奖励费等。质量损失费核算内容为各单位发生废次品损失、产品降价损失、产品售出后因质量问题而发生的相关费用等。

2）建立质量成本会计核算体系　根据企业会计制度有关会计科目设置的规定，增设

“质量成本”一级科目，该科目的借方反映企业发生的各项质量费用，贷方反映期末分配的质量成本费用，期末无余额(表 2-2)。每期可根据质量成本科目的借方发生额明细对质量成本费用进行分析。在该一级科目下设置二级科目：“质量鉴定费”、“质量管理费”、“质量损失费”(表 2-3)。会计期末将“质量成本”科目结转到相关科目。其中，质量鉴定费：质量检查中心费用结转到“管理费用-质量成本结转”科目，生产部门费用结转到“制造费用-质量成本结转”科目，采购部门费用结转到“原主材料-质量成本结转”、“燃料-质量成本结转”等相关科目。质量管理费：生产部门费用结转到“制造费用-质量成本结转”科目，质量管理部门费用结转到“管理费用-质量成本结转”科目。质量损失费：公司内部产品转移发生的废次品降价损失结转到“主营业务(内销/代销)收入-质量成本结转”科目，外部降价损失结转到“主营业务收入-质量成本结转”科目，发生的其他损失费用结转到相关会计科目。

表 2-2　质量成本汇总表

单位项目		质量成本单位						合计	
		生成车间	包装车间	原料库	品控部	销售部	…	金额	百分比/%
内部故障成本	废品损失费								
	返工损失费								
	降级损失费								
	停工损失费								
	处理故障费								
	小计								
外部故障成本	索赔费								
	降价损失费								
	退货损失费								
	诉讼损失费								
	其他损失费								
	小计								
鉴定成本	各种检验费								
	检测设备维修、更新费								
	小计								
预防成本	质量工作费								
	新产品评审费								
	工序质量控制费								
	质量情报费								
	质量改进费								
	检测设备费								
	质量培训费								
	质量奖励费								
	小计								
合计									

表 2-3　预防成本明细表

项目 / 产品	质量工作费	质量培训费	质量奖励费	工序质量控制费	质量改进费	质量评审费	工资、附加费	质量情报费	合计
产品 1									
产品 2									
产品 3									
产品 4									

3) 定期进行质量成本分析　会计期末，由各单位财务部门会同质量管理部门对当期质量成本费用进行分析，找出变化趋势和原因，并提交公司财务部门，由公司财务部门及相关部门对公司质量成本的总体变化进行综合分析，寻求一个质量成本最佳区域，使产品质量既能满足客户的使用要求，又能达到最佳状态。产品质量分析可采用"ABC"分析法，把各质量成本明细项目，根据核算结果，按成本高低顺序进行排列，计算各项目成本占质量总成本的百分比和累积百分比，将所有项目分为 A、B、C 三类，A 类项目占项目总数的 10%～20%，其成本累计百分比占总成本的 60%～80%，A 类项目就是要重点研究的项目，把 A 类项目费用降下来，总成本和产品质量就可能趋向最佳区域。

七、质量成本核算

质量成本核算通过货币形式综合反映企业质量管理活动的状况和成效，是企业质量成本管理的重要环节。具体有 3 方面的任务：正确归集和分配质量成本，明确企业中质量成本责任的主要对象；提供质量改进的依据，提高企业质量管理的经济性；证实企业质量管理状况，满足顾客对证据的要求。

（一）质量成本数据

由于产品质量形成于整个生产过程之中，质量管理是一项全员过程的管理，企业中的每一项活动都有可能与质量有关，而每一项活动又都有费用支出，因此很容易混淆质量成本的界限。在收集质量成本数据时，必须明确质量成本的边界条件：①质量成本只针对生产过程的符合性质量而言。因此，只有在设计已经完成、质量标准已经确定的条件下，才开始质量成本计算。对于重新设计或改进设计及用于提高质量等级或水平而发生的费用，不能计入质量成本。②质量成本是指在生产过程中与不合格品密切相关的费用，它并不包括与质量有关的全部费用。例如，生产工人的工资、材料消耗费、车间和企业管理费虽说也与质量有关，但这些费用是正常生产所必须具备的前提条件，不应计入质量成本。

1) 质量成本数据的记录　质量成本数据是质量成本构成项目中的各细目在报告期内所发生的费用数额。正确记录质量成本数据是研究质量成本的第一步工作，在记录时既要防止重复，又要避免遗漏。例如，生产了废品，则记录废品损失，在废品损失中已包括了人工、材料、机时等损失，如果再记录这些损失会造成重复计算；企业在接受了消费者或用户的质量改进意见后，对消费者或用户给以奖励，如把该费用记入公关费用，则发生了记录遗漏，因为该费用应记入预防费用。

2) 原始凭证　为了正确记录质量成本数据，可把质量成本的发生分成两类，即计划内和计划外。根据质量成本构成项目的特点，预防成本和鉴定成本划归为计划内，而故障成本归入计划外，外部质量保证成本可根据合同要求纳入计划内。凡是计划内的质量成本只需要按计划从企业原有的会计账目中提取数据，不必另外设计原始凭证。而故障成本可根据实际损失情况设计原始凭证，做好原始记录。记录故障成本数据的原始凭证主要有以下 9 种：①计划外生产任务单；②计划外物资领用单；③废品通知单；④停工损失报告单；⑤产品降级降价处理报告单；⑥计划外检验或试验通知单；⑦退货、换货通知单；⑧消费者或用户服务记录单；⑨索赔、诉讼费用记录单。

为了便于质量成本分析，所有的凭证设计有一些共同的内容，如时间、产品、费用、数量、责任者、发生原因、质量成本科目、审核部门等。

（二）质量成本的数据收集渠道

(1) 从现有质量记录中获得：从废品通知单和废品损失计算汇总表中获得；从返工通知单和返工损失计算汇总表中获得；从领料单和物资费用计算汇总表中获得。

(2) 从现有会计原始凭证和有关账户中获得：工资支付明细表(或工资费用汇总表)；有关折旧明细表；其他原始凭证。

(3) 从原始资料或凭证分析获得：从产品降级、降价损失表中获得。记录故障成本的原始凭证：①计划外生产任务单；②计划外物质领用单；③废品通知单；④停工损失报告单；⑤产品降级降价处理报告单；⑥计划外检验或试验通知单；⑦退货换货通知单；⑧消费者或用户服务记录单；⑨索赔、诉讼费用记录单。

(4) 其他收集渠道：如培训计划、质量计划、网站会员费等资料中获得。

（三）质量成本的核算方法

企业质量成本核算属于管理会计范畴，应以会计核算为主、统计核算为辅的原则进行。由于质量成本未纳入会计科目，因而企业在进行质量成本核算时，既要利用现代会计制度的支持，又不能干扰企业会计系统的正常统计。因此，在进行企业质量成本核算时，要按规定的工作程序对相关科目进行分解、还原、归集。

1) 统计核算方法

(1) 质量成本统计调查：根据企业实际情况设置统计成本核算点；按科目和细目设置质量费用调查表，进行分项统计汇总。

(2) 质量成本统计整理和报表编制：能确定本期发生多少质量成本费用支出的，按本期发生额核算；同一质量成本费用发生在若干期间的，按一定分配率分摊各期质量成本。

2) 以会计核算与统计核算相结合的核算方法

(1) 与质量相关的实际支出，由财务通过质量成本会计还原归集，并与质管部核对。

(2) 各种工时损失、废品损失、停工损失、产品降级损失等主要由各有关部门收集，质量部门核查后报财务部汇总。

第四节　质量成本优化

一、质量成本优化的概念

质量成本优化是指在保证产品质量满足用户的前提下，寻求质量成本总额最小。质量成本优化就是要确定质量成本各项主要费用的合理比例，以便使质量总成本达到最低。

二、质量成本优化分析

主要用质量特性曲线进行分析。通过总成本变动趋势来分析：①增加预防和鉴定成本（总成本下降）；②降低预防和鉴定成本（总成本上升）。

图 2-3 和图 2-4 中把 A 点处附近的曲线划分为Ⅰ、Ⅱ、Ⅲ3 个区域，它们分别对应着质量成本各项费用的不同比例。

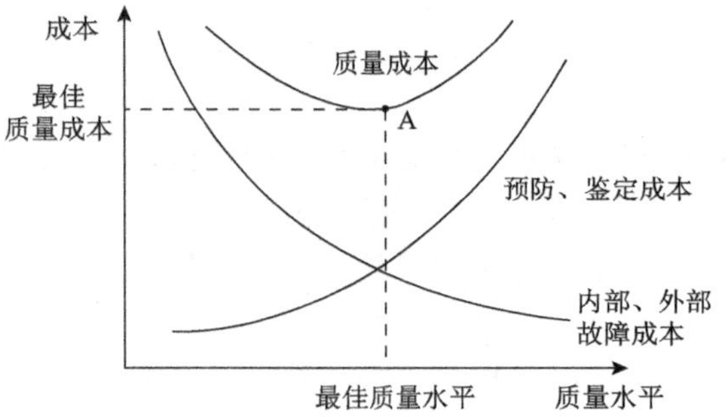

图 2-3　质量特性曲线分析

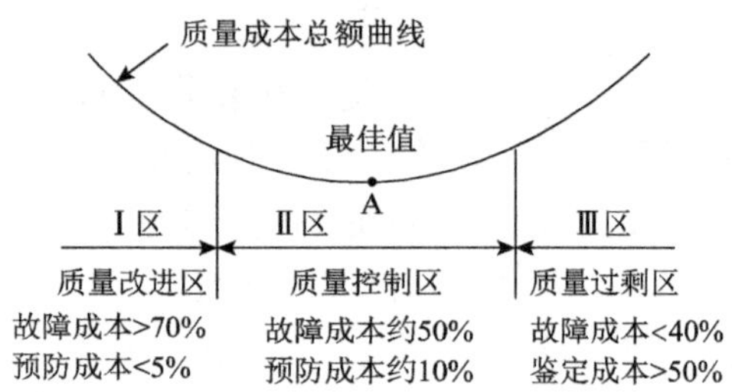

图 2-4　质量成本曲线区域划分示意图

(1) Ⅰ区是质量损失成本较大的区域，一般来说，内外部损失成本占质量总成本的 70%，而预防成本不足 10%的属于这个区域。这时，损失成本是影响达到最佳质量成本的主要因素。因此，质量管理工作的重点应放在加强质量预防措施，加强质量检验，以提高质量水平，降低内外部损失成本，这个区域称为质量改进区。

(2) Ⅱ区是质量成本处于最佳水平的区域。这时内外部损失成本约占总成本的 50%，而预防成本达总成本的 10%。如果用户对这种质量水平表示满意，认为已达到要求，而进一步改善质量又不能给企业带来新的经济效益，则这时的质量管理的重点应是维持或控制现有的质量水平，使总成本处于最低点 A 附近的区域，这个区域称为质量控制区。

(3) Ⅲ区是鉴定成本较大的区域。鉴定成本成为影响质量总成本的主要因素。这时质量管理的重点在于分析现有的标准，降低质量标准中过严的部分，减少检验程序和提高检验工作效率，使质量总成本趋于最低点 A，这个区域称为质量至善区或质量过剩区。

质量成本优化是指在保证产品质量满足消费者或用户的前提下，寻求质量成本总额最小。通过确定质量成本各项主要费用的合理比例，可使质量总成本达到最低值。由于质量成本构成的复杂性，对大多数企业来说很难找到最佳质量成本曲线，比较实用的优化方法是基于质量管理理论和经验的综合使用。

复习思考题

1. 质量成本的定义是什么？是如何分类的？是如何构成的？
2. 质量成本分析包括哪些方法？
3. 质量成本报告的内容有哪些？可采用何种形式？
4. 如何对质量成本进行优化？

第三章 质量管理体系

【本章提要】

本章围绕ISO 9000族标准从概念、产生和发展、构成和特点及实施作用等方面进行了概述，同时详细介绍了ISO 9000：2005《质量管理体系　基础和术语》和ISO 9001：2008《质量管理体系　要求》及修订的新版ISO 9001：2015《质量管理体系　要求》标准的主要内容，以及企业建立和实施质量管理体系的主要步骤，目的是使学生深入认识ISO 9000族标准及质量管理体系。

【学习目标】

1. 了解ISO 9000族标准的构成、特点及组织实施ISO 9000族标准的意义。

2. 理解ISO 9000：2005《质量管理体系　基础和术语》、ISO 9001：2008和2015《质量管理体系　要求》及修订的新版ISO 9001标准的主要内容。

3. 熟悉食品企业建立和实施质量管理体系的主要步骤。

【主要概念和名词】

ISO 9000族标准、过程方法、持续改进、质量方针、质量目标、最高管理者、质量手册、程序、记录、评审、基础设施、工作环境、测量设备、顾客满意、纠正措施、预防措施

第一节　ISO 9000族标准概述

一、ISO和ISO标准简介

ISO是国际标准化组织（International Organization for Standardization）的英文简称，是由世界各国联合组成的非政府机构，成立于1947年，总部设在瑞士的日内瓦。

ISO的主要任务是制定国际标准，协调世界范围内的标准化工作，与其他国际性组织合作研究有关标准化问题。ISO的技术工作分别由3020多个技术委员会（TC）、分技术委员会（SC）和工作组（WG）承担。

ISO制定的标准是非强制性标准，推荐给世界各国采用。由于ISO标准具有很强的权威性、指导性和通用性，因此深受各国重视。许多国家的政府部门、工业部门及有关方面都十分重视在ISO中的地位和作用，通过参加技术委员会、分技术委员会及工作组的活动积极参与ISO标准的制订工作。1978年9月1日，我国以中国标准化协会（CAS）的名义重新进入ISO，1988年起改为以国家技术监督局（现更名为国家质量监督检验检疫总局）的名义参加ISO的工作，目前由中国国家标准化管理委员会（SAC）代表国家参加ISO的工作，负责组织ISO中国国家委员会的工作。

ISO工作的发展不仅表现在标准数量惊人地增长、标准内容涉及的技术领域广泛，同时

也表现在其工作的领域不断拓宽，从螺纹、紧固件发展到信息处理、交通运输、卫生与安全、环境保护、人类工效学、太阳能、外层空间等方面；并从产品技术标准发展到管理标准，其中 ISO 9000 族质量管理体系标准发布以来，应用之广泛，影响之深远是前所未有的。

二、ISO 9000 族标准的产生和发展

20 世纪初以来，随着科学技术的迅猛发展，产品生产方式的快捷化，新材料的不断出现，产品种类的多样性，用户对产品质量和质量保证的要求和期望日益高涨。加之市场竞争的日趋激烈，促使企业越来越关注质量管理和质量控制，推动了 ISO 9000 族标准的产生和发展。

（一）ISO 9000 族标准的产生

1979 年，ISO 成立了第 176 技术委员会，即 ISO/TC 176（国际标准化组织质量管理和质量保证技术委员会），下设 SC1（概念和术语）、SC2（质量体系）和 SC3（支持技术）3 个分技术委员会，负责制定质量管理和质量保证领域的国际标准及相关文件。由 ISO/TC 176 制定的所有国际标准称为 ISO 9000 族标准。

制定标准的工作是由代表广泛相关方的国家标准组织提名的质量和各行业专家，再由这些专家在“少数服从多数”的基础上完成的。

1986 年，ISO/TC 176 发布了 ISO 8402《质量管理和质量保证　术语》标准；1987 年发布了 ISO 9000《质量管理和质量保证标准　选择和使用指南》、ISO 9001《质量体系　设计、开发、生产、安装和服务的质量保证模式》、ISO 9002《质量体系　生产、安装和服务的质量保证模式》、ISO 9003《质量体系　最终检验和试验的质量保证模式》及 ISO 9004《质量管理和质量体系要素　指南》。这 6 项国际标准统称为 1987 版 ISO 9000 系列国际标准。

（二）ISO 9000 族标准的发展

ISO 9000 族标准问世以来，在全球范围内得到广泛的采用，对推动组织的质量管理工作和促进国际贸易的发展发挥了积极的作用。但是，鉴于各国的标准使用者对该套标准存在不足和问题的反映，ISO/TC 176 对 1987 版 ISO 9000 系列国际标准进行了 4 次修订。

1）1994 版 ISO 9000 族标准　　1990 年，ISO/TC 176 发布了《2000 年展望》，决定按其理念对 1987 版 ISO 9000 系列国际标准分两个阶段进行修订：第一阶段修改为有限修改，即在保持 1987 版标准基本结构和总体思路的基础上，对标准内容作了技术性的局部修改，于 1994 年发布了 1994 版 ISO 9000 族标准。在此期间，ISO 还先后制定、发布了 10 项指南性标准和一些相关标准。到 1999 年，ISO 9000 族标准进一步扩充到包含 24 项标准和技术文件的标准“家族”。

2）2000 版 ISO 9000 族标准　　完成对标准的第一阶段的修订工作后，ISO / TC 176 随即启动被称为“彻底修订”的第二阶段修订工作。在总结 1994 版标准中业已存在的质量管理思想的基础上，正式提出了质量管理八项原则，作为 2000 版 ISO 9000 族标准的设计思想和修订依据。经广泛征求标准使用者意见和要求后，对 ISO 9000 族标准进行了重大修改，于 2000 年 12 月正式发布了 2000 版 ISO 9000《质量管理体系　基础和术语》、ISO 9001《质量管理体系　要求》和 ISO 9004《质量管理体系　业绩改进指南》，随后于 2002 年 10 月发布了 ISO 19011：2002《质量和(或)环境管理体系审核指南》，这 4 项标准形成了 2000 版 ISO 9000 族标准的核心。

3）2005 版 ISO 9000 族标准　2005 年 ISO 9000：2005《质量管理体系　基础和术语》标准发布，替代了 ISO 9000：2000 标准。

4）2008 版 ISO 9000 族标准　ISO/TC 176 从 2004 年开始对 ISO 9001：2000 标准进行有限修正，之后于 2008 年 11 月正式发布 ISO 9001：2008《质量管理体系　要求》标准。

2005 年，ISO/TC 176 制定了 ISO 9004 标准换版设计规范，于 2009 年 11 月正式发布 ISO 9004：2009《追求组织的持续成功　质量管理方法》。与 2000 版 ISO 9004 标准相比较，新版标准的结构和内容都发生了重大的变化，为组织面对复杂多变的环境变化如何取得持续成功提供了指南。

5）2015 版 ISO 9000 族标准　从 2012 年以后，ISO 组织开始启动下一代质量管理标准新框架的研究工作，继续强化质量管理体系标准对于经济可持续增长的基础作用，为未来 10 年或更长时间，提供一个稳定的系列核心要求；保留其通用性，适用于任何类型、规模及行业的组织运行；将关注有效地过程管理，以便实现预期的输出。

在 2015 年 9 月 23 日，国际标准化组织（ISO）正式发布了 ISO 9001：2015 新版标准。此次发布的新版标准较之前版本变化巨大。新版标准发布后，到 2018 年 9 月有三年的体系转换周期，届时所有的 ISO 9001：2008 证书都将作废且失效。

三、ISO 9000 族标准的构成和特点

（一）ISO 9000 族标准的构成

2008 版 ISO 9000 族标准由 4 个核心标准与支持性标准和文件（包括其他标准、技术报告和小册子）构成。我国的标准化组织将 ISO 9000 族标准等同转化为 GB/T 19000 族标准。其中主要标准见表 3-1。

表 3-1　ISO 9000 族标准的主要构成

标准名称	国际标准编号	国家标准编号
核心标准		
质量管理体系　基础和术语	ISO 9000：2005	GB/T 19000—2008
质量管理体系　要求	ISO 9001：2015	原 ISO 9001：2008 年版对应国标 GB/T 19001—2008，而 ISO 9001：2015 现尚无对应的国标
追求组织的持续成功　质量管理方法	ISO 9004：2009	GB/T 19004—2011
质量和（或）环境管理体系审核指南	ISO 19011：2011	GB/T 19011—2013
支持性标准和文件		
质量管理　顾客满意度　组织行为指南	ISO10001：2007	GB/T 19010—2009
质量管理　顾客满意　组织处理投诉指南	ISO10002：2004	GB/T 19012—2008
质量管理　顾客满意度　组织外部纠纷解决指南	ISO10003：2007	GB/T 19013—2009
质量管理体系　质量计划指南	ISO10005：2005	GB/T 19015—2008
质量管理体系　项目质量管理指南	ISO10006：2003	GB/T 19016—2005
质量管理体系　技术状态管理指南	ISO10007：2003	GB/T 19017—2008
测量管理系统　测量过程和测量设备的要求	ISO 10012：2003	GB/T 19022—2003
质量管理体系文件指南	ISO/TR10013：2001	GB/T 19023—2003

续表

标准名称	国际标准编号	国家标准编号
质量管理　实现财务和经济效益的指南	ISO10014：2006	GB/T 19024—2008
质量管理　培训指南	ISO10015：1999	GB/T 19025—2001
ISO9001：2000 的统计技术指南	ISO/TR10017：2003	GB/Z 19027—2005
质量管理体系　咨询师的选择及其服务使用的指南	ISO 10019：2005	GB/T 19029—2009
质量管理原则	ISO 小册子	
小型企业应用 ISO 9000 族标准的说明和应用指南		

其中，ISO 9000 族标准的 4 个核心标准的主要内容及应用如下。

(1) ISO 9000：2005《质量管理体系　基础和术语》：表述了质量管理体系的基础知识并规定了质量管理体系的术语。

(2) ISO 9001：2015《质量管理体系　要求》：规定了质量管理体系的要求，可用于内部质量管理，也可作为认证依据。

(3) ISO 9004：2009《追求组织的持续成功　质量管理方法》：提供了通过运用质量管理方法实现持续成功的指南。可用于内部质量管理，帮助组织追求卓越，但不能作为认证依据。

(4) ISO 19011：2011《质量和(或)环境管理体系审核指南》：提供了实施质量和环境管理体系审核的指南。适用于实施质量和(或)环境管理体系内部和外部审核的组织。

(二) ISO 9000 族标准的特点

ISO 9000 族标准的主要特点如下。

(1) 适用于所有产品类别、不同规模和各种类型的组织，也能满足医疗器械、通信、汽车等特殊行业对标准的需求。

(2) 减少了过多的文件化要求，扩大了组织自行决定文件化程度的自由度。

(3) 质量管理八项原则在标准中得到充分体现。

(4) 明确要求质量管理体系以顾客为关注焦点，并考虑了所有相关方的利益和需求。

(5) 提高了与环境管理体系标准和其他管理体系标准的相容性。

(6) 术语准确，语言精练。

四、实施 ISO 9000 族标准的意义

(一) 有利于提高产品和服务质量

按 ISO 9000 族标准建立质量管理体系，通过对体系的有效应用，控制管理职责、资源管理、产品实现与测量、分析和改进四大过程，通过不断地进行监视和测量，找到管理上的缺陷，促进持续地改进产品和服务质量。

(二) 为提高组织的运作能力提供有效的方法

ISO 9000 族标准提供了过程方法和持续改进的理念。通过识别和管理众多相互关联的活动，以及对这些活动进行系统的管理与连续监视和控制，为实现持续改进提供了框架，为提

高组织的运作能力和增强市场竞争能力提供了有效的方法。

（三）有利于参与国际竞争

在国际经济技术合作中，ISO 9000族标准被作为相互认可的技术基础，为国际经济技术合作提供了通用的共同语言和准则。一个按先进的国际标准模式管理自身的组织，对于客户来说，是一个最好的合作伙伴。因此，取得质量管理体系认证，已成为参与国内和国际贸易，增强竞争能力的有力武器。

（四）有利于持续改进和满足顾客的需求和期望

顾客的需求和期望是不断变化的，各类组织必须持续改进。而质量管理体系要求恰恰为改进提供了一条有效途径。通过质量方针、质量目标、内部审核、管理评审、纠正措施等途径的应用，必将使各类组织建立自我完善的内部运作机制，提供高质量、高层次的产品与服务。

综上所述，实施ISO 9000族标准，建立质量管理体系，是提供稳定的产品和服务，并在一种系统的、透明的模式下，持续改进，并增强顾客满意度的最好的途径，也是可以使各类组织获得成功的途径。

第二节　八项质量管理原则

2000版ISO 9000族标准提出了帮助组织达到持续成功的八项质量管理原则，成为2000版之后ISO 9000族标准的理论基础。

八项质量管理原则，来源于质量管理实践，在2000版ISO 9000族标准草案发表前就已得到全球质量管理方面专家的认同，是长期质量管理经验的总结和精炼。具体可概括为以人为本（领导作用、全员参与）；坚持原则（以顾客为关注焦点和持续改进）；讲究手法（过程方法、管理的系统方法、基于事实的决策方法）；处好关系（与供方互利的关系）。

一、以顾客为关注焦点

组织依存于顾客，因此组织应当理解顾客当前和未来的需求，满足顾客要求并争取超越顾客期望。

以顾客为关注焦点是质量管理的核心思想。

组织依存于顾客，这是市场经济及其竞争的结果。产品的使用者、接受者或委托加工者就是顾客，组织如失去顾客，就失去了存在和发展的基础。

该项原则要求组织从战略决策到日常管理，都要贯彻顾客第一的思想。组织首先应清楚谁是自己的顾客，这实际上就是组织产品（服务）的市场定位过程。市场定位不同，相应的经营战略（包括广告宣传、产品配送、售后服务等）也不一样。其次要明白组织的这些顾客都有哪些需求（包括潜在的需求），组织如何通过提供产品（服务）来满足并争取超越顾客的需求。

例如，一个生产奶粉的组织要想满足该项质量管理原则，就应做好如下工作：如果决定生产婴幼儿用奶粉，就应首先识别出自己的顾客为婴幼儿（市场定位），再识别出该顾客群包括了0～12个月、12～36个月、36个月～5岁等各个年龄段的婴幼儿（市场细分），然后识别出这些顾客的营养需求，最后通过调整配方来满足不同顾客的需求。

二、领导作用

领导者应确保组织的目的与方向一致。他们应当创造并保持良好的内部环境，使员工能充分参与实现组织目标的活动。

领导指的是组织的最高管理层，作为决策者在质量管理中起着关键作用。领导要在考虑组织和所有者、员工、顾客、合作者、行业、社会等各相关方的需求后制订方针，作出规划，确定有挑战性的目标，使员工理解并动员他们去实现目标。简要地说，作为一个组织的领导者，应提出目标，落实职能，提供资源，促进参与，检查政绩及组织实施改进。领导并不需要事必躬亲，但这几个方面必须亲自负责，而且要善于利用他人来实现既定目标。

三、全员参与

各级人员都是组织之本，唯有其充分参与，才能使他们为组织的利益发挥其才干。

组织的质量管理不仅需要最高管理者的正确领导，还有赖于全员的参与。“人心齐，泰山移”，“心往一处想，劲往一处使”这些至理名言的思想就是“全员参与”。全员参与是全面质量管理的深化与发展，强调以人为本的作用，因为人是生产力中最活跃、最积极的因素。

全员参与包含3个层次的人员：最高领导层起核心作用；中层管理者起承上启下的保证作用，他们既要掌握整个体系的要求，明确自身在体系中的责任与作用，又要组织下部人员实施好体系要求，保质保量地完成好各自的任务，有时还要亲自运作；所有操作者是实施体系的基础，他们的知识、技能与事业心直接影响着体系的顺利实施。3个层次的人员必须形成合力协调运作，如果体系中所有人员都能达到或超越岗位要求，产品质量就有了坚实的保证。

因此要对员工进行质量意识、职业道德及以顾客为关注焦点的意识、职业技能、知识和经验的教育与培训，以激发他们的积极性和责任感，使他们对组织的成功负有使命感，渴望参与持续改进并努力作出贡献。

四、过程方法

将活动和相关资源作为过程进行管理，可以更高效地得到期望的结果。

任何利用资源并通过管理，将输入转化为输出的相互关联或相互作用的活动，均可视为“过程”。一个过程可包含一个或多个输入，其输出可直接形成下一个或几个过程的输入。为了使组织有效运作，系统地识别和管理组织使用的过程，特别是这些过程之间的相互作用，称为“过程方法”。

以过程为基本单元是质量管理考虑问题的一种基本思路。质量管理体系就是通过一系列的过程来实施的。产品实现是质量管理体系的一个过程，其中又有诸如经营策划、设计开发、采购、顾客财产、过程控制、营销、售后服务等不同的子过程。此外，为了支持产品实现过程，还需要测量、提供资源等过程，它们之间互有联系，也互有制约，往往形成一个比较复杂的过程网络。

过程方法通过识别组织内的关键过程，随后加以实施和管理，并不断进行持续改进来使顾客满意。

此外，称为“PDCA”的方法可适用于所有过程。PDCA管理模式可简述如下。

P——策划：根据顾客要求和组织方针，为提供结果建立必要的目标和过程。

D——实施：实施过程。

C——检查：根据方针、目标和产品要求，对过程和产品进行监视和测量，并报告结果。

A——处置(改进)：采取措施，以持续改进过程绩效。

五、管理的系统方法

将相互关联的过程作为体系来看待、理解和管理，有助于组织提高实现目标的有效性和效率。

系统是由相互作用或相互依赖的若干组成部分结合成具有特定功能的有机整体。

在质量管理中应用系统方法，就是围绕设定的质量方针和目标，确定为实现这一方针和目标的过程(含关键过程)及其相互顺序；分析这些过程间的相互作用和相互影响关系，按某种方式或规律将这些过程组成一个系统；管理由这些过程构成的系统，使之协调、有效地运行，以取得期望的结果。

六、持 续 改 进

持续改进总体业绩应当是组织的永恒目标。

“持续改进”是增强满足要求的能力的循环活动，从概念上讲不是指预防发生错误，而是在现有水平上不断提高产品质量、过程及体系的有效性和效率。持续改进是过程的“PDCA”管理模式中的A(改进)阶段，强调主动的积极的改进，而不是被动的整改。

组织的质量管理与世界上任何事物一样，都会经历一个由不完善到逐步完善和不断适应、更新的过程。也就是说，质量的持续改进是无止境的。为了改进组织的整体业绩，组织应不断改进其产品质量，提高质量管理体系及过程的有效性和效率，以满足顾客和其他相关方的需求与期望。只有坚持持续改进，满足顾客和相关方日益增长、不断变化的需求与期望，组织才能不断进步。因此，持续改进应成为每一个组织永恒的追求目标和活动。

七、基于事实的决策方法

有效的决策建立在数据和信息分析的基础上。

所谓决策就是针对预定目标，在一定的约束条件下，从诸方案中选出一个最佳方案付诸实施。决策是组织中各级领导的职责之一，也是权利的体现。有效的决策是建立在数据和信息分析的基础上，成功的结果取决于活动实施之前的精心策划和正确的决策，而正确适宜的决策有赖于领导者用科学的态度、以事实或正确的信息为基础，通过合乎逻辑的分析，作出正确的决断。盲目地决策或只凭个人的主观意愿决策是绝对不可取的。

例如，如果组织看到目前超市市场火爆，经营超市利润较高，而决定马上投资开办一家超市，这种决策就不是基于事实的决策方法。

基于事实的决策方法，首先要做好投资可行性分析，即对目前的国内经济走势(影响居民的购买力)、目前的市场容量(现有的消费水平)、现有的超市经营状况(竞争对手的情况)、组织的行业特点(是否具有经营超市的能力)、组织的资金状况与融资能力等都要有一个通盘的考虑。决策之后，还要进行市场调查，充分收集拟投资超市的选址，超市的周围环境，超市的主要顾客，主要顾客的年龄结构、教育水平、收入水平、消费习惯等信息，然后再对市场调查所得到的数据进行分析，才可决定下一步的工作。因此，贯彻该项原则，要求组织建立一套完整的数据收集与分析系统，包括适当的统计技术的运用。

八、与供方互利的关系

组织与供方相互依存，互利的关系可增强双方创造价值的能力。

随着科学技术的进步、社会生产力的迅猛发展，产品结构日趋复杂，科研生产活动分工更细，社会化大协作的日益迫切，企业之间形成了互为供方的关系，组织的任何一个产品的形成往往需要一个组织与许多供方同心协力，合作完成。因此，组织与供方就产生了兴衰与共的关系，只有供方与组织共同努力和合作，才会使双方获益。

因此组织在建立供方的关系时，不能只讲控制，不讲互利合作，必须建立一种“双赢”的互利关系，既要考虑短期利益，更要考虑长远利益，使成本和资源进一步优化，能够灵活和快速一致地对变化的市场作出反应。

综上所述，质量管理八项原则是相互联系和相互影响的，关注顾客是质量管理的指导思想，不断满足顾客的要求是持续改进的目标，持续改进依靠领导作用、全员参与和互利的供方关系这些基本条件来保证。采用的过程方法、管理的系统方法和基于事实的决策方法正是控制论、系统论和信息论在质量管理中的应用。

第三节　质量标准内容的理解与实施

GB/T 19000—2008《质量管理体系　基础和术语》标准表述了质量管理体系的基础知识并规定了质量管理体系术语。

一、GB/T 19000—2008 标准结构

GB/T 19000—2008 标准由前言、引言、正文、附录 4 部分构成。

前言	**3 术语和定义**
引言	3.1 有关质量的术语
1 范围	3.2 有关管理的术语
2 质量管理体系基础	3.3 有关组织的术语
2.1 质量管理体系的理论说明	3.4 有关过程和产品的术语
2.2 质量管理体系要求与产品要求	3.5 有关特性的术语
2.3 质量管理体系方法	3.6 有关合格（符合）的术语
2.4 过程方法	3.7 有关文件的术语
2.5 质量方针和质量目标	3.8 有关检查的术语
2.6 最高管理者在质量体系中的作用	3.9 有关审核的术语
2.7 文件	3.10 有关测量过程质量管理的术语
2.8 质量管理体系评价	附录 A 定义标准中的术语所使用的方法
2.9 持续改进	
2.10 统计技术的作用	
2.11 质量管理体系与其他体系的关注点	
2.12 质量管理体系与卓越模式之间的关系	

二、对标准主要内容的理解

除了在引言中列入了八项质量管理原则，GB/T 19000—2008 标准正文中还阐述了建立和运行质量管理体系应遵循的 12 项基础内容，并给出了与质量管理体系有关的 84 个术语。部分术语将在 GB/T 19001—2008 标准内容理解中进行介绍，以下将重点围绕 12 项基础内容进行说明。

(一) 质量管理体系的理论说明

建立质量管理体系的目的是帮助组织增强顾客满意度。顾客的需求和期望是不断变化的，质量管理体系的作用体现在持续改进上，组织要通过不断识别顾客需求，持续改进产品和过程，以提供适合顾客要求的产品，增加顾客满意的机会。

(二) 质量管理体系要求与产品要求

GB/T 19001—2008 规定的是质量管理体系要求而非产品要求。质量管理体系要求是通用的，适用于所有行业和经济领域；而产品要求可以由顾客规定，或由组织通过预测顾客的要求规定，或由法规规定。产品要求及在有些情况下的相关过程要求可包括在技术规范、产品标准、过程标准、合同协议或法规要求中。对组织而言，质量管理体系要求与产品要求相辅相成，满足 ISO9001：2008 标准的质量管理体系能够帮助组织持续稳定地使其产品达到质量要求。

(三) 质量管理体系方法

质量管理体系方法是“管理的系统方法”和“过程方法”在建立、实施、保持和改进质量管理体系时的具体应用。其中包括以下 8 个逻辑步骤。

(1) 确定顾客和其他相关方的需求和期望；
(2) 建立组织的质量方针和质量目标；
(3) 确定实现质量目标必需的过程和职责；
(4) 确定和提供实现质量目标必需的资源；
(5) 规定测量每个过程有效性和效率的方法；
(6) 应用这些测量方法确定每个过程的有效性和效率；
(7) 确定防止不合格产品并消除其产生原因的措施；
(8) 建立和应用持续改进质量管理体系的过程。

以上步骤完整体现了从策划、实施到检查和改进的 PDCA 循环过程。依据这些步骤建立和实施质量管理体系能够使达到过程能力和实现产品质量成为可能，为持续改进提供基础，从而增进顾客满意度和其他相关方满意度，并使组织成功。

(四) 过程方法

标准鼓励采用过程方法管理组织。由 GB/T19000 族标准表述的，以过程为基础的质量管理体系模式如图 3-1 所示。

图 3-1 中顾客(和其他相关方)的要求，包括法律法规要求与必需的资源共同作为产品实现过程的输入，通过产品实现过程，形成的产品交付给顾客(和其他相关方)后，又可以获取顾客(和其他相关方)满意程度的信息，输入分析和改进过程，既可以为管理者的决策提供必要的数据化事实，又可能带来体系的持续改进。

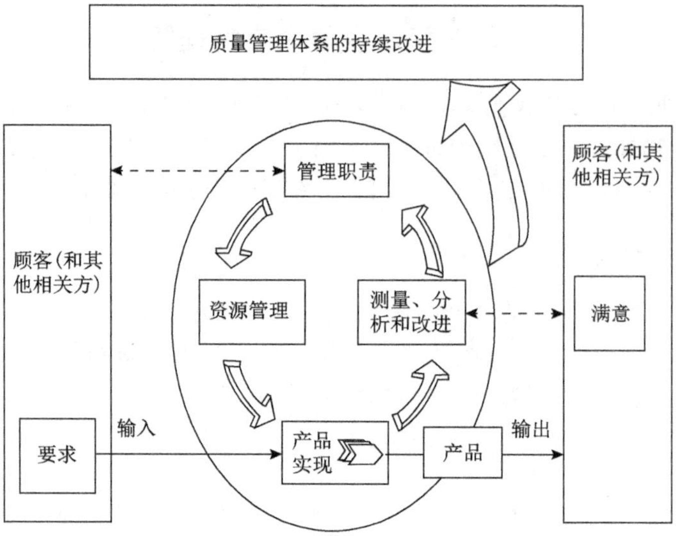

图 3-1　以过程为基础的质量管理体系模式

圆圈中的“管理职责”、“资源管理”、“产品实现”和“测量、分析和改进”分别代表了质量管理体系中的四大过程，四大过程通过箭头形成闭环，反映了不断实施、改进，以增强质量管理体系能力的 PDCA 循环活动，表明质量管理体系是不断循环上升、持续改进的。两条双向的虚线箭头表明在管理职责和顾客(和其他相关方)要求之间，测量、分析和改进与顾客(和其他相关方)满意之间存在双向信息交流。

过程方法的原则不仅适用于某些较简单的过程，也适用于由许多过程构成的过程网络。

(五)质量方针和质量目标

“质量方针”是由组织最高管理者正式发布的关于质量方面的全部意图和方向。“质量目标”是指在质量方面所追求的目的。

组织建立质量方针和质量目标的目的是为了给组织提供关注的焦点、努力的方向，协助组织充分利用资源达到预期结果。质量方针和质量目标的建立是组织战略性决策的一部分，质量方针为建立和评审质量目标提供框架，质量目标是组织为达到质量方针而设定的努力方向，应可测量，质量目标的实现对产品质量、运行有效性、财务业绩和顾客(和其他相关方)满意均产生积极影响。

(六)最高管理者在质量体系中的作用

“最高管理者”是指在最高层指挥和控制组织的一个人或一组人。最高管理者为实现质量管理体系的有效运行,应为员工营造出能使员工充分发挥其能力和作用的良好氛围和环境。最高管理者在质量管理体系中应发挥以下 9 个方面的重要作用。

(1)制订并保持组织的质量方针和目标；

(2)通过在整个组织内宣传质量方针并促进质量目标的实现，增强员工的意识、积极性和参与程度；

(3)确保整个组织关注顾客要求；

(4)确保实施适宜的过程；

(5)确保建立、实施和保持一个有效和高效的质量管理体系；
(6)确保获得必要资源；
(7)定期评审质量管理体系；
(8)决定有关质量方针和目标的措施；
(9)决定改进质量管理体系的措施。

(七)文件

文件的价值体现在沟通意图，统一行动。质量管理体系文件类型包括质量手册、质量计划、规范、指南、作业指导书、记录等。文件的产生和使用应当实现增值，文件的多少、详略程度和采用的媒介应与组织的实际情况相适应，如组织的类型和规模、组织各过程和产品的复杂程度、顾客要求和适用的法律法规情况、人员能力等因素。

(八)质量管理体系评价

质量管理体系评价是组织了解现状、寻求改进机会的手段，也是组织不断自我完善的重要途径。质量管理体系的评价方式主要有质量管理体系审核、质量管理体系评价和自我评价 3 种。评价质量管理体系时应对每一个过程提出 4 个基本问题，以判断是否达到识别过程、规定过程和控制过程的目的。

(九)持续改进

为增加顾客满意和其他相关方满意的机会，八项质量管理原则中“持续改进”的理念被应用到质量管理体系中，其具体的步骤和方法如下。
(1)分析和评价现状，以识别改进区域；
(2)确定改进目标；
(3)寻找可能的解决办法，以实现这些目标；
(4)评价这些解决办法并作出选择；
(5)实施选定的解决办法；
(6)测量、验证、分析和评价实施的结果，以确定这些目标已经实现；
(7)正式采纳更改。

(十)统计技术的作用

应用统计技术能更好地发现变异，理解变异的性质、原因和程度，有助于组织发现问题，利用获得的数据进行分析并作出决策，寻找解决方法，提高解决问题的有效性和效率，达到持续改进的目的。

(十一)质量管理体系与其他体系的关注点

随着市场竞争日趋激烈，经济和贸易全球一体化趋势的日益增强，人们对资源开发与环境影响的日益关注，组织的发展更加艰巨，也促使组织越来越谋求可持续发展的方向。因此，组织的发展目标不仅包含了质量方面，可能还包括环境、职业健康安全、风险、成本、社会责任、能源等多个方面。组织为与其要实现的目标相一致，管理体系可能还需要包含上述多个方面的内容。

质量管理体系是管理体系的一个部分，管理体系不同部分的关注点各异，但相互有联系。在管理体系审核时，不同管理体系，可以分开进行审核，也可以合并进行。

（十二）质量管理体系与卓越模式之间的关系

卓越模式是指当今国际上著名的管理模式，如美国的马尔科姆·鲍德里奇质量奖、欧洲质量奖、日本戴明奖的评定模式。

组织的卓越模式不是质量管理体系标准，二者的差异体现在应用范围不同。GB/T 19000族标准提出质量管理体系和业绩改进指南，质量管理体系评价可确定这些要求是否得到满足。卓越模式包含能够对组织业绩进行比较评价的准则，并能适用于组织的全部活动和所有相关方。卓越模式评价准则提供了一个组织与其他组织进行业绩比较的基础。

第四节　质量管理体系标准的理解与实施

GB/T 19001—2008标准规定了质量管理体系的要求，用于证实组织有能力提供满足顾客要求和适用法律法规要求的产品。

一、GB/T 19001—2008标准的结构

GB/T 19001—2008标准由前言、引言、正文、附录4部分构成。

前言
引言
1 范围
2 规范性引用文件
3 术语和定义
4 质量管理体系
4.1 总要求
4.2 文件要求
5 管理职责
5.1 管理承诺
5.2 以顾客为关注焦点
5.3 质量方针
5.4 策划
5.5 职责、权限与沟通
5.6 管理评审
6 资源管理
6.1 资源提供
6.2 人力资源
6.3 基础设施
6.4 工作环境
7 产品实现
7.1 产品实现的策划
7.2 与顾客有关的过程
7.3 设计和开发
7.4 采购
7.5 生产和服务提供
7.6 监测和测量设备的控制
8 测量、分析和改进
8.1 总则
8.2 监视和测量
8.3 不合格品控制
8.4 数据分析
8.5 改进
附录A　GB/T 19001—2008与GB/T 24001—2004之间的对照
附录B　GB/T 19001—2000与GB/T 19001—2008之间的变化

二、对标准主要内容的理解

（一）范围

标准适用于各种类型、不同规模和提供不同产品的组织。如由于组织本身及其产品特点，标准某些要求不适用时，可考虑对其进行删减。但删减仅限于标准第7条款“产品实现”的要求，且删减不影响组织提供满足顾客要求和适用法律法规要求的产品的能力或责任。

（二）总要求

(1)组织应按标准的要求建立文件化的质量管理体系，并加以实施、保持和持续改进其有效性。

(2)运用过程方法管理质量管理体系，总体管理思路采取PDCA管理模式。

(3)组织将质量管理体系中的过程以合同或协议方式分给其他组织承担，即外包过程。组织不能因为过程外包而免除其满足所有顾客要求和法律法规要求的责任，应确保对影响产品符合要求的任何外包过程进行控制。

就食品组织而言，采购、加工、检测、物流等过程都有可能实行外包，组织应充分识别、规定并确保对其有效控制。

（三）文件要求

1)质量体系的文件类型和要求　质量体系文件包括质量方针和目标、质量手册、标准要求的形成文件的程序和记录及为确保过程有效策划、运作和控制所需的文件。

质量方针和质量目标是组织实施和改进其质量管理体系的推动力之一，应形成文件并颁布实施。

“质量手册”是规定组织质量管理体系的文件，在建立文件化的质量管理体系时，首先要编写质量手册。质量手册编写的方式、详略程度要结合组织的实际情况，内容至少应包括：质量管理体系的范围；为质量管理体系编制的形成文件的程序或对其引用；质量管理体系过程相互作用的描述。

2)标准要求的形成文件的程序和记录　“程序”是为进行某项活动或过程所规定的途径，当程序形成文件时，通常称为“书面程序”或“形成文件的程序”。本标准要求至少应在文件控制、记录控制、内部审核、不合格品控制、纠正措施和预防措施这6个方面有形成文件的程序。

“记录”是阐明所取得的结果或提供所完成活动的证据的文件。本标准有21处提出记录的要求，如管理评审的记录、内部审核及其结果的记录等。

3)文件与记录控制　与质量管理体系要求有关的文件，包括组织内部形成及从外部获得的文件都应得到控制。

记录作为提供客观证据的一类特殊文件，不存在编、审、批的管理环节，也不能更改，应按照记录控制的要求进行控制。

文件控制和记录控制均应建立和保持形成文件的程序，前者对文件的批准、评审、更新、再次批准、识别、发放、使用、作废、标识等系统过程进行规定；后者对记录的标识、贮存、保护、检索、保留和处置的控制要求进行规定。并依此对文件和记录进行全过程控制。

（四）管理职责

本条款明确了最高管理者的职责，以确保领导作用的充分发挥，其管理职责包括以下 9 个方面。

1）作出管理承诺　最高管理者应作出管理承诺，以保证质量管理体系的建立、实施和持续改进，并应提供相关活动的证据。

2）以顾客为关注焦点　最高管理者应关注从顾客需求到顾客满意的全过程。

3）确定质量方针　最高管理者应根据组织自身的情况和特点制订适合于自己的质量方针并形成文件。质量方针中应包括两个方面的承诺，即满足要求与体现组织持续改进质量管理体系有效性的承诺。质量方针应与组织的总方针相一致，并为制订质量目标提供框架。应采取必要的手段和措施，在组织内宣传质量方针的内涵和要求，确保相关人员理解、贯彻和实施质量方针。

质量方针并非一成不变，随着组织追求的目标和宗旨，以及内外部运行环境、法律法规、顾客要求等诸多因素的变化，应随之进行调整。最高管理者在进行管理评审时应对质量方针的持续适宜性加以评审。

4）建立质量目标　最高管理者应确保在组织的相关职能和层次上建立质量目标，质量目标的建立，可以使各职能、层次的质量管理过程明确预期结果，同时提供了过程业绩的评价准则。

质量目标应包括满足产品要求所需的内容，通过实现质量目标来达到向顾客提供满足要求的产品。

质量目标应与质量方针保持一致，而且必须可测量，这种测量可以是定量或定性，以便能够为评价质量管理体系的有效性提供判断的基础。

5）进行质量管理体系策划　质量管理体系策划是组织的一项战略性行动，是实现质量方针、质量目标的首要工作，因此必须有最高管理者的领导和参与。

策划包括分析影响质量目标实现的因素有哪些、确定应该通过什么方法和途径、确定需要什么程序和资源等。开展策划时，除要考虑质量目标的要求外，还必须符合标准总要求的全部内容。

对质量管理体系的变更进行策划和实施时，要考虑变更对其他部分的影响，从而保持质量管理体系的完整性，防止质量管理体系的失控。

6）规定组织职责和权限　组织内的职责、权限得到明确规定和沟通是质量管理体系得以实施的基础和保障。最高管理者应确保组织内与质量有关的所有职能部门和人员的职责和权限得到规定。规定的职责和权限应在相关职能部门和人员中得到充分沟通，使部门之间、人员之间关系顺畅，各负其责，从而加强质量管理体系运行的有效性。

7）指定管理者代表　管理者代表是质量管理体系中非常关键的一个因素，是质量管理体系活动的管理者。最高管理者应从本组织管理团队中委任一名成员担任管理者代表，并赋予其相应的职责和权限，以便能对质量管理体系进行管理、协调、监视和评价，也可以代表组织就质量管理体系事宜与外部进行联络。

8）确保内部沟通　内部沟通能使必要的信息得到及时和准确的传递，达到组织内各部门和人员之间增强相互理解、协调行动的目的。最高管理者应确保在组织内建立适当的沟通过程，并确保对质量管理体系的有效性进行沟通。

沟通的内容包括与质量管理体系的有效性有关的各种信息，如某项工作或项目的状况，需要其他职能部门或人员协调或协助的事项，来自外部的信息(顾客投诉或要求、法律法规的变化)等。沟通可通过会议、记录的传递、计算机网络、内部刊物、告示等方式进行。

9) 开展管理评审　“评审”是为确定主题事项达到规定目标的适宜性、充分性和有效性所进行的活动。管理评审是对质量管理体系评价的重要方式，是质量管理体系改进循环中最高层次、非常重要的活动，目的是确保质量管理体系的适宜性、充分性和有效性。

组织应规定管理评审的时间间隔，频次应根据组织的具体情况而定。除定期的管理评审之外，在出现异常情况时，一般也应进行管理评审。组织通过管理评审可以系统、全面地了解和掌握质量管理体系的运行状况，识别改进机会和变更需求(包括质量方针和质量目标的变更需求)。

管理评审的输入应为评审质量管理体系提供充分和准确的信息，内容应包括审核结果，顾客反馈，过程的绩效和产品符合性，预防和纠正措施的状况，以往管理评审跟踪措施，可能影响质量管理体系的变更和改进的建议等 7 个方面。

管理评审的输出是管理评审活动的结果，通过管理评审对所需的改进作出决策，包括是否要对质量方针和目标作调整，对质量管理体系、过程、产品提出改进要求，包括补充必备的各种资源需求等。

应建立并保持管理评审的记录。

(五) 资源管理

资源的确定并提供是组织质量管理体系有效运行的基础，包括人力资源、基础设施和工作环境等。

1) 人力资源　“人力资源”是质量管理最重要的资源，应确保与质量管理有关的人员是有能力的。本条款要求是八项质量管理原则“全员参与”的具体体现。

组织应从教育、培训、技能和经验 4 个方面对影响产品要求符合性的人员任职能力确定要求，作出规定。适用时，应采取培训、聘用新员工等措施满足人员能力要求。培训内容不仅包括岗位所需要的知识、技能、法律法规和组织规定等，还应包括质量意识等方面的内容。

组织应通过测试、绩效评估、审核或评审、监视和测量等方法评估培训及所采取的其他措施的有效性。同时，建立并保持教育、培训、技能和经验的适当记录。

2) 基础设施　“基础设施”是组织运行所必需的设施、设备和服务的体系，是质量管理体系运行的物质保证，如工厂的生产加工和测试设备、工具、厂房和仓库、计算机网络和信息系统等，它们对产品的符合性有比较直接的影响。

组织应根据产品的质量特性和实施质量管理体系所需的过程，综合考虑法律法规要求等多方面因素，确定、提供适宜的基础设施，还应根据每个基础设施单元的特点、用途和重要性确定对基础设施的维护保养要求并加以实施。

3) 工作环境　“工作环境”是工作所处的一组条件，包括物理因素、环境因素、心理因素等(如温度、湿度、照明、天气)。工作环境对产品质量直接或间接产生影响，组织应识别影响产品符合性的工作环境，并明确管理职责，对工作环境的符合性进行必要的监视或测量，保证环境符合确定要求，如食品加工时的卫生要求、储存或运输时的温度要求、许多检测设备使用的环境温度要求等。

（六）产品实现

产品实现过程包括从策划、设计、生产和服务、销售直至交付的一系列过程。本条款确定了对策划和管理产品实现过程有关活动的要求。

1）产品实现的策划　产品实现的策划是针对具体产品所实施的具体策划的过程，是质量管理体系策划的一部分。策划的内容可包括：确定产品的质量目标和要求；确定产品实现过程中应管理的过程，需要提供的文件和资源等；确定产品实现过程中不同阶段产品所需要的验证、确认、监视测量、检验和试验活动，并确定产品接收准则；确定产品实现过程所需的相关记录。

策划活动的输出结果应与组织运作特点及产品特点相适应，可以是多种形式，如产品的"质量计划"、"项目计划"等。

2）与顾客有关的过程　组织要通过适当的沟通，确保对顾客的要求已充分理解，并在此基础上，确定恰当的产品要求，以及确定组织是否具备提供满足顾客要求产品的能力。

(1)与产品有关的要求的确定。产品要求的准确性、合理性和可实现性直接影响后续最终产品和体系的运行效果。组织要确保全面准确地理解顾客及适用的法律法规对产品的要求，从而准确地确定与产品有关的要求。

与产品有关的要求包括：顾客规定的要求；顾客虽然没有明确提出，但产品的规定用途和已知的预期用途所必需的要求；适用于产品的法律法规要求；组织认为必要的任何附加要求等。

(2)与产品有关的要求的评审。评审与产品有关的要求的目的是避免组织因为没有充分理解有关要求，或因不具备满足要求能力而造成顾客不满意的有效预防手段，是质量管理体系预防功能的体现。

评审应是在向顾客作出提供产品的承诺之前进行。通过评审，组织应确保产品要求得到规定、与以前表述不一致的合同或订单的要求已经解决、组织有能力满足规定的要求。评审结果应提供必要的记录。

当产品要求发生变更时，要确保对变更的要求进行评审，变更一旦经过双方认可确定，需及时将相关内容或有关文件的修改向组织内部与变更内容有关的所有人员告知，从而保证组织提供的产品能够满足变更后的产品要求。

(3)顾客沟通。顾客沟通是指组织与顾客之间就所提出的产品事宜的信息传递及协商的活动。其目的是为了使组织充分理解顾客的要求与期望，并建立获得顾客满意情况的信息与沟通途径，确保实现顾客的要求，增强顾客满意度。

组织应全面识别和建立与顾客进行有效沟通的渠道，明确与顾客沟通的方法和内容、沟通过程的有关要求，实施沟通并确保取得效果。

组织与顾客的沟通包括产品提供之前、提供之中及提供之后的所有适用阶段，沟通的内容主要包括产品信息，问询、合同或订单的处理及顾客反馈。

3）设计和开发　设计和开发是产品实现过程中的一个关键过程，组织通过设计和开发过程将顾客和相关法律法规的要求等准确有效地转换到产品特性或规范中。本条款是对产品设计和开发的策划、实施和改进提出的要求，旨在对设计和开发过程进行有效控制。

(1)设计和开发的策划：设计和开发的策划是围绕产品质量目标对产品设计和开发工作的总体安排和筹划。策划的内容应包括：设计和开发的阶段；适合于每个设计和开发阶段的评审、验证和确认活动；设计和开发各阶段部门与人员的分工、职责和权限。设计和开发策划的输出结果是设计和开发方案，若设计和开发过程中出现影响设计和开发的情况变化，这些方案也应随之进行必要的调整与变更。

(2)设计和开发的输入：产品设计和开发的输入主要是与产品要求有关的信息，是设计和开发工作的依据，其准确性、全面性与适宜性对设计和开发输出结果的正确性起决定性作用。其内容具体包括：功能和性能要求；适用法律法规的要求；适用时，以前类似设计的成果；设计和开发所需的其他要求。

组织应对设计和开发输入的充分性和适宜性进行评审。

(3)设计和开发的输出：设计和开发的输出是设计和开发过程的结果，将为其后的采购、生产和服务的提供、监视和测量过程提供规范和依据。设计和开发的输出应满足输入的要求；给出采购、生产和服务提供的适当信息；明确产品接收准则及规定产品的安全和正常使用所必需的产品特性，如安全操作指南等。设计和开发输出的方式多样，应适合于对照输入进行验证，通常包括图纸、技术要求、工艺参数等。设计和开发的输出应在放行前得到批准。

(4)设计和开发的评审：设计和开发的评审是对设计和开发及其结果所做的正式的评审活动，以确定各阶段设计结果满足要求的能力，并发现和解决问题，以达到设计和开发目标。评审时机是在设计和开发策划时确定的，根据需要在不同的阶段进行，视其复杂程度可以是一次或多次评审。评审形式可根据设计和开发的具体情况而定，如会审、逐级审查、同行评审等。组织应建立和保持适当的评审记录，包括评审决定和后续措施。

(5)设计和开发的验证：设计和开发的验证是通过采取不同方式的评价活动，评价和确定设计和开发过程的结果是否符合设计和开发输入规定的要求。验证时机是在设计和开发策划时确定的，通常应在总体设计和开发的结果输出之前或阶段性的设计和开发输出之前进行。验证的方式因输入要求和产品的不同而不同。验证结果(包括后续措施)应形成记录。

(6)设计和开发的确认：设计和开发的确认是确定最终产品是否能够满足使用要求的活动，这项工作是设计过程中最后一个阶段的工作，往往针对样品或模拟样品进行确认。确认时机是在设计和开发策划时确定的，一般情况下应是在设计开发完成后，批量产品投产或服务正式提供之前进行。确认的方式形式多样，通常应在使用条件下进行，使用条件可以是真实或模拟的，如药品的临床试验、样机试用。确认结果(包括后续措施)应形成记录。

(7)设计和开发更改的控制：导致设计和开发更改的原因很多。对于设计和开发的更改，要根据更改的性质、范围及对后续过程及最终产品影响程度，安排必要的评审、验证和确认活动。对设计和开发的更改评审不仅应包括更改本身是否满足相关的设计和开发要求，还应该评审更改对产品其他组成部分的影响和对已交付产品的影响。例如，对设备中某一部件尺寸的更改，将会导致与之配合的其他部件尺寸的更改，影响到设备性能的改变等，更改的影响可能会涉及合同、工艺、采购、售后服务等。设计和开发的更改在实施前须得到批准。应保持设计和开发更改相关的记录，包括对更改的评审及后续措施。

4)采购

(1)采购过程：采购通常包括原材料、零配件、包装材料、辅料等产品的采购，以及某些外包活动的选择和确定。采购过程对最终产品质量是否满足顾客的要求有重要影响。

组织应识别采购的产品或服务对组织随后的产品实现或最终产品的影响程度，确定对供方用什么方法控制、控制到什么程度。对于一些对最终产品或过程有重要影响或价值较高的材料、零部件或外包过程的控制应适当从严，就食品厂而言，对于原辅料和外包装箱采购的供方的控制要求是不一样的。

组织应制订选择、评价和再评价的准则并予以实施，对供方的评价和选择应着重在供方是否具有持续提供满足采购要求的产品的能力上。

应保持必要的评价记录，包括评价结果、评价后需要采取的一些后续措施，如对选定为合格供方的控制措施等。

⑵采购信息：采购信息是对采购产品的具体要求，可以各种形式出现，如采购合同、订单等。采购信息适当时可包括：①产品、程序、过程和设备的批准要求，是对供方提供的产品提出质量和控制要求，如拟采购产品应接受的试验和分析，应提交的与产品有关的报告和证明等；供方提供的产品在其实现过程中执行的程序、实施和控制的过程，生产设备应具备的能力等。②人员资格的要求，是对供方从事与组织采购产品质量有影响的相关人员的要求。例如，组织采购食品原料，要求原料厂的人员具有健康体检的证明。③质量管理体系的要求，是对供方覆盖采购产品的质量管理体系的要求，如汽车制造企业要求零部件供应商建立并运行 ISO/TS16949 质量管理体系并通过认证。

将采购信息与供方沟通前，组织应采取适宜方式如采购会议讨论、由授权人员审查和批准等，确保所规定的采购要求是充分和适宜的。

⑶采购产品的验证：组织应该根据采购产品或服务的重要性、对供方的信任程度、对供方评价的结果等因素，策划和采取必要的验证活动，以确定组织是否采购到满足采购要求的产品。

验证通常采用检验、试验、测量、观察、审查供方提供的合格证明文件、到供方现场监督等方式。当验证需要在供方现场进行时，应与供方进行协商，并在采购的合同或订单中明确说明验证的安排和产品放行方法。

5) 生产和服务提供

⑴生产和服务提供的控制。为提供合格产品，使顾客满意，组织应对其生产和服务提供过程实施有效策划，并在受控条件下进行。不同的产品和服务，受控条件可能不同。适用时，受控条件应包括：确保相关人员或部门及时获得表述产品特性的信息；必要时，要制订具体产品实现过程的作业指导书；应使用适宜的设备；应配备和使用所需的监视和测量设备；实施监视和测量；实施产品放行、交付和交付后活动。

⑵生产和服务提供过程的确认。过程确认是对过程能力的评价与确定活动。不是所有过程都需要确认，只有那些过程的输出不能由后续的监视或测量加以验证，使问题在产品使用后或服务已交付后才显现的过程才需要确认。过程确认应在事先确认。

确认的内容和方式可根据过程对最终产品的影响来确定，可以是以下一种或几种：识别对过程有影响的因素，制订与过程相关因素的评审条件和批准准则；对设备能力、人员资格是否符合过程要求进行鉴定；按照规定的准则要求，使用特定的方法和程序；根据确认的需要，建立和保持必要的记录；按照规定的时间间隔，或者过程发生问题或变化时，对这些过程实施再确认。

⑶标识和可追溯性。产品标识的目的是为了区分不同性质的产品(如有些已加工和未加工的零件)，以防止在使用时混淆或误发、误用。产品标识仅在可能引起混淆时才需进行。产

品状态标识的目的是区分同一产品的不同状态(如未经检验、正在检验、检验合格、检验不合格等)，以防止将未经检验或检验不合格的产品误发和误用。产品可追溯性是指通过各种记录和标识，追溯产品原始记录，以便能在发现问题时，可以迅速追回产品或查明问题的原因。在有可追溯性要求的场合，组织应规定唯一性的标识方法并记录其历史。例如，罐头厂通过对每批罐头规定唯一的生产批号来溯源。组织应对可追溯性的记录予以保存。

(4)顾客财产。顾客财产是指那些属于组织的顾客所有，由顾客提供给组织使用或组织控制构成顾客产品的一部分的财产，包括材料部件、图纸、设备、顾客的知识产权及个人信息等。组织对顾客财产应进行管理和控制，具体包括对顾客财产进行识别、验证，并采取适当的方法加以保护和维护，对顾客财产使用过程进行监视和测量，以避免其损坏、丢失或不适用。当发生顾客财产丢失、损坏或不适用时，应及时向顾客报告，并保持记录。

(5)产品防护。产品防护的对象是产品实现过程中的所有产品及其组成部分。防护的时间范围包括从产品的内部处理直到交付到预定的目的地期间。防护的措施包括：建立并保持与组织的产品适宜的防护标识，如产品包装上的易碎标识；针对不同产品特性，选用适宜的搬运设备或工具，采取妥善的搬运方法；选取适宜的包装材料和控制方法；建立仓贮制度，对贮存产品进行必要的标识、保管，保证在适当的设施和环境条件下贮存产品等，如食品应在规定的温度下冷藏。

6)监视和测量设备的控制　监视和测量的目的是为产品符合确定的要求提供证据。而监视和测量设备是有效实施监视和测量的基础，其能力和状态直接影响监视测量结果的准确，因此在生产和服务提供过程中，组织应采取措施确保监视、测量设备有效。

监视设备是对生产和服务提供过程的工作状态进行监视的设备，如摄像装置等。监视设备一般不必进行校准(检定)，但需定期进行验证和维护。

测量设备是为实现测量过程所必需的测量仪器、软件、测量标准、标准物质(或辅助器械或它们的组合)，如检验或实验用仪表等。测量设备需要进行校准(检定)，必要时，应按下列要求予以控制。

(1)对照能溯源到国际或国家标准的测量标准，按照规定的时间间隔或在使用前进行校准或验证(检定)。当不存在上述标准时，应记录校准或验证(检定)的依据，并保持校准或验证(检定)结果的记录。

(2)在使用过程中，按照规定的要求对测量设备进行调整或必要时再调整。

(3)对测量设备的校准状态予以识别(如采用标签、记录、颜色等)，以确定其校准状态。

(4)采取有效措施，如对使用人员进行培训、制订作业指导书等，以防止可能使测量结果失效的调整。

(5)采取适当措施，在搬运、维护和贮存期间防止损坏或失效。

当发现测量设备不符合要求时，组织应对以往测量结果的有效性进行评价和记录，并对该设备和任何受影响的产品采取适当的措施，如追回已测量的产品重新测量等。

当计算机软件用于规定要求的监视和测量时，组织应确认其满足预期用途的能力。确认应在初次使用前进行，必要时再确认。

(七)测量、分析和改进

为证实组织提供的产品、组织的质量管理体系符合要求，以及持续改进质量管理体系的有效性，组织应策划和实施监视、测量、分析和改进过程。

组织必须对是否需要使用诸如统计技术在内的适用方法及其应用程度进行确定。为此，组织应对可用的方法和技术有一定的了解，并合理地决定在某个特定情况下使用哪种方法和技术。

1. 监视和测量 组织应策划和实施4个层面的监视和测量活动：顾客满意信息的监视和测量、质量管理体系的内部审核、过程的监视和测量、产品特性的监视和测量。

1) *顾客满意* 顾客满意是指顾客对其要求已被满足的程度的感受。监视顾客满意的信息作为测量组织质量管理体系的业绩的方法之一，可帮助组织评价所建立的质量管理体系的有效性，并识别改进的机会。

组织应监视顾客满意的信息，并且确定获得信息和利用信息的方法。顾客满意信息来自于顾客满意度调查、用户意见调查、流失业务分析、顾客赞扬、索赔和经销商报告等。

2) *内部审核* 内部审核是组织对自身质量管理体系进行评价的方法之一，是为了证实组织质量管理体系的符合性和有效性，并针对发现的问题采取纠正措施，以确保体系的有效性和持续改进。

内部审核应制订文件化的程序，对审核方案的制订、审核人员的职责、审核频率、时间间隔和审核发现的处置等作出规定。组织应对内部审核方案进行策划，策划、实施审核及报告结果应形成记录并保持。内部审核应保持客观和公正性，审核员应具有经证实的实施审核的个人素质和能力，审核员不应审核自己的工作。在内部审核中发现不符合时，责任部门的管理者应及时采取必要的纠正措施，消除不符合及产生不符合的原因。应对纠正措施的有效性进行跟踪验证，并按规定记录和报告验证结果。

3) *过程的监视和测量* 组织应对所有的质量管理体系过程进行监视，以证实过程实现所策划的结果。这些过程不仅包括产品的实现过程或服务提供过程，也包括内部审核过程、管理评审过程等管理过程、监视和测量过程及支持过程等，适用时对部分过程进行测量。过程的监视和测量方法应在过程策划时予以规定。如未达到策划结果，组织应采取纠正措施，确保过程的有效性。

4) *产品特性的监视和测量* 组织应对产品(包括最终产品、中间产品和采购产品)特性进行监视和测量，以验证产品是否已符合产品要求。

对产品特性的监视和测量，应依据策划的安排在产品实现过程的适当阶段进行。组织应保持符合接收准则的证据并形成记录，记录上应注明有权放行产品以交付给顾客的人员。

在对产品进行监视和测量的所有策划安排均已完成，而且结果符合要求后，才能进行产品和服务的交付。但在特定的条件下，如紧急情况，产品在监视和测量未完成之前，可以放行，但必须得到有关授权人员的批准，适用时得到顾客批准。然而，紧急放行不能违反法律法规的要求，如食品类产品就不能未经检验就放行。

2. 不合格品控制 不合格品可以是采购产品、中间产品和最终产品。组织应确保不符合产品要求的产品得到识别和控制，防止它们不正确地被使用和交付。

组织应制订形成文件的程序，规定不合格品控制和处置的有关职责和权限。适用时，处置不合格品通常采取以下的一种或几种方式：返工；让步使用、放行或接收不合格品，此时应由授权人员批准，适用时经顾客批准；改变使用方式和用途(如降级使用或报废)；在交付或使用后发现不合格品时，应采取与不合格的影响或潜在影响的程度相适应的措施解决问题，如修理、更换、退货甚至赔偿、召回、提供附加的服务等。

在对不合格品纠正之后应对其进行再次验证，只有证实其符合要求方能放行和交付。不合格记录应包括不合格的性质(如特性、类型、属性、严重程度等)及随后采取的处置措施，包括批准让步的情况。

3. 数据分析　组织通过确定、收集和分析质量管理体系运行产生的数据(包括来自外部数据)，可以评价质量管理体系是否适应情况的变化，是否达到预期的结果，并可帮助组织识别问题、寻找持续改进的机会、确定改进空间。

理论上，质量管理体系所有过程运行的信息(包括内外部的)都是数据分析的来源，数据分析可以用于任何过程、任何可为组织提供有用信息的领域。尤其是分析后应能提供与顾客满意有关的信息；与产品要求符合性的信息；与过程和产品的特性及趋势有关的信息，包括采取预防措施的机会；供方供货业绩的相关信息。

4. 改进　本条款明确了对质量管理体系实施改进的要求，是持续改进原则的具体体现。

1)*持续改进*　为实施持续改进，组织可以利用的方法有：通过质量方针有关持续改进的承诺，在组织营造改进气氛；通过质量目标的不断提高或细化，来明确改进的方向；通过内部审核和数据分析来评价质量管理体系的现状，识别改进需求，寻找改进的机会；通过纠正措施和预防措施来实施改进；在管理评审中明确改进方向；分析和评价实施上述改进活动的有效性。

2)*纠正措施*　纠正措施是指为消除已发现的不合格产品或其他不期望情况的原因所采取的措施。组织应采取纠正措施，以消除不合格的原因。

3)*预防措施*　预防措施是指为消除潜在不合格或其他潜在不期望情况的原因所采取的措施，目的是防止不合格的发生。组织应采取预防措施，以消除潜在不合格的原因。

三、质量管理体系的建立与实施

一个组织的质量管理体系的建立和实施通常需要以下几个主要阶段：质量管理体系的策划、质量管理体系文件的编制、质量管理体系的实施、内部审核、管理评审等。

以饮料企业为例对以上步骤具体说明。

1. 质量管理体系的策划　饮料企业管理者应根据自身的实际情况，在统一思想、建立机构、理论培训、现状调查分析等前期准备工作的基础上，对质量管理体系进行策划，制订质量方针和质量目标并进行质量职能分配。策划结果应进行评审。

2. 质量管理体系文件的编制　体系文件是将体系分析和策划结果用书面形式确定下来，形成一套用于规范体系活动的文件，是对质量管理体系的具体设计。体系文件包括质量手册、程序文件、作业性文件、质量记录表格等。体系文件经评审后由文件管理部门进行文件登录和发放管理工作，包括：审核、批准、复印、装订、受控、登记、发放、签收等。

3. 质量管理体系的实施

1)*人力资源管理*　通过适当的教育、培训等使企业所有与质量管理相关的过程(包括食品质量控制、工艺制订、原辅料采购、生产控制、检验、设备维护、仓储运输、产品销售等)人员知晓 ISO 9001 的细则，明确各级岗位人员的职责与权限，建立岗位职责和相应的考核制度，充分调动企业员工参与质量管理的积极性和能动性。

2) 设计和开发过程的实施　通过研究各种饮料食品的发展动向，为新产品的开发和立项提供可行性分析和技术支持。企业要对实验产品进行评价，对试产新品进行现场跟踪并详细记录，并不断地改进完善。

3) 采购过程的实施　企业应制订原料、辅料、包装物、饮料容器的接受准则或规范，应选择、评价供方程序，对原料、辅料、容器及包装物料的供方进行评价、选择，多方比较后选择优质、价廉、有良好资质和质量保证的供方，并采用适宜方式对采购原辅料进行验证。

4) 生产过程的实施　在饮料的整个生产过程中，包括物料溶解、调配、过滤、灌装、封罐、杀菌、灌装、包装等工序，要对过程的关键因素实施控制，保证各工序按规程进行。要重视生产设施、设备及环境的管理。

企业应建立和实施追溯系统，确保从原辅料到成品的标志清楚，具有可追溯性，实现从原辅料验收到产品出库、从产品出库到直接销售商的全过程追溯。同时还应建立和实施不安全批次产品的召回程序，保证出现问题的产品能够追溯并及时召回，避免给消费者造成安全危害和对企业的信誉产生不利影响。

5) 检验过程的实施　检验过程包括出厂检验、原材料进货检验及过程检验。饮料企业应有与生产能力相适应的内设检验机构，检验人员应具有相应的资质和能力，按照检验规程进行检验，对检验的每一批产品都要记录，不合格品要按照不合格品控制程序要求进行处理。对不合格的数据要进行分析，查找原因，采取纠正或预防措施进行改进。

6) 销售服务过程的实施　在运输与销售过程中，企业应重视对产品的防护。企业应建立与顾客进行有效沟通的渠道，全面收集包括产品信息、问讯、合同或订单处理及顾客反馈意见等在内的信息，针对顾客投诉应积极进行调查和协调处理，对顾客反馈信息进行统计分析，进行持续改进，以确保满足顾客要求。

4. 内部审核　企业应按时间间隔进行内部审核，按照标准要求，对企业的质量管理体系进行诸要素、诸部门全面审核，查找体系运行过程中存在的问题(即“不符合项”)，然后限期整改，通过对“不符合项”实施纠正和纠正措施，使其达到标准要求，以确保体系正常运行，促进企业产品质量管理，从而达到有效保证产品质量的目的。

5. 管理评审　企业应当定期地安排管理评审，主要目的是确定企业的质量方针、目标的总体有效性，并根据内审结果，以及技术进步和市场、质量概念、社会要求等变化情况，对质量体系的适宜性进行评价。其中，应特别重视对顾客意见和要求的处理，以不断提高质量体系和持续向顾客提供符合要求的产品的能力。

企业要想保持稳定而优异的产品质量，必须按照 ISO9001 标准的要求不断完善质量管理工作，努力提高质量管理水平。

复习思考题

1. 简述 ISO 9000 族核心标准及其主要内容。
2. 简述质量管理八项原则。
3. 简述最高管理者的职责。
4. 简述 ISO 9001 标准中与产品实现有关的活动和要求。

第四章 质量控制管理

【本章提要】

本章主要讲述了质量数据的定义与搜集方法，质量波动的定义与分类，传统的7种质量控制工具与方法，质量控制新七法及工序控制的相关内容。

【学习目标】

1. 了解质量数据的分类及方法，熟悉质量波动的定义、原因及分类。

2. 掌握食品生产过程中常用的7种传统的质量控制工具与方法。

3. 掌握食品生产过程中质量管理工具新七法。

4. 掌握质量管理中数学方法的基本原理并能够在质量管理和质量保证的活动中，尤其是在质量改进的活动中灵活地运用这些工具。

【主要概念和名词】

质量数据、计量值数据、计数值数据、顺序数据、点数数据、质量波动、正常波动、异常波动、调查表法、排列图法、因果图法、直方图法、散布图法、分层法、控制图法、关联图法、亲和图法、PDPC 法、系统图法、箭形图法、矩阵数据解析法、矩阵图法、现场质量管理、工序控制、质量控制图法、PRE 控制法、工序诊断调节法

食品质量控制是保障食品安全与卫生的主要途径，也是发现质量问题、分析和解决质量问题的主要方法。本章主要介绍质量数据的分类、收集及特性，产品质量发生波动的原因、分类，传统的质量控制工具，质量控制新方法，以及工序控制等内容。

第一节　质 量 数 据

任何一种产品为满足人们的需要，都必须具备多方面的特性，反映这些质量特性的数值称为质量特性值，又称质量数据。在质量管理过程中，通过有目的地收集数据，总结出有关产品生产过程中的质量信息，再分析并作出决策或提出解决方案，达到提高产品质量的目的。

一、质量数据的分类

在科学研究和生产实践中，工作人员会经常碰到很多与质量有关的数据，这些数据是各种各样、方方面面的。按照性质和使用目的的不同，可以分为计量值数据、计数值数据、顺序数据、点数数据和优劣数据。

（一）计量值数据

计量值数据是指用测量工具可以连续测取的数据，即通常可以用测量工具具体测出小数点以下数值的数据，数据在给定的范围内可以取任何值，如测量产品的长度、重量、硬度、体积、厚度、电流、温度、时间、pH 等。但是，由于测量方法受到限制，或者没有必要把所有产品的数据都测量，因此，测量结果的数据是不连续的。数据的变化情况与所用的测量仪器精确度有关。

（二）计数值数据

计数值数据是指那些不能连续取值的，只能以个数计算的数据，或者说即使使用测量工具也得不到小数点以下的数值，而只能得到如 0，1，2，3，…整数的数据为计数值数据，如计算机出现故障的次数、合格品与不合格品件数、质量检测的项目数、疵点数、故障次数等。

（三）顺序数据

顺序数据是指在对产品进行综合评审而又无适当仪表进行测量时所用的数据。例如，在对食品进行感官分析时，将不同的产品进行随机编号，027，315，256，048，或把 n 类产品按评审标准顺序排成 1，2，3，…，n，这样的数据就是顺序数据。

（四）点数数据

点数数据是指以 100 点或 10 点或其他点记为满点进行评分的数据。在食品感官评定时，给产品打分时常用点数数据。例如，对香肠进行感官评分时，采用 5 点：5 分，肉色好，有光泽，香气圆润浓郁，风味明显，留香时间长；4 分，肉色较好，有光泽，香气较浓郁，风味较明显，留香时间较长；3 分，肉色正常，较有光泽，有正常香气，能闻到或品尝到香精风味；2 分，肉色异常，无光泽，无正常香气，无香精风味；1 分，肉色异常（或有霉菌），无光泽，有酸腐气味，无正常香气。

（五）优劣数据

优劣数据是指比较两个或多个产品之间的差别或优劣时使用的数据。例如，比较‘国光’和‘红富士’两个品种的苹果口感上的差别。

二、数据的搜集

搜集数据常用的方法是随机抽样。随机抽样是指总体中每一个体被抽取的可能是相等的，且不掺杂人的主观意志在内的一种抽样方法。数据收集方法主要有以下 4 种。

（一）简单随机抽样

简单随机抽样又称单纯随机抽样，就是对总体中的全部个体不做任何分组或分类，直接从总体中不加任何限制地抽选个体作为样本的抽样，通常采用随机数值表法、直接抽取法或者抽签法进行取样。

（二）分层随机取样

分层随机抽样又称类型抽样、典型抽样，它是将整批产品按不同条件生产出来的样品归类分组后，按一定比例从各组中随机抽取产品组成样本。

（三）整群随机抽样

整群随机抽样又称系列抽样、划区抽样，在总体中一次并非抽取单个个体，而是抽取整群个体作为样品的抽样方法。

（四）系统随机抽样

系统随机抽样又称机械随机抽样、间隔抽样或规律性抽样，是在时间和空间上，按一定间隔从总体中抽取样品以获得检测样的抽样方法，这种方法适用于流水线，多用于工序质量控制。

三、搜集数据的注意事项

在做管理或决策时，收集的数据要真实可靠，并具有代表性，否则，就会得出错误结论，这比没有数据更糟糕。为了取得准确可靠的数据，应该注意下列事项：①明确收集数据的目的和收集的方法；②收集的数据要具有代表性；③收集数据时，要进行登记和记录，记录的内容包括何人、何时、从何处、用何方法、用何测量仪表、记录何数据、如何处理等；④数据记录时，字迹要清晰，让人能看懂；⑤记录必须保存，而且计算过程也应予以保存，以便出现计算错误时可追溯。

第二节　质 量 波 动

一、质量波动的定义

不同的人，用同样的生产设备、生产原料和生产工艺，生产的食品在色、香、味、质地和外形等有所不同，甚至是同一个人在不同的时间或心情不一样时，做出的产品也有差别，这就是质量波动。

二、质量波动的原因

在生产实践中，由同一个工人，在同一台设备上，用同一批原材料、同一种方法生产出的同一种产品的质量具有波动性。这种波动主要有6个方面的因素。

(1)人(man)：操作者对质量的认识、技术熟练程度、文化素质、身体状况等。

(2)机器(machine)：机器设备和工具的卫生、精度和维护保养状况等。

(3)材料(material)：食品原料的成分、物理性能和化学性能等。

(4)方法(method)：包括加工工艺、管理方法、操作规程、测量方法等。

(5)测量(measurement)：测量时采取的方法是否标准、正确。

(6)环境(environment)：生产场所的温度、湿度、照明和清洁条件等。

由于这 6 个因素的英文名称的第一个字母是 M 和 E，所以常简称为 5M1E。

从过程质量控制的角度来看，通常又把上述造成质量波动的 6 个方面的原因归纳为偶然性原因和系统性原因。

(一) 偶然性原因

偶然性原因是不可避免的原因，一定程度上又可以说是正常原因，如原料理化性能、成分的微小差异，设备的轻微振动，消毒剂和清洁剂用量，润滑油及周围环境的微小变化，工人操作中的微小变化，测试手段的微小误差，检查员读数的微小差异等。一般来说，这类影响因素很多，不易识别，其大小和作用方向都不固定，也难以确定。它们对质量特性值波动的影响较小，使质量特性值的波动呈现典型的分布规律。

(二) 系统性原因

系统性原因是指在生产过程中少量存在且对产品质量不经常起作用的影响因素。一旦在生产过程中存在这类因素，就必然使产品质量发生显著的变化。这类因素有原料质量不合格，工人操作失误或不遵守操作规程，生产工艺不合理，工人过度疲劳，设备波动过大，使用未经鉴定过的测量工具，测试错误等。一般来说，这类影响因素较少，容易识别，其大小和作用方向在一定的时间和范围内，表现为一定的或周期性的或倾向性的有规律的变化。

三、质量波动的分类

质量波动分为正常波动和异常波动。位于规定公差范围内的产品是可以接受的，称为正常波动；超出公差规定范围的产品是不可接受的，称为异常波动。

(一) 正常波动

正常波动是由偶然性、不可避免的因素造成的波动。这些因素在技术上难以消除，经济上也不值得消除。常见的如原材料中的微量杂质或性能上的微小差异，温度或电压等生产条件的微小变化，仪器、仪表的精度误差，设备的正常磨损和轻微振动，检测的误差等。这类因素在实际生产中经常大量存在着。在一般情况下，正常波动是质量管理中允许的波动。

(二) 异常波动

异常波动是由系统性原因造成的质量数据波动，这类因素对质量数据波动的影响比较大，使生产过程处于不稳定状态，如原材料质量不合格，设备的不正确调整，操作者偏离操作规程等。这类数据散差的数值和正负符号往往保持为常值，或按一定的规律变化，带有方向性，出现异常大的散差。生产中如果出现这种现象，生产过程往往处于失控状态。

第三节　质量控制工具(一)——质量控制旧七法

质量控制(QC)七大手法是常用的统计管理方法，又称为初级统计管理方法，是在质量改进项目和活动中已被广泛使用的工具和技术。它包括调查表法、排列图法、因果图法、直方图法、散布图法、分层法、控制图法等，通常称为质量管理的 7 种工具。

一、调 查 表 法

调查表又称检查表、核对表、统计分析表，它是用来记录、收集和积累数据，并能对数据进行整理和粗略分析的统计图表。常用的调查表有不合格项目调查表、缺陷位置调查表、质量分布调查表、矩阵调查表等。

(一)不合格项目调查表

不合格项目调查表主要用来检查或调查生产现场不合格项目频数和不合格品率。

表 4-1 是某啤酒厂成品抽样检验不合格项目调查表。按照不合格项目的严重程度划分等级分数，通过统计分数调查产品的质量状况。

表 4-1　成品抽样检验不合格项目调查表

生产线：　　　　班次：　　　　日期：

产品名称：		不合格数量/瓶			
等级	项目	早	中	夜	总计
A	无出厂日期				
A	装箱数量不足				
A	异物		2		2
A	变质				
A	渗漏			3	3
A	容量不够	1			1
B	标签缺陷			1	1
B	瓶身脏污				
B	包装残损		1		1
C	其他				
不合格数	A 级	1	2	3	6
不合格数	B 级		1	1	2
不合格数	C 级				
不合格数	总计	1	3	4	8

主管：　　　　组长：　　　　品管员：

注：每条生产线每次每班抽验 4 箱(每箱 12 瓶)

(二)缺陷位置调查表

某些产品的外观质量是考核的指标之一，外观的缺陷可能发生在不同的部位，且有多种类型。缺陷位置调查表就是先画出产品平面示意图，把图面划分成若干小区域，并规定不同外观质量缺陷的表示符号。调查时，按照产品的缺陷位置在平面图的相应小区域内打记号，最后归纳统计记号，可以得出某一缺陷比较集中在哪一个部位上的规律，这就能为进一步调查或找出解决办法提供可靠的依据。

现以奶粉包装袋的印刷质量缺陷位置调查为例说明，见表 4-2。

表 4-2　奶粉食品包装袋的印刷质量检查表

品名	奶粉包装袋	检查起止日期	2012.8.1～2012.8.10
工序	印刷	检查者	×××
调查目的	彩印质量	检查件数	100

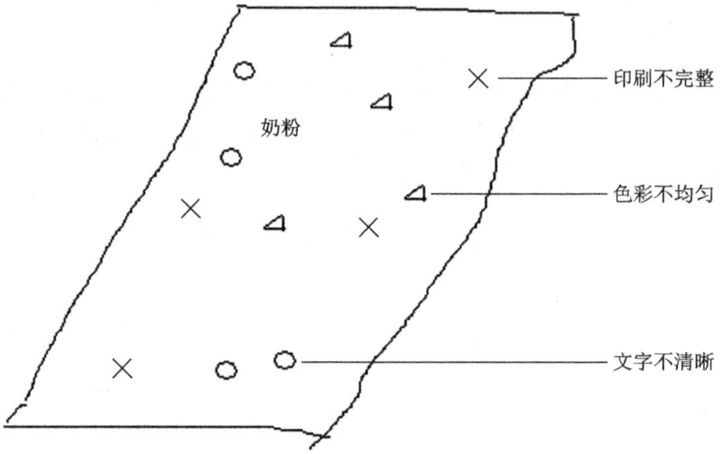

包装袋表面示意图

（三）质量分布调查表

质量分布调查表是通过对现场抽查质量数据的加工整理，找出其分布规律，从而判断生产工序是否正常。具体是根据已有的资料，将某一特性项目的数据分布范围分成若干个区间而制成的表格，用以记录和统计每一质量特性数据落在某一区间的频数。此类调查表又称为工序分布检查表，如表 4-3 所示。

表 4-3　某产品质量实测值分布调查表

产品名称：　　　　生产线：　　　　日期：

重量		频数								小计
		5	10	15	20	25	30	35		
	5.1									
	5.2									
下限	5.3	○		○						2
	5.4	○								1
	5.5	○								1
	5.6	○	○	○	○	○				5
	5.7		○		○	○	○	○		5
	5.8	○	○	○	○	○	○	○	○	8

续表

重量		频数								小计
		5	10	15	20	25	30	35		
中心值	5.9	○								1
	6.0	○	○	○	○	○	○			6
	6.1		○	○	○	○	○			5
	6.2		○							1
	6.3		○	○	○	○	○	○		6
上限	6.4	○	○	○						3
	6.5									
	6.6									
	6.7									
总计										44

经理：　　主管：　　制表：

(四)矩阵调查表

矩阵调查表是一种多因素调查表，它要求把产生问题的对应因素分别排列成行和列，在其交叉点上标出调查到的各种缺陷、问题及数量。它主要用来寻找新产品的开发方案、分析产生不合格品的原因等。矩阵调查表有多种形式，表 4-4 是粉条产品研发时应用的矩阵调查表。

表 4-4　影响粉条质量的原因调查表

项目 / 影响因素	口感	气味	耐煮性	断条率	酥条
淀粉	□	□		□	△
加水量	□	△	□		△
水温			□		
熟化时间	△	△	□	□	
食盐用量		□	□		□
碱面用量		□			△
添加剂		□			△
…					

注：□. 主要因素；△. 次要因素

二、排列图法

(一)排列图的定义

排列图(Pareto chart)又叫帕累托(Pareto)图，全称是主次因素分析图，它是由两个纵坐标、一个横坐标、几个按高低顺序依次排列的长方形和一条累计百分比折线所组成的图，如图 4-1 所示。它采用的原理为帕累托原理，国家财富的 80%掌握在 20%人的手中，这种 80%～20%

的关系，即帕累托原理。排列图同时也是将质量改进项目从最重要到最次要进行排列而采用的一种简单的图示技术。首先按影响程度的大小从左至右排列，直方图的高度表示某个因素影响的大小；曲线表示各因素影响大小的累计百分数，这条曲线称为帕累托曲线。通常将累计百分数分为 3 个等级，累计百分数在 80%以下的因素为 A 类，是主要因素；累计百分数在 80%～90%的因素为 B 类，是次要因素；累计百分数在 90%～100%的因素为 C 类，是一般因素。目前，排列图常被应用于专业管理，目前在仓库、物资管理中常用的 ABC 分析法就出自排列图的原理。

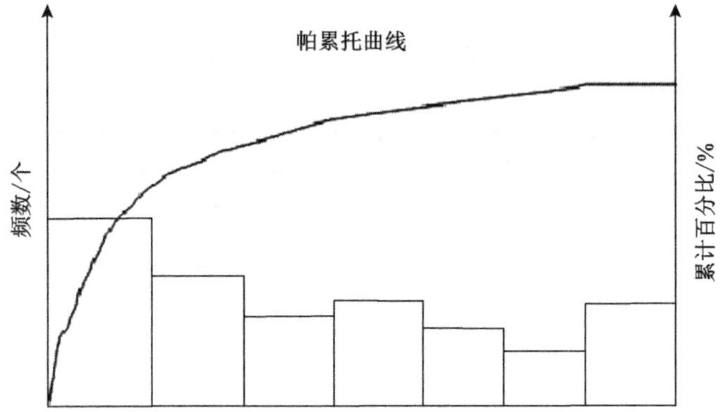

图 4-1　排列图的形式

(二) 排列图的作法

(1) 将收集的数据进行分类整理，并进行分层，每一层为一个项目，统计出每个项目的频数。

(2) 在坐标纸上画出纵、横坐标。

(3) 依照频数的大小将各项目在横轴上自左至右排列，然后画出表示频数的排列图。

(4) 画右纵坐标表示累计百分比，找出各项目的累计百分点，连接累计曲线。

(5) 填上图的名称、时间、数据来源、目的、制图者等事项。

下面以常温方便粥不合格原因来说明排列图的具体作法。共检查 7 天生产的 100 罐常温方便粥的质量，对每一天不合格品分析原因后列在表 4-5 中。

表 4-5　排序后频数统计表

质量问题	频数/罐	频数	累计频率/%
重量	45	0.45	45
杂质	29	0.29	74
固形物	11	0.11	85
密封	7	0.07	92
真空度	6	0.06	98
其他	2	0.02	100.0
合计	100	1.000	

从表 4-5 中给出的数据可以看出各种原因造成的不合格品的比例。为了找出产生不合格品的主要原因，需要通过排列图进行分析，具体步骤如下。

1) 列频数统计表　　如表 4-5 统计得到排序后频数统计表。

2) 画排列图　　在坐标系的横轴上从左到右依次标出各个原因，"其他"这一项放在最后，在坐标系上设置两条纵坐标轴，在左边的纵坐标轴上标上频数，在右边的纵坐标轴的相应位置上标出累计频率。然后在图上每个原因项的上方画一个矩形，其高度等于相应的频数，宽度相等。然后在每一矩形的上方中间位置上点上一个点，其高度为到此原因为止的累计频率，并从原点开始把这些点连成一条折线，称这条折线为累积频率折线，也叫帕累托曲线，如图 4-2 所示。

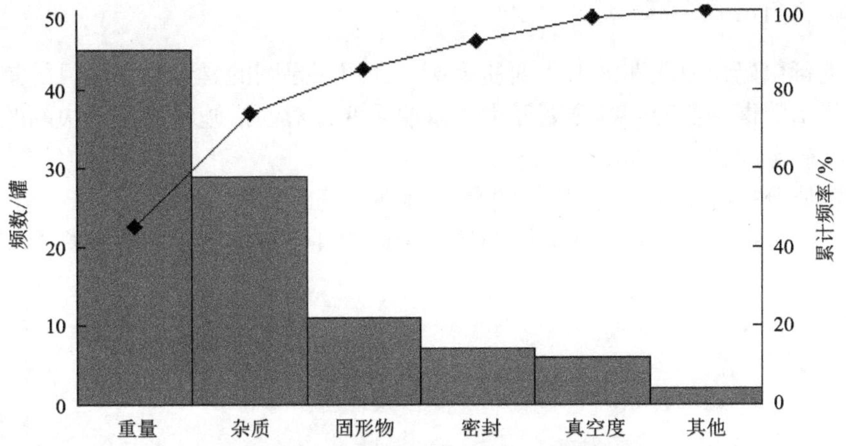

图 4-2　不合格品的原因分析排列图

3) 确定主要原因　　根据频率在 80%以下的因素为主要因素的原则，主要问题项目(A 类)可以用画线(在累计频率 80%处画虚线通过累计百分比折线上的某一点向下至横坐标)或用阴影线表示。在该水平线以下的折线部分对应的原因便是主要因素，从图 4-2 可以看出，造成不合格品的主要原因是重量、杂质与固形物，要减少不合格品应从这 3 个方面着手。

在排列图上，一般只分析标注主要问题(A 类)，抓住关键项采取措施，将能很好地解决质量问题。同时还应注意的是，主要项目以 1～2 个为宜，过多就失去了画排列图找主要问题的意义。如果出现主要项目过多的情况，就应考虑重新确定分层原则，再进行分层。在采取措施后，为验证其实施效果，还要与新排列图进行比较。

三、因果图法

(一) 因果图的定义

因果图也称鱼骨图或特性要因图，主要是表示质量特性与原因关系的图。产品质量在形成的过程中，一旦发现了问题就要进一步寻找原因。但是，问题的产生往往不是一种或两种原因影响的结果，而常是多种复杂原因影响的结果。在这些错综复杂的原因中，找出其中真正起主导作用的原因往往比较困难，因果图就是能系统地分析和寻找影响质量问题原因的简单而有效的方法。它是一种系统分析方法，其形状如图 4-3 所示。

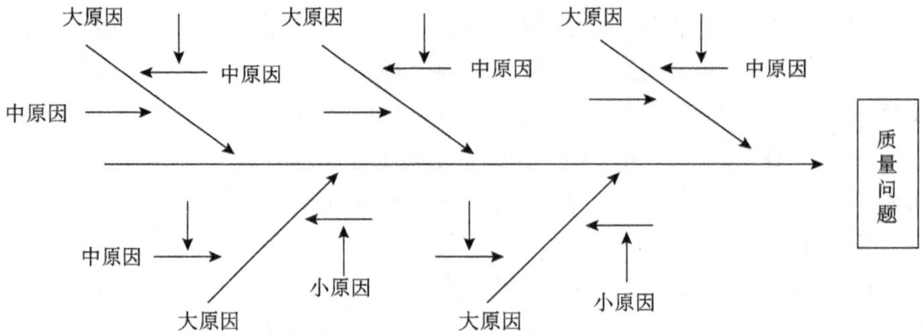

图 4-3　因果图(鱼骨图)

(二) 因果图的制作要点

下面以消毒牛奶在保质期内发生变质为例，介绍因果图的具体画法，目的是希望通过因果图，能够找出消毒牛奶变质的主要原因，以便采取针对性措施和方法解决问题。

第一步，确定问题。

首先确定要分析的主要质量问题，并将其写在右侧的方框内，画出主干，箭头指向右端。本例中，确定消毒牛奶变质作为此问题的特性，如图 4-4 所示，在它的左侧画一个自左向右的粗箭头。

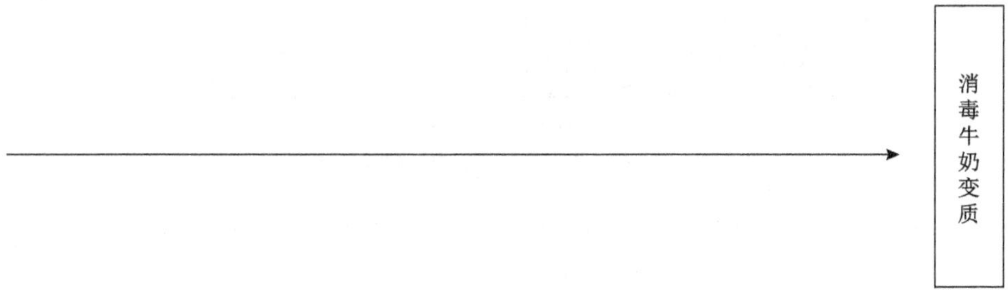

图 4-4　因果图—确定问题

第二步，确定主因。

按一般分析工序质量问题进行初步分析，造成消毒牛奶变质的原因可以具体分为原料、操作员、车间环境、杀菌锅、检测方法五大类，用中箭头表示，如图 4-5 所示。

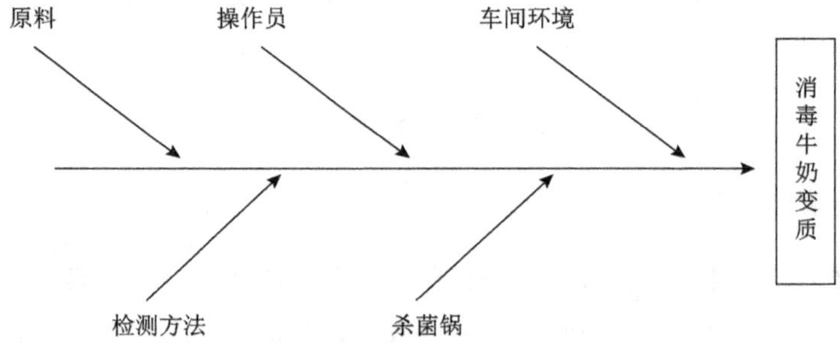

图 4-5　因果图—确定主因

第三步，确定中要因和小要因。

将各分类项目中的影响因素逐一列出，每个中枝表示各项目中造成质量问题的一个原因。作图时，各中枝平行于主干，箭头指向大枝，将原因记在中枝上下方，如图 4-6 所示。

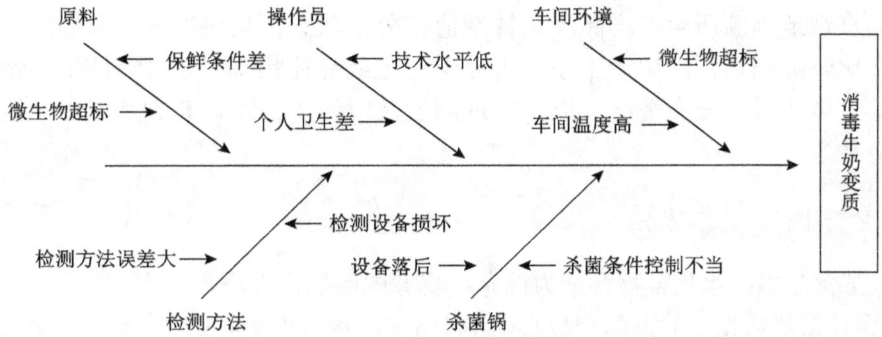

图 4-6　因果图—确定中要因和小要因

第四步，分析原因。

对于每个中枝的箭头所代表的一类因素进行分析，找出导致它们质量不好的原因，逐类细分，直到能具体采取措施为止。

第五步，确定主要原因。

分析图上标出的原因是否有遗漏，归纳总结，找出主要原因，画上方框或标记，作为质量改进的重点，以便采取措施和改进方法，如图 4-7 所示。

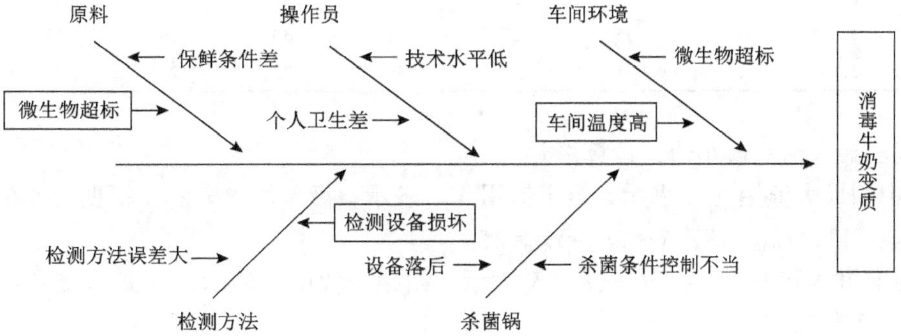

图 4-7　因果图—确定主要原因

第六步，注明因果图的名称、绘图者、绘图时间。

第七步，根据找出的主要原因，采取措施解决问题。

经过分析，本例中，最终确定的主要原因为原料中微生物超标，生产车间内温度过高，检测设备损坏等，可以加强对原料的检测，确保原料质量安全；对生产车间进行改造，安装空调系统，降低车间内温度；员工的教育培训；加强设备的维护保养和检修，杀菌锅陈旧，及时进行设备更新等。

四、直 方 图 法

（一）直方图的定义

直方图是频率直方图的简称，也称质量分布图，主要是通过对测定或收集到的数据加以分析、整理和总结，从而分析和掌握质量数据的分布状况和估算工序不合格品率的一种方法。一般用一系列宽度相等、高度不等的柱形来表示。它的用途十分广泛，主要作用包括：①可以直观地判断所生产产品质量特性值的分布状态，从而进一步掌握产品质量的分布状况；②比较准确地判断生产工序是否处于稳定或受控状态；③对总体生产情况进行推断，判断其总体质量的分布情况，以便发现问题及时纠正；④判断和掌握工序能力，估算工序不合格品率等。

（二）直方图的制作方法

下面以某食品中碳水化合物含量为例介绍直方图的制作方法。

（1）收集计量值数据，数据的个数必须不少于 50 个，见表 4-6。

表 4-6　某食品中碳水化合物含量　　（单位：%）

41	35	38	19	29	35	30	35	35	30
24	18	30	28	33	30	30	30	30	32
28	32	32	32	28	35	25	29	30	34
25	30	35	31	28	34	33	35	40	35
34	33	25	23	28	33	25	23	33	33
36	23	27	30	30	30	37	27	20	23
27	28	34	30	27	29	30	35	31	23
29	27	28	20	28	25	27	32	28	30
25	34	35	35	27	43	30	29	35	40
25	32	27	35	35	36	30	26	25	27

（2）找出最大值和最小值，计算极差。

数据中的最大值用 X_{max} 表示，最小值用 X_{min} 表示，极差用 R 表示。根据表 4-6 中的数据可知，$X_{max}=43$，$X_{min}=18$，$R=X_{max}-X_{min}=25$。

（3）确定组数和组距。组数一般用 K 表示，组距一般用 h 表示，数据总数用 n 表示。组数的确定可参考表 4-7。

$$K=\sqrt{n} \qquad h=\frac{R}{K}$$

表 4-7　组数 K 取值参考表

数据总数（n）	组数（K）
50～100	6～10
100～250	7～12
250 以上	10～20

一般情况下，正态分布为对称形，故常取 K 为奇数，本例可分 9 组，即 K=9。

$$h=\frac{25}{9}\approx 2.78\approx 3$$

（4）确定最小测定单位。如数据为 23 个，那么测定单位为 1 个；数据为 32m，测定单位为 1m。这里的测定单位为 1。

(5) 确定境界值单位。测定单位的一半就是境界值单位。如上面的例子中，境界值分别为 0.5 个和 0.5m。本例子的境界值单位为 1/2=0.5。

(6) 确定组界。

第一组界下限值 = 最小值–境界值单位 = 18–0.5 = 17.5

第一组界上限值 = 第一组界下限值+组距 = 17.5+3 = 20.5

(7) 编制频数分布表，见表 4-8。

表 4-8　碳水化合物含量频数分布表

组号	组界限	频数分布	组号	组界限	频数分布
1	17.5～20.5	4	6	32.5～35.5	25
2	20.5～23.5	5	7	35.5～38.5	4
3	23.5～26.5	10	8	38.5～41.5	3
4	26.5～29.5	23	9	41.5～43.5	1
5	29.5～32.5	25			

画直方图，横坐标表示组数，纵坐标表示频数，见图 4-8。

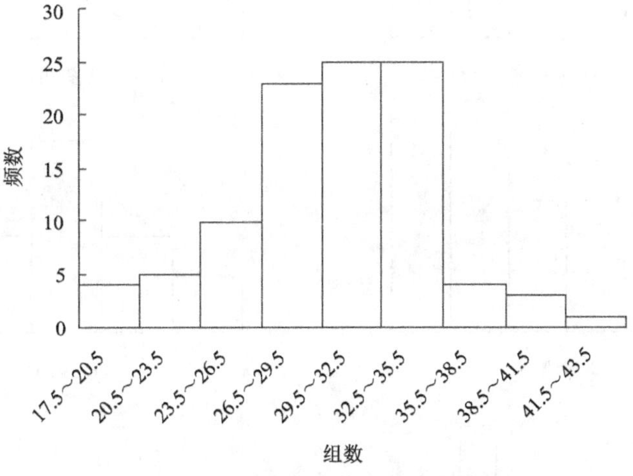

图 4-8　碳水化合物含量直方图

(三) 直方图的类型与观察分析

直方图能比较形象、直观、清晰地反映产品质量的分布情况，观察直方图时，应该着眼于整个图形的形态，对于局部的参差不齐不必计较。根据形状判断它是正常型还是异常型，如果是异常型，还要进一步判断它是哪种类型，以便分析原因，采取措施。常见的直方图形状大体有 7 种，如图 4-9 所示。

1) 正常型 (图 4-9A)　　正常型直方图符合正态分布。这是从稳定正常的工序中得到的数据做成的直方图，这说明过程处于稳定状态。

2) 锯齿形 (图 4-9B)　　锯齿形直方图像锯齿状，这多数是因为测量方法或读数有问题，也可能是作图时数据分组不当引起的。

3) 陡壁形 (图 4-9C)　　陡壁形直方图像高山陡壁，向一边倾斜，一般在产品质量较差时，为得到符合标准的产品，需要进行全数检验来剔除不合格品。当用剔除了不合格品后的产品数据作直方图时，容易产生这种类型。

4) 尖峰形（图 4-9D）　尖峰形直方图的形状与正常型差不多，只是整体形状比较单薄，这种直方图也是从稳定正常的工序中得到的数据做成的直方图，这说明过程处于稳定状态。

5) 孤岛形（图 4-9E）　孤岛形直方图旁边有孤立的小岛出现。原材料发生变化，刀具严重磨损，测量仪器出现系统偏差，短期间由不熟练工人替班等原因，容易产生这种情况。

6) 双峰形（图 4-9F）　双峰形直方图中出现了两个峰，这往往是由于将不同原料、不同机床、不同工人、不同操作方法等加工的产品混在一起所造成的，此时应进行分层。

7) 平顶形（图 4-9G）　平顶形直方图没有突出的顶峰，顶部近乎相平，这可能是由于多种分布混在一起，或生产过程中某种缓慢的倾向在起作用，如工具的磨损，操作者的疲劳的影响，质量指标在某个区间中均匀变化。

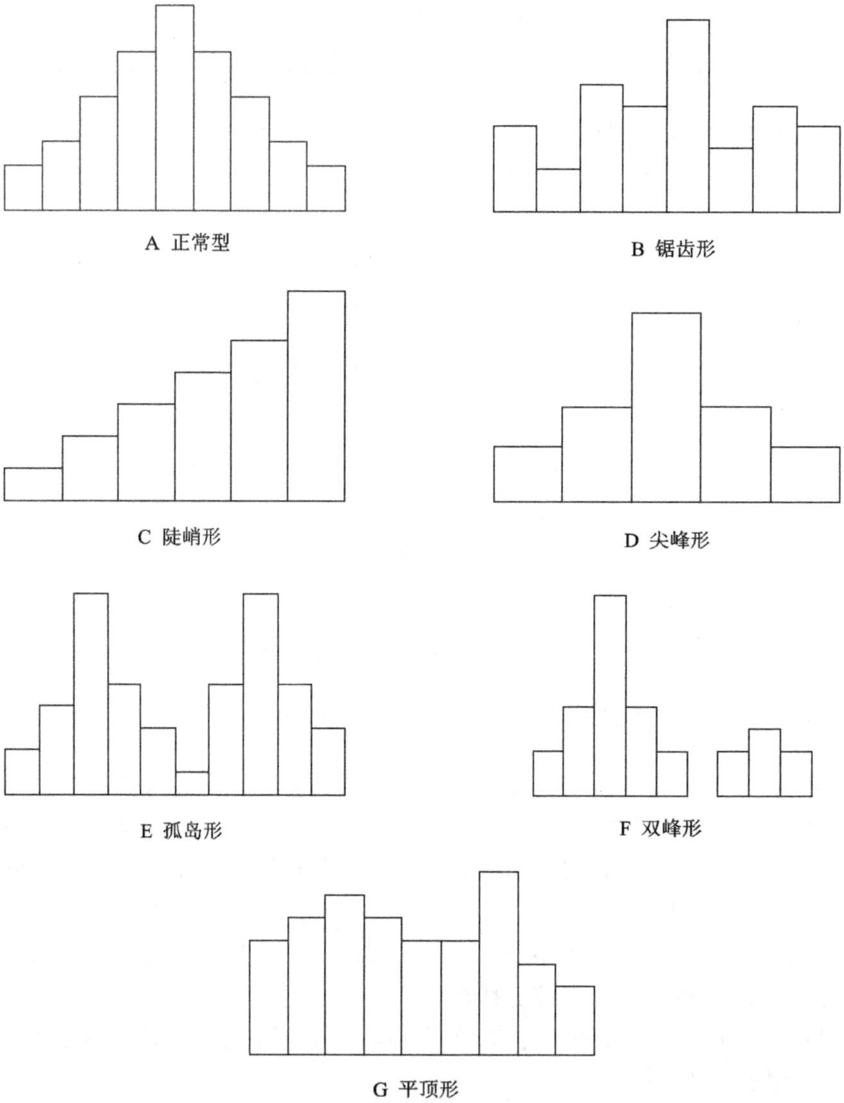

图 4-9　直方图的类型

如果画出的直方图比较典型，可以对照以上各种典型图，作出判断。但是实践活动中画出来的图形多少有些参差不齐，或者不那么典型。而且，由于日常的生产条件变化不太大，因此画出的图形较相似，往往从外形上难以观察分析和得出结论。如果能用数据对直方图进行定量的描述，那么分析直方图就会更有把握些。描述直方图的关键参数有两个，一是平均值 $\overline{X}$，另一个是标准偏差 S。关于平均值和标准偏差的计算方法在数理统计中有详细介绍，在此不再叙述。在直方图中，平均值 $\overline{X}$ 表示数据的分布中心位置，它与规格中心 M 越靠近越好。标准偏差 S 表示数据的分散程度。标准偏差 S 决定了直方图图形的“胖瘦”，S 越大，图形越“胖”，表示数据的分散程度越大，说明这批产品的加工精度越差。

五、散布图法

（一）散布图的定义

散布图又称相关图，是描绘两种质量特性值之间相关关系的分布状态的图形。它将一对数据看成直角坐标系中的一个点，多对数据得到多个点组成的图形即散布图，如图 4-10 所示。它用来研究、判断两个变量之间或两种质量特性之间有无相关性及相关关系如何的一种直观的判断方法。

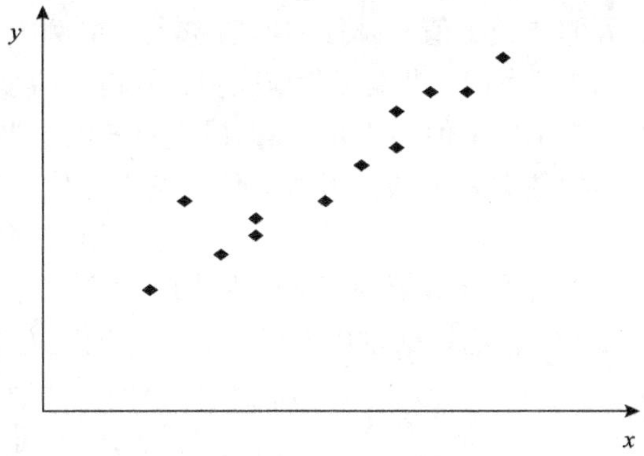

图 4-10 散布图

（二）散布图的制作方法

散布图的绘制程序为：①选定分析对象；②收集数据；③找出数据中的最大值与最小值；④在坐标纸上建立直角坐标系；⑤将各组对应数据标示在坐标上；⑥特殊点的处理；⑦填上资料的收集地点、时间、测定方法、制图者等项目。

下面用一个酒厂的实例来说明散布图的画法。

某酒厂为判定中间产品酒醅中酸度含量和酒度两变量之间有无关系，以及存在什么关系，使用了散布图法。

作散布图的数据一般应搜集 30 组以上，数据太少，相关就不太明显，因而会导致判断不准确；数据太多，计算的工作量就太大。本例搜集了 30 组酒醅中酸度和对应酒度的数据，填入数据表中，把酸度定为自变量 x 值，对应的酒度定为应变量 y 值，见表 4-9。

表 4-9 酒醅中酸度与酒度数据表

序号	酸度 x	酒度 y	序号	酸度 x	酒度 y
1	0.5	6.3	8	0.8	5.7
2	0.9	5.8	9	1.3	4.3
3	1.2	4.8	10	1.0	5.3
4	1.0	4.6	11	1.5	4.4
5	0.9	5.4	12	0.7	6.6
6	0.7	5.8	13	1.3	4.6
7	1.4	3.8	14	1.0	4.8

续表

序号	酸度 x	酒度 y	序号	酸度 x	酒度 y
15	1.2	4.1	23	1.4	3.8
16	0.7	6.0	24	0.9	5.0
17	0.9	6.1	25	0.6	6.3
18	1.2	5.3	26	0.7	6.4
19	0.8	5.9	27	0.6	6.8
20	1.2	4.7	28	0.5	6.4
21	1.6	3.8	29	0.5	6.7
22	1.5	3.4	30	1.2	4.8

在坐标纸上画纵坐标和横坐标。横坐标为自变量，取值范围应包括自变量数据（x 值）的最大值与最小值，越往右取值越大。本例中 x 值最小为 0.5，最大为 1.6，则横坐标值从 0.4 取到 1.8 为宜；纵坐标为应变量，应包括应变量数值（y 值）的最大值与最小值，越往上取值越大。本例中 y 值最小是 3.4，最大是 6.8，则纵坐标值从 3.0 取到 7.0 为宜。

把数据表中的各组对应数据按坐标位置用坐标点表示出来。如果碰上一组数据和另一组数据完全相同（本例的第 3 组和第 30 组数据完全相同），则在点上加一个圈表示（○）；

如碰上 3 个数据相同，则加上两重圈表示（◎）。把本例 30 组数据都打上点后就得到图 4-11，然后把数据收集地点、时间、测定方法、制图者等填在图的相应位置。

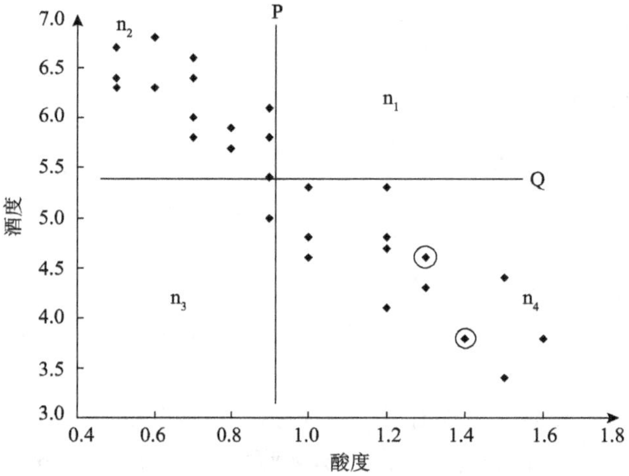

图 4-11　酒醅中酸度和酒度的散布图

（三）散布图的类型

散布图的类型主要是看点的分布状态，判断自变量 x 与因变量 y 有无相关性。两个变量之间的散布图形状多种多样，归纳起来有 6 种类型，如图 4-12 所示。

（1）强正相关的散布图，如图 4-12A 所示。其特点是 x 增加，导致 y 明显增加，说明 x 是影响 y 的显著因素，x、y 相关性明显。

（2）弱正相关的散布图，如图 4-12B 所示。其特点是 x 增加，也导致 y 增加，但不显著，说明 x 是影响 y 的因素，但不是唯一因素，x、y 之间有一定的相关性。

（3）不相关的散布图，如图 4-12C 所示。其特点是 x、y 之间不存在相关性，说明 x 不是

影响 y 的因素，要控制 y，应寻求其他因素。

(4)强负相关的散布图，如图 4-12D 所示。其特点是 x 增加，导致 y 减少，说明 x 是影响 y 的显著因素，x、y 之间相关性明显。

(5)弱负相关的散布图，如图 4-12E 所示。其特点是 x 增加，也导致 y 减少，但不显著，说明 x 是影响 y 的因素，但不是唯一因素，x、y 之间有一定的相关性。

(6)非线性相关的散布图，如图 4-12F 所示。其特点是 x、y 之间虽然没有通常所指的那种线性关系，却存在着某种非线性关系，说明 x 仍是影响 y 的显著因素。

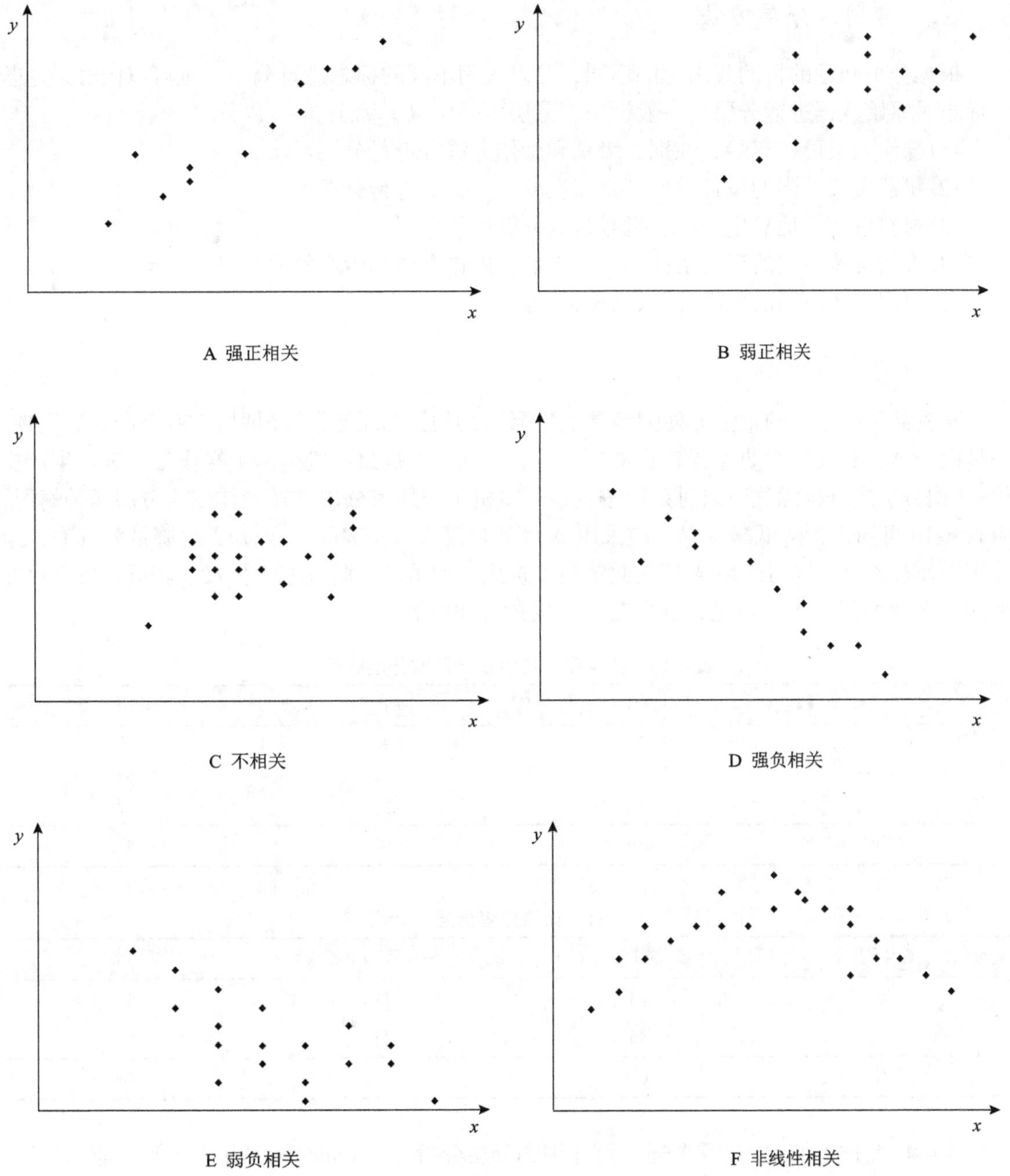

图 4-12 散布图的类型

六、分　层　法

（一）分层法的定义

分层法又叫分类法或分组法，主要是指按照一定的标志，将搜集到的杂乱无章的数据和错综复杂的影响因素进行适当分类、整理和归纳，使其系统化和条理化，以便分析影响产品质量的具体因素，明确影响产品质量的主要原因并采取相应的技术措施的方法。

（二）常用的分层方法

根据分析问题的目的或用途的不同，可以采用不同的标志进行分层，也可以同时采用若干标志对原始数据进行分层。一般说来，分层可采用以下标志。

(1) 操作人员可按年龄、性别、级别和操作方法等进行分层。

(2) 机器可按不同的设备类型、新旧程度、厂家等进行分层。

(3) 材料可按产地、生产厂、批号、成分等进行分层。

(4) 方法可按不同的工艺条件、工艺参数、操作方法和生产效率等进行分层。

(5) 时间可按不同的生产日期、班次等进行分层。

（三）分层法实例

某食品公司生产的常温方便粥经常发生漏气，造成产品变质。经抽检 200 个产品后发现，一是由于 A、B、C 3 台真空封口机的生产厂家不同；二是封口机由两个操作工人进行生产操作。在用分层法分析漏气原因时采用按真空封口机生产厂家分层和按操作工人分层两种情况。由表 4-10 可知，为降低漏气率，应采用 A 厂的封罐机。由表 4-11 可知，为降低漏气率，应采用操作员乙。但同时采用 A 厂的封罐机，选用操作员乙，漏气率不但没有降低，反而由原来的 38%增加到 45%。可见，这样简单分层是有问题的。

表 4-10　按真空封口机生产厂家分层统计表

生产厂家	漏气/个	不漏气/个	漏气率/%
A	20	40	33
B	48	22	69
C	40	30	57
合计	108	92	54

表 4-11　按操作者分层统计表

操作员	漏气/个	不漏气/个	漏气率/%
甲	63	47	58
乙	45	45	50
合计	108	92	54

实际情况是否如此，还需要通过更详细的分层分析。下面同时按操作工人和供应商分层，结果见表 4-12。正确的方法应该是：①当采用 A 厂生产的真空封口机时，应采用操作员甲进

行操作；②当采用B厂生产的真空封口机时，应采用操作员乙进行操作。这时它们的漏气率平均为 0。因此，运用分层法时，不宜简单地按单一因素分层，必须考虑各因素的综合影响效果。在分析时，要特别注意各原因之间是否存在着相互影响，有无内在联系，严防不同分层方法的结论混为一谈。

表 4-12　多因素综合分层统计表

设备厂家 \ 工人			操作者 甲	操作者 乙	合计
真空封口机生产厂家	A	漏气/个	0	20	20
		不漏气/个	20	20	40
	B	漏气/个	48	0	48
		不漏气/个	10	12	22
	C	漏气/个	13	27	40
		不漏气/个	21	9	30
合计		漏气/个	63	45	108
		不漏气/个	47	45	92
共计			110	90	200

七、控制图法

(一)控制图的定义

控制图又称管理图，主要是通过图形的方法，表述在生产过程中随着时间的变化的质量波动，并分析产生的原因，确定是由于偶然性原因还是系统性原因，并及时作出正确的对策，保持工序处于稳定状态而进行的动态控制的统计方法。它主要是用来分析和判断工序是否处于控制状态。它有助于分析和判断是系统性原因还是偶然性原因所造成的波动或失控状态。根据收集数据的类型分为计数值控制图和计量值控制图。计数值控制图如 P 控制图(不合格品率控制图)、C 控制图(缺陷数控制图)；计量值控制图如 $\overline{X}$ -R 控制图(平均值和极差控制图)、$\overline{X}$ -S 控制图(平均值与标准差控制图)。

(二)控制图的作法

以常用的 $\overline{X}$ -R 控制图(平均值和极差控制图)为例说明控制图的作法。

1)搜集数据　在工序中随机抽取 K 组(一般为 20～25 组)大小为 n(一般为 4～6，常取 5)的样组。抽取样组时，尽可能地减少组内差异，增大组间差异。为此，数据应来自最近的、生产稳定的工序。

2)填写表格　将数据填入数据表中，如牛奶中脂肪的含量记录表 4-13。

3)计算 $\overline{X}$ 和 R

$$\overline{X} = \sum_{i=1}^{n} X_i / n$$

$$R = X_{\max} - X_{\min}$$

4) 计算界限

$$\text{中心线 CL} = \overline{X} = \sum_{i=1}^{n} X_i / n$$

$$\text{上控制界限 UCL} = \text{CL} + A_2 \times \overline{R}$$

$$\text{下控制界限 LCL} = \text{CL} - A_2 \times \overline{R}$$

式中，A_2是一个随样本大小 n 而变化的系数，可用“控制图系数选用表”查得，见表 4-14。

表 4-13 牛奶中脂肪的含量记录

组号	数据					$\overline{X}_i$	R_4
	X_1	X_2	X_3	X_4	X_5		
1	4.0	2.6	3.2	3.1	2.1	3.00	1.9
2	3.2	3.3	2.7	3.4	2.1	2.94	1.3
3	3.5	2.2	3.0	2.2	2.4	2.90	1.1
4	3.9	2.4	3.3	3.1	3.2	3.18	1.5
5	3.0	3.0	2.1	2.2	3.3	2.72	1.2
6	3.7	2.0	2.5	2.4	2.4	2.60	1.7
7	3.9	2.1	2.7	3.4	3.0	3.02	1.8
8	3.4	3.6	3.0	2.4	3.5	3.18	1.2
9	4.4	2.4	2.2	2.4	2.5	2.78	2.2
10	3.3	2.4	2.6	2.9	2.2	2.20	0.9
11	3.3	2.2	3.0	3.0	3.1	3.04	0.5
12	3.6	2.5	3.3	3.5	2.2	3.14	1.1
13	3.4	3.3	2.0	3.0	3.1	2.96	1.4
14	3.9	3.1	3.5	2.6	2.2	3.18	1.3
15	4.2	2.7	2.9	2.9	2.5	3.04	1.7
16	3.6	2.6	2.4	2.5	2.2	2.66	1.4
17	4.0	3.2	2.4	3.0	3.0	3.12	1.6
18	3.1	2.9	3.5	2.3	2.2	2.92	1.2
19	4.6	3.7	3.4	2.2	2.5	3.28	2.4
20	3.9	3.0	3.0	3.2	2.6	3.14	1.3
21	3.3	2.7	2.6	2.2	2.7	2.22	0.7
22	3.9	2.4	2.7	2.4	2.2	2.24	1.5
23	3.2	2.3	2.6	3.1	2.7	2.78	0.9
24	3.2	2.2	2.2	2.3	2.6	2.74	0.9
25	3.3	2.2	2.2	2.3	3.0	2.72	1.1
			综合			71.70	33.8

表 4-14 控制图系数选用表

系数 / n	A_2	D_3	D_4	d_2	系数 / n	A_2	D_3	D_4	d_2
2	1.880	…	3.267	1.128	5	0.577	…	2.115	2.004
3	1.023	…	2.575	1.693	6	0.483	…	2.326	2.543
4	0.729	…	2.282	2.059					

本例的 $\overline{R}$=33.8/25=1.35，查表得 n=5 时，A_2=0.577

所以得到：$\mathrm{CL}=\overline{X}=\sum_{i=1}^{n}X_i/n=71.7/25=2.868$

$$\mathrm{UCL}=\mathrm{CL}+A_2\times\overline{R}=2.868+0.577\times1.35=3.647$$

$$\mathrm{LCL}=\mathrm{CL}-A_2\times\overline{R}=2.868-0.577\times1.35=2.089$$

根据上面的参数画出坐标轴(横坐标代表组号，纵坐标代表平均值)、CL、UCL 和 LCL，如图 4-13 所示。下面再作出 R 图坐标轴(横坐标代表组号，纵坐标代表平均值)、CL、UCL 和 LCL，如图 4-14 所示。

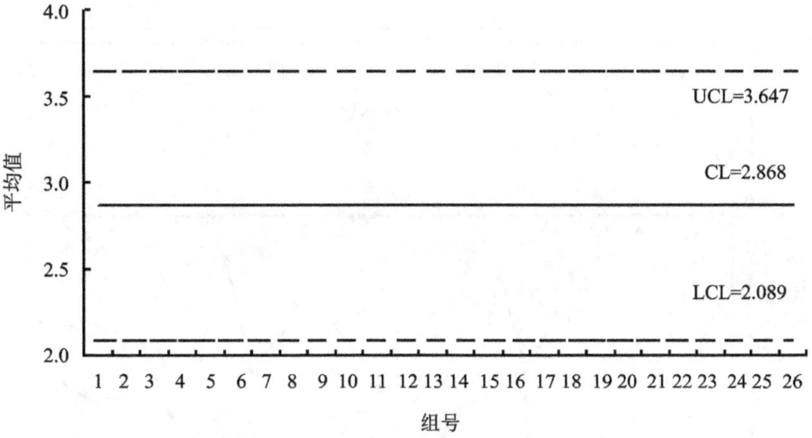

图 4-13 $\overline{X}$ 控制图的坐标与 CL、UCL 和 LCL

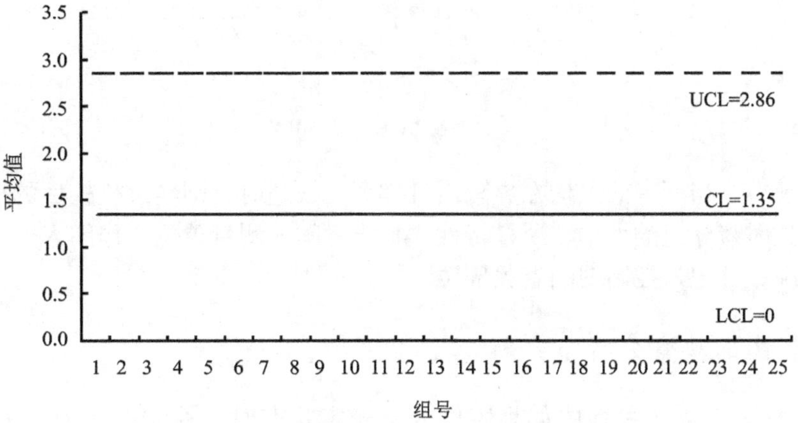

图 4-14 R 控制图的坐标与 CL、UCL 和 LCL

$$\overline{R}=1.35$$

$$UCL=D_4\overline{R}$$

$$LCL=D_3\overline{R}$$

本图例 n=5，查表得到 D_4=2.115，D_3 无值，当 n≤6 时，LCL=0，对 R 下限作出控制是为了避免浪费精度。故 CL=1.35，UCL=2.115×1.35=2.86(图 4-14)。

5) 打点校核　　将各 $\overline{X}$ 和 R 以点的形式输入图中，对于出界的点用⊙表示(图 4-15)。

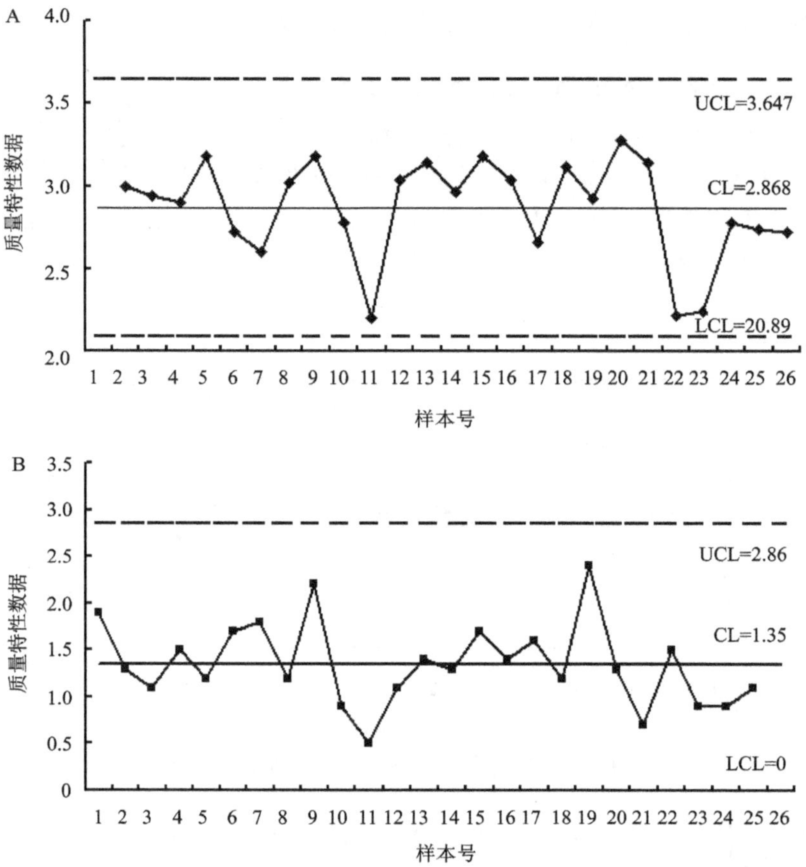

图 4-15　$\overline{X}$ -R 控制图

A. $\overline{X}$ 控制图；B. R 控制图

6) 记录事项　　当所有的点均在界限内且排列无缺陷时，则经过校核后的控制图即可作工序控制用。这时将样组的大小、质量特性、收集时间、测量单位、作图人员、公差标准和抽样方法等情况一并记入控制图的有关部位。

(三) 控制图的观察分析与判断

1) 受控状态　　生产过程中如果工序处于稳定状态时，控制图上所有的点都在控制界限以内，即点随机分散在中心线的两侧附近，离开中心线接近上、下控制界限的点少，说明生产过程处于统计控制状态。当控制图同时满足下列两个条件时，就可以认为生产过程基本上处于控制状态，如图 4-16 所示。正常表现为：①所有样本点都在控制界限之内，没有超出控制界限，或者连续 35 个点中仅有一个点出界，或连续 100 个点中不多于 2 点出界；②样本点均匀分布，位于中心线两侧的样本点约各占 1/2；③靠近中心线的样本点约占 2/3，且排列是完全随机的、没有规律的、也没有排列缺陷的；④靠近控制界限的样本点极少。

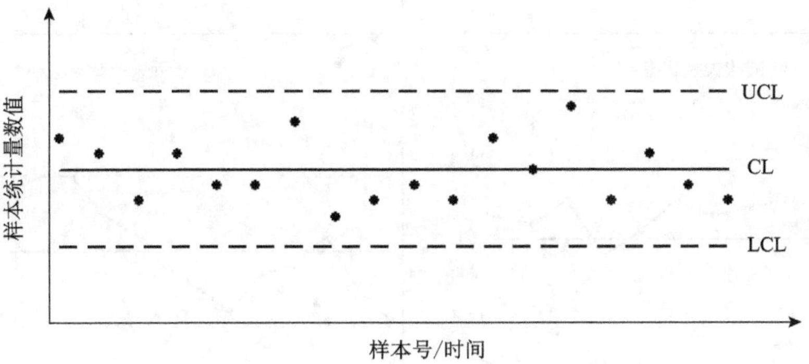

图 4-16　控制图的受控状态

2) 失控状态　　生产过程如果有连续若干点超出控制界限，或者虽然没有样本点出界，但样本点排列和分布异常，即所谓的数据点排列分布有缺陷，说明生产过程状态目前处于失控状态，此时，应尽快查明原因，并采取必要措施，进行修正。

常见的失控状态主要是指出现“链状”、“偏离”、“倾向”、“周期”、“接近”等情况。

链状失控状态：点连续出现在中心线一侧，链的长度用链内所含点数多少来判别，如图 4-17A 所示：①当连续出现 5 点在中心线一侧，应注意其发展情况，当出现 6 点时，应查明原因；②当连续出现 7 点在中心线一侧，则判定为有异常状态，应采取措施解决。

接近失控状态：点在上下控制界限附近出现，接近上下界限，即点子远离中心在$\pm2\sigma$～$\pm3\sigma$出现，如图 4-17B 所示。

下列情况可判定异常：①连续的 3 点中至少有 2 点出现在控制界限附近；②连续的 7 点中至少有 3 点出现在控制界限附近；③连续的 10 点中至少有 4 点出现在控制界限附近。

偏离失控状态：较多的点间断出现在中心线的一侧，如图 4-17C 所示。出现以下情况可判断为异常状态：①连续的 11 点中至少有 10 点出现在中心线的一侧时；②连续的 14 点中至少有 12 点出现在中心线的一侧时；③连续的 16 点中至少有 14 点出现在中心线的一侧时；④连续的 20 点中至少有 16 点出现在中心线的一侧时。

倾向失控状态：点连续上升或连续下降的状态，如图 4-17D 所示，当出现 7 点连续上升或连续下降时，应判断生产过程为异常状态。

周期失控状态：点的上升或下降出现明显的一定间隔呈周期性变化，如图 4-18 所示，常见的有阶梯形周期、波动周期、合成波动、大小波动等；周期不同于链的判断，原因比较复杂，可先找出一个周期发生的概率，然后计算出连续起来的概率，分析其中原因，并结合实际情况进行判断。

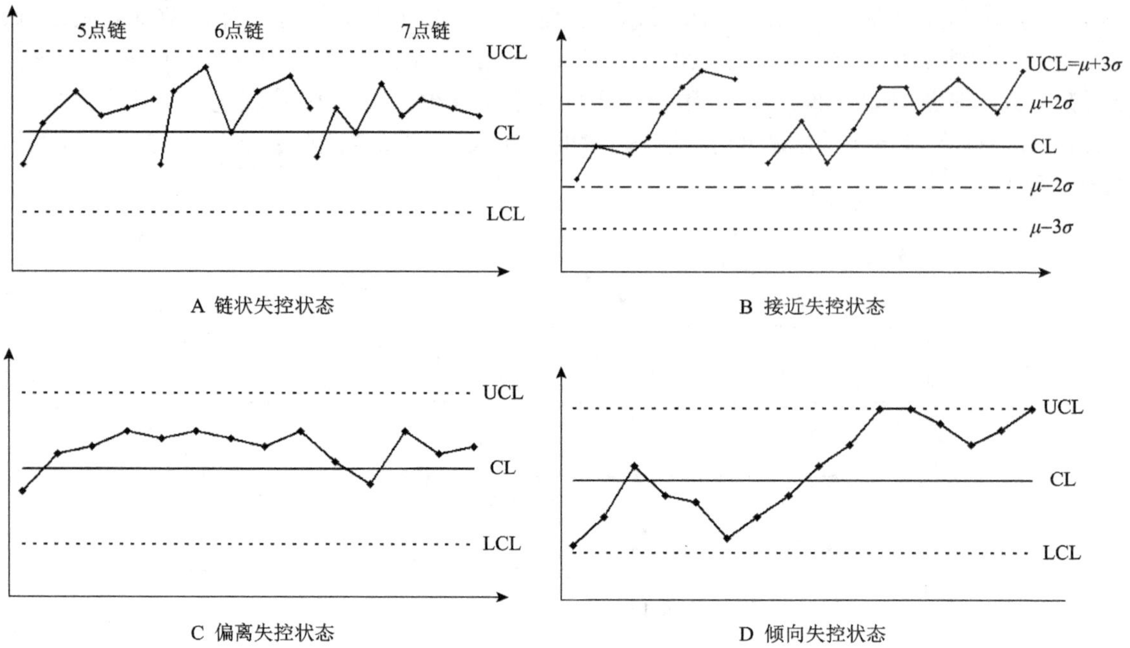

图 4-17　控制图的失控状态

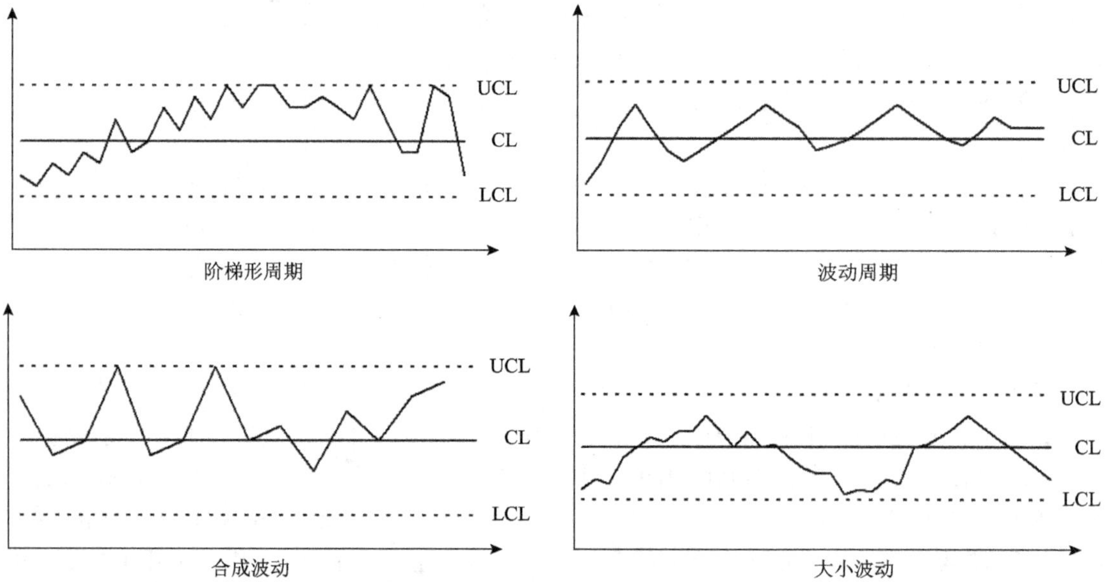

图 4-18　控制图的周期失控状态

控制图做完后要进行分析，从中提取有关工序状态的情报。一旦生产过程处于异常状态，能够尽快查明原因，采取有效措施，让生产过程迅速恢复到控制状态。

（四）控制图的作用及注意事项

1）控制图的作用

(1) 在质量诊断方面，用来判断生产过程是否处于受控制状态，评定生产工序是否稳定。

(2) 在质量控制方面，用来判断何时需要对生产工序进行调整，何时需要使过程保持相对的稳定状态。

(3)在质量改进方面，用来确认某工序是否得到改进，判断改进的程度或效果。

2)注意事项

(1)确定的控制对象应有定量的指标且过程须具有重复性。所选择的质量指标应该可以代表生产过程或产品质量。

(2)不能用规格线或规格范围的3/4线来代替控制线，只能根据生产实际的数据进行计算。

(3)利用控制图及时对生产现场进行分析，当控制图出现异常时，应先从取样、读数、计算打点等问题检查，如果发现检查无误后，再从生产等方面进行检查并查明原因。

(4)在生产过程中进行抽样，抽样的时间间隔应在对系统因素发生的情况、处理问题的及时性等多方面进行考虑的基础上进行确定。

(5)控制图仅能起预防作用，并不能解决生产条件的优化问题，因此应与其他有效的方法结合采用。

(6)如果原来的生产条件发生变化或者原有控制图已经应用了一段时间，则必须重新核定控制图。

(7)当工序能力指数达不到要求时，不能使用控制图。

第四节　质量控制工具(二)——质量控制新七大手法

质量控制工具(QC)新七大手法主要包括关联图法、亲和图法、PDPC法、系统图法、箭形图法、矩阵数据解析法、矩阵图法等，下面将分别进行介绍。

一、关联图法

(一)关联图的定义

把现象与问题有关系的各种因素串联起来的图形就是关联图。关联图中的箭头一般从原因指向结果，手段指向目的，它只反映逻辑关系，不反映工作顺序。通过关联图可以找出与这个问题有关系的一切原因，并进一步抓住重点问题，并寻求解决对策、方法或措施。

(二)关联图的制作

(1)确定主题。

(2)列出全部相关的影响因素。

(3)用简明的语言表达各因素。

(4)用箭头指明各因素之间的因果关系。

(5)绘制全图。

(6)找出重点因素。

(7)分析总结，得出结论。

(三)案例分析

某公司生产的方便米饭在一段时间内经常出现在保质期内变质的现象。通过对变质原因进行调查和分析，并采用关联图法来寻找导致米饭变质的主要原因，如图 4-19 所示，最终查出导致产品在保质期内变质的主要原因为杀菌不彻底并导致残留细菌的大量繁殖。

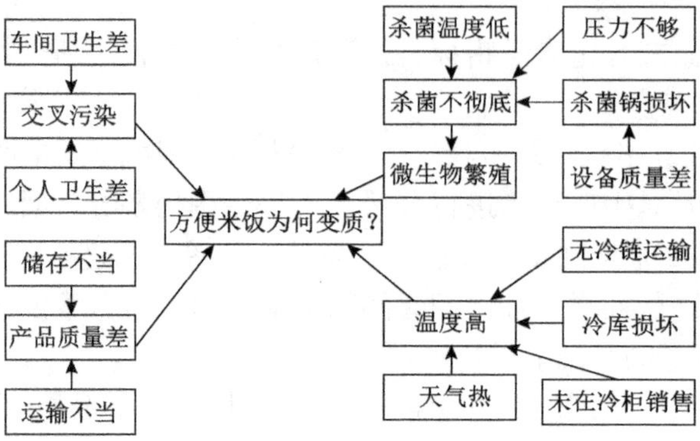

图 4-19　方便米饭变质原因的关联图

二、亲 和 图 法

(一) 亲和图的定义

亲和图就是把对未来的问题、未知的问题、无经验领域的问题的有关事实、意见、构思等语言资料收集起来，按相互接近的要求进行统一，从复杂的现象中整理出思路，以便抓住实质，找出解决问题的途径的一种方法。它是由日本川喜田二郎(Kawakita Jiro)在探险尼泊尔时将野外的调查结果资料进行整理研究开发出来的，又叫 KJ 法。根据参与制作亲和图的人数可以分为个人亲和图与团队亲和图。个人亲和图主要是由一人来进行，重点应该放在资料的组织上。团队亲和图是以数人为一组进行，重点应该放在策略方针的制订上。

(二) 亲和图的制作

(1) 确定主题，以便对杂乱无章的事物进行控制，有利于将杂乱的思想和方法进行归纳、整理、总结。

(2) 针对主题收集语言资料，收集的方法主要有亲自观察法、回忆法、调查文献法等。

(3) 对语言资料进行卡片化，将收集到的信息及时记录在语言资料卡片上。

(4) 将语言资料卡片汇集在一起，进行归类，按顺序排列，并进行编号。

(5) 制作亲和卡，将同一类卡片放在一起，经编号后集中，将该类的本质内容用简单的语言归纳出来，并记录在一张卡片上，这种卡片叫做亲和卡。

(6) 最后是制作亲和图，将亲和卡与资料卡之间的相互关系，用框线连接起来。

(三) 案例分析

下岗工人王强夫妇刚开了一家面包店，由于没有经验，再加上现在市场上的面包店比较多，竞争也非常激烈，因此生意一直不是很好，于是他们开始考虑如何才能让面包店红火起来呢?在这里主题已经确定，就是如何让面包店红火起来?根据这个主题，他们发动所有店员采用头脑风暴法收集语言资料信息，并把它们分别记录在卡片上，将所有的卡片汇总、分类、整理，最终作出如下的亲和图(图 4-20)。

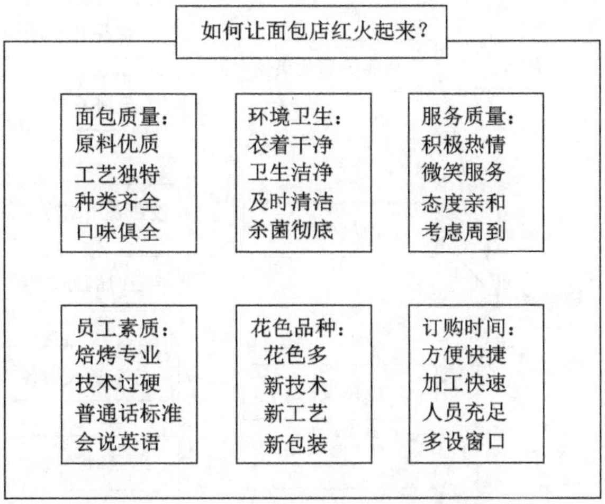

图 4-20　如何让面包店红火起来的亲和图

三、PDPC 法

（一）PDPC 的定义

PDPC（process decision program chart）又称过程决策程序图，是为了实现开发目标或目的，在制订计划时，预测事先可以考虑到的不理想结果，然后采取措施把过程的特性尽可能引向理想方向的方法。PDPC 有两种制作方法：①强制连接法。在进行生产作业前，为达到预先目标，在所有工序中，列出认为有阻碍的因素，并且制订出对策，标于图表上。②依次展开法。一边解决问题，一边收集信息，一旦遇上新情况或新作业之前，及时标于图表上。

（二）PDPC 的制作步骤

(1) 首先确定研究课题或研究任务，然后召集有关人员进行讨论，找出存在的问题。
(2) 从讨论中总结实施过程中可能会出现的各种问题，并逐一记录下来。
(3) 针对每一个问题，研究并制订相应的对策或解决方案。
(4) 把方案或对策按照其紧迫程度、可能性、难易情况、费用、工时等分类。
(5) 确定各方案的优先顺序，制订有关途径，用箭头向理想状态方向连接。
(6) 在实施过程中，根据情况及时研究修正路线。
(7) 决定承担者。
(8) 确定日期。
(9) 在实施过程中收集信息，随时修正。

（三）案例分析

对刚收购的 2000t 猕猴桃进行保鲜，采用低温气调保鲜法，在气调保鲜过程中可能遇到的情况、采取的措施与对策如图 4-21 所示。

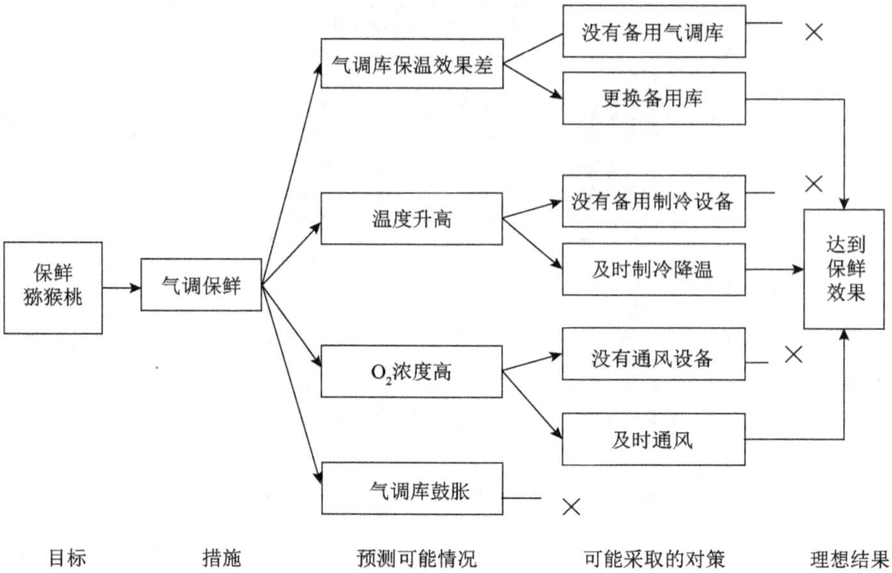

图 4-21 利用 PDPC 法确定猕猴桃气调保鲜过程

四、系 统 图 法

(一) 系统图的定义

系统图是指把要实现的目的或目标与需要采取的措施、方法或手段进行系统地展开，并绘制成图，以明确问题的重点，寻求最佳手段、方法或措施。在实际生产过程中，如果发生某一目的完成比较困难，并且暂时又想不出较好的措施时，或者当某一结果令人失望又找不到根本原因时，则可以采用系统图进行分析。

(二) 系统图的类型

系统图一般可分为两种：一种是原因型系统图，主要以“原因—结果”方式展开，如图 4-22 所示；另一种是对策型系统图，主要以“方法—目的”方式展开，如图 4-23 所示。

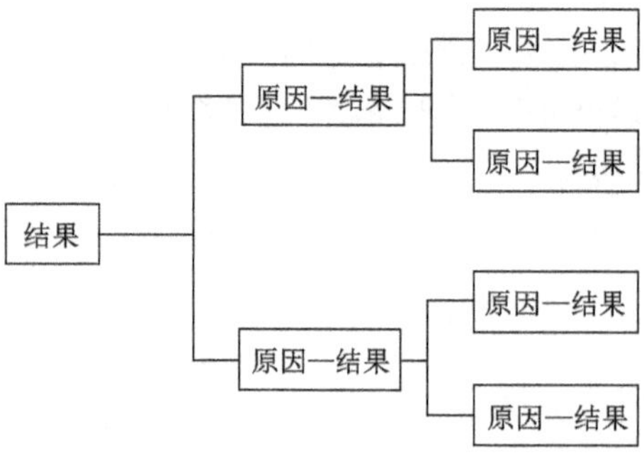

图 4-22 原因型系统图

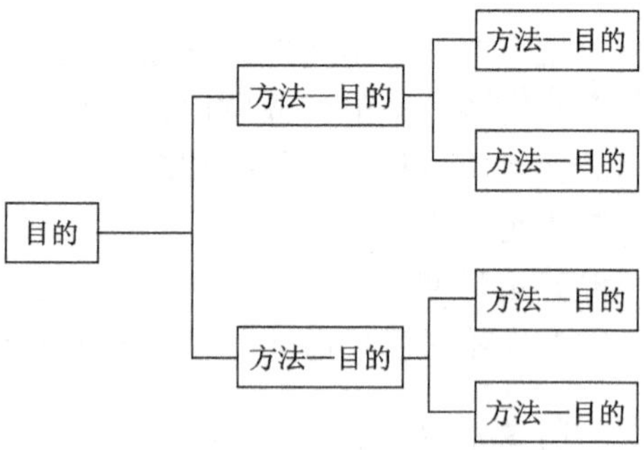

图 4-23 对策型系统图

(三) 系统图的制作

吃常温方便食品发生食物中毒的原因分析及对策如图 4-24 所示。

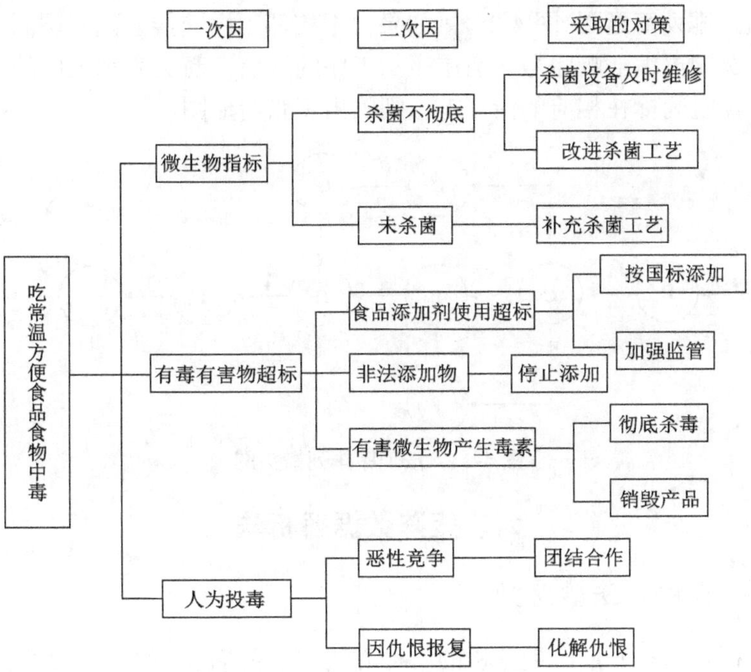

图 4-24　吃常温方便食品发生食物中毒的原因分析及对策

五、箭形图(网络图)法

(一)箭形图的定义

箭形图法是把一项任务的工作过程看作一个系统进行处理，将各项任务分为不同阶段和不同层次，按照任务的先后顺序和关联性，采用箭形或网络的方式表示出来，形成管理问题的一种确切的数学模型，用以解决过程中的实际问题。

(二)箭形图(网络图)的制作

(1)调查主题项目，按先后顺序、逻辑关系进行排列。
(2)按绘制箭形图的要求，画出箭形图。
(3)估计各工序或作业的时间。
(4)计算结点和作业的时间参数。
(5)寻找关键路径，进行系统优化。
(6)计算成本、估算完工概率、绘制人员配备图。
(7)绘制实施箭形图。

(三)案例分析

某食品一项工程由 13 道工序(A，B，C，D，E，F，G，H，I，J，K)组成，它们之间的关系是：A 完工后，B、C、G 可以开工；B 完工后，D、E 可以同时开工；C、D 完工后，H 可以开工；G、H 完工后，F、G 才可以开工；E、F 完工后，I 才可以开工；I、J 完工后，K 才可以开工。

按工序间关系排列箭形图（图 4-25）。如果再把相邻工序交接处画一圆圈，表示两个工序的分界点，每一圆圈再编上顺序号，箭尾表示工序的开始，箭头表示工序的完成。最后再将完成每道工序所需时间标在相应的箭杆上，则画出一张箭形图。

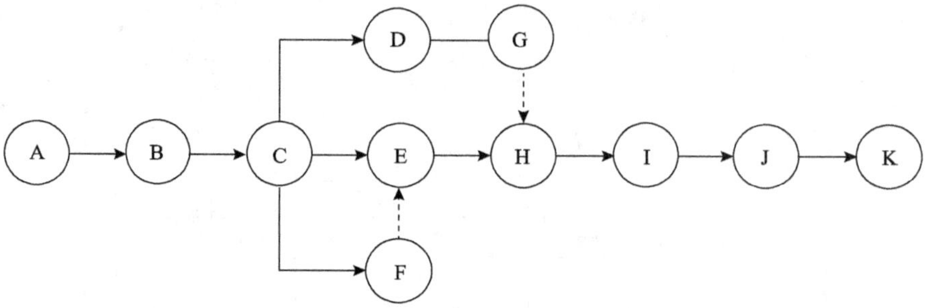

图 4-25　按工序排列箭头图

六、矩阵数据解析法

（一）矩阵数据解析法的定义

矩阵数据分析法是多变量质量分析的一种方法，它是将已知的庞大数据资料，经过整理、计算、判断、总结得出结果，以决定品质改善或新产品开发重点的一种方法。

（二）矩阵数据解析图的制作步骤

（1）将资料数据整理成矩阵。
（2）计算行间或列间的相关系数。
（3）计算出特征值、贡献率、累积贡献率。
（4）决定主成分，算出固有向量、因子负荷量。
（5）依各个主成分，算出主成分得分。
（6）做成图表。

（三）案例分析

为了了解人们对 60 种食品的嗜好程度进行调查，评分标准为 1～9 分，即最喜欢的评 9 分，最不喜欢的评 1 分。将调查人群分为 10 组，每组 50 人，经过统计平均得出局部数据资料，如表 4-15 所示。按照年龄进行评价分组。

表 4-15　局部数据统计表

评价分组	食品 1（X_{1j}）	食品 2（X_{2j}）	食品 i（X_{ij}）	食品 60（X_{60j}）
X_1（男 10 岁以下）	6.7	4.3	…	3.4
X_2（男 11～20 岁）	5.4	5.1	…	2.6
X_3（男 21～30 岁）	3.2	4.7	…	5.1
X_4（男 31～40 岁）	4.3	8.3	…	7.6
X_5（男 40 岁以上）	3.1	7.1	…	8.8
X_6（女 10 岁以下）	8.3	8.3	…	7.6

续表

评价分组	食品 1 (X_{1j})	食品 2 (X_{2j})	食品 i (X_{ij})	食品 60 (X_{60j})
X_7(女 11～20 岁)	6.5	4.5	…	1.5
X_8(女 21～30 岁)	7.0	6.2	…	3.4
X_9(女 31～40 岁)	6.6	6.3	…	6.8
X_{10}(女 40 岁以上)	1.8	9.0	…	4.4

$$\bar{X}_j = \frac{1}{60}\sum_{i=1}^{60} X_{ij}\ (j = 1, 2, \cdots, 10)$$

$$S_j^2 = \frac{1}{60-1}\sum_{i=1}^{60}(X_u - \bar{X}_j)^2\ (j = 1, 2, \cdots, 10)$$

$$Y_{ij} = \frac{X_{ij} - \bar{X}_j}{S_j}(i = 1, 2, \cdots, 60;\ j = 1, 2\cdots, 10)$$

$$r_{ij} = \frac{\sum_{k=1}^{60} Y_{ki}\cdot Y_{kj}}{\sqrt{\sum_{k=1}^{60} Y_{ki}^2 \cdot 60\sum_{k=1} Y_{kj}^2}}(i = 1, 2, k, 60;\ j = 1, 2, K, 10)$$

$$R = \begin{bmatrix} 1 & 0.870 & 0.615 & 0.432 & 0.172 & 0.903 & 0.811 & 0.154 & 0.742 & 0.330 \\ & 1 & 0.698 & 0.640 & 0.402 & 0.815 & 0.678 & 0.657 & 0.666 & 0.330 \\ & & 1 & 0.524 & 0.726 & 0.517 & 0.838 & 0.687 & 0.687 & 0.558 \\ & & & 1 & 0.208 & 0.314 & 0.658 & 0.624 & 0.735 & 0.457 \\ & & & & 1 & 0.213 & 0.345 & 0.542 & 0.710 & 0.634 \\ & & & & & 1 & 0.889 & 0.746 & 0.624 & 0.745 \\ & & & & & & 1 & 0.897 & 0.768 & 0.486 \\ & & & & & & & 1 & 0.546 & 0.773 \\ & & & & & & & & 1 & 0.901 \\ & & & & & & & & & 1 \end{bmatrix}$$

所研究的问题是男女各种年龄对食品的嗜好有无差异。若有差异，则应估计出每个年龄组喜欢什么样的食品。对上述数据进行处理，得协方差矩阵 $R=[r_{ij}]$。用计算机求解矩阵 R，得到特征根和相应的特征向量$[a_i]$，由于在所有的特征根中由小到大排列的特征根前 3 个的累计贡献率为 90.1%，因此取其前 3 位作为主成分来综合描述原来 10 项分组指标，更能反映人群对食品系列的嗜好程度。如表 4-16 所示，可以反映出各主成分的系数，3 个主成分的意义可用特征矢量来表示。第一主成分下有 10 个数值，此即特征向量。各数值表示各观测组同该嗜好类型即主成分间的关系。第一主成分下的数值大体相近，而且符号相同，表示不论哪一个年龄组均共同喜欢它。因此，称这个新的综合指标为一般嗜好指标。第二主成分的特征值从第一组到第五组变小，第六组到第十组变小，表示男女各年龄组对嗜好喜欢程度随年龄增长而下降。因此，称这个新的综合指标为年龄影响嗜好指标。第三主成分中，男性的特征向量为正值，女性为负值，由此看出男女之间的嗜好差别。因此，称该指标为性别影响嗜好指标。

由上述分析可知，关于食品的嗜好调查可以用 3 个综合指标进行描述，它们的影响率分别是 64.5%、16.4%和 9.2%，累计贡献率为 90.1%。进一步对食品按各种嗜好类型来排列并计算求得主成分得分为

$$Z_{mj}=\sum_{i=1}^{10}a_{mi}y_{ij}$$

式中，a_{mi}是第 m 个主成分的第 i 个观测组所对应的特征向量值，具体数值如表 4-16 所示。就 m=1，2，3 的各主成分，求得各食品的 i=1，2，…，60 时的主成分得分，且将第一主成分与第二主成分的得分分别表示在横、纵坐标轴上，纵轴向上表示年轻人喜好的食品、向下表示不太喜欢的食品，横轴正方向表示一般喜欢的食品、负方向表示不太喜欢的食品。若就第一主成分与第二主成分的得分描述在图中，可以得到一般嗜好和老少嗜好值相区别的情况。同理，也可以分析第三主成分的相关信息。

表 4-16　对食品的嗜好程度的计算结果

特征向量 / 评价分组	a_1(第一主成分)	a_2(第二主成分)	a_3(第三主成分)
X_1	0.264	0.371	0.194
X_2	0.331	0.245	0.336
X_3	0.323	−0.166	0.442
X_4	0.239	−0.359	0.375
X_5	0.245	−0.544	0.128
X_6	0.254	0.408	−0.284
X_7	0.344	0.235	−0.127
X_8	0.348	0.032	−0.290
X_9	0.303	−0.164	−0.289
X_{10}	0.411	−0.267	−0.256
特征根 λ_i	6.45	1.64	0.92
贡献率 $\lambda_i/10$	0.645	0.164	0.092
累计贡献率	0.645	0.89	0.901

七、矩 阵 图 法

(一)矩阵图的定义

矩阵图主要是从问题事项中找出成对的因素群，然后分别排列成行和列并找出它们之间相关性或相关程度的大小的一种方法。

(二)矩阵图的类型

矩阵图的类型包括 T 型矩阵、L 型矩阵、X 型矩阵、Y 型矩阵、C 型矩阵五大类。其中

前 4 种比较常见，C 型矩阵很少见，各类型的矩阵如图 4-26 所示。

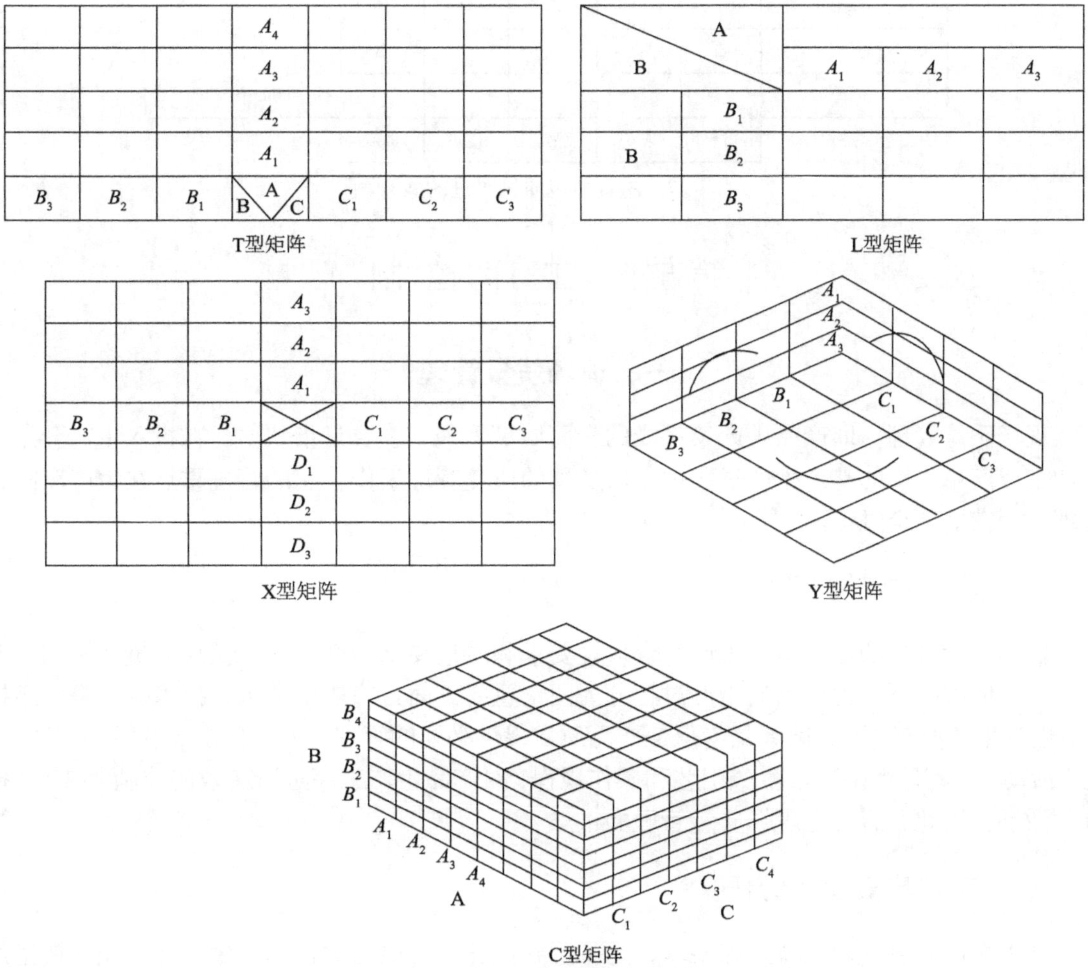

图 4-26　5 种类型的矩阵图

（三）矩阵图的制作方法

⑴确定事项，首先要确定组合哪些事项，解决什么问题。

⑵选择对应的因素群，找出与问题有关的同一水平对应因素。

⑶选择适用的矩阵图类型。

⑷根据经验，集思广益、征求意见、展开讨论。

⑸结合理性和经验分析，采用符号在对应的因素群交点上作出表示关联程度的标志。

⑹在列或行的终端，对有强烈、密切的关系作出数据统计，以明确解决问题的重点。

（四）案例分析

某面包店想改进主食面包的质量，于是通过矩阵图来寻找影响主食面包质量的各因素之间的相关性，如图 4-27 所示。

营养			◎	◎	◇	强相关◎
味道			△	◇	◇	相关◇
感官	△	◎			△	
价值	◎	◎				弱相关△
	价格	大小	热量	脂肪	食盐	

图 4-27　主食面包质量改进的展开图

第五节　工 序 控 制

一、现场质量管理

现场质量管理，即产品生产第一线的全面质量管理，主要是指从原材料投入生产开始直到加工成产品入库的整个生产过程中，所从事的质量管理工作。它的管理重点在生产车间，管理过程在生产全过程。

（一）现场质量管理的目标

现场质量管理的目标是要生产符合设计要求和质量要求的产品，是实现质量目标的重要保证。一般情况下，把产品的生产过程分为两个重要方面：一是生产工艺技术，二是工序控制，也是生产控制过程。前者是为保证产品质量提供必要的管理、物质和技术条件，属于“计划”活动；后者是严格遵守生产工艺和操作规程，对产品生产工序进行有效的控制，属于“执行”活动，因此，后者是现场质量管理的重点。

（二）现场质量管理的任务

根据全面质量管理的特点和要求，为了达到保证符合质量的目标，稳定地、经济地生产出用户满意的产品，现场质量管理的任务应包括以下 4 个方面。

1）质量缺陷的预防　质量缺陷的预防主要是指预防产品在生产过程中产生质量缺陷，同时也防止质量缺陷的重复出现。做好质量缺陷的预防工作，把产品的缺陷消除在产生之前，是现场质量管理的首要任务。

2）制造过程中质量的保持　利用科学的管理方法和技术措施及时发现并消除质量下降或不稳定的趋势，把质量控制在符合质量标准的水平上。

3）质量改进　生产现场的质量改进，是指要运用质量管理的科学思想和方法，不断地去发现可以改进的主要问题，并组织实施，使产品合格率向更高的水平突破。

4）质量评定　质量评定就是评定产品符合设计、工艺及标准要求的程度。正确、及时地评定质量，要靠恰当的检验才能实现。质量评定的含义除了鉴别质量的合格与否，或鉴别质量的等级外，还要为预防质量缺陷的产生，为质量保持和质量改进提供有用的数据信息。

（三）质量管理点

1）质量管理点的概念　在质量管理中必须采取有效措施加强管理的控制对象称为质量

管理点。在生产现场对需要重点控制的质量特性、关键部位、薄弱环节及主导因素等采取特殊的管理措施和方法，实行强化管理，使工序处于良好控制状态，以保证达到规定的质量要素。

质量管理点的工作主要包括以下两方面的内容：①质量管理点的设置，主要是在产品研制、设计阶段进行的。②质量管理点的落实和实施，也就是工序控制，根据质量设计的要求，结合生产工序的具体情况，运用因果图等方法分析出主要因素，然后落实在管理点上，建立管理办法。

2) 质量管理点的原理　采用数理统计方法，通过对工序部分检验的数据，进行统计、分析，来判断整道工序的质量是否稳定、正常；若不稳定，产生异常情况须及时采取对策和措施予以改善，从而实现对工序质量的控制。其控制步骤如下。

(1) 实测：采用必要的检测工具和手段，对抽出的工序子样进行检验。

(2) 分析：对检验所得的数据通过直方图法、排列图法或管理图法等进行分析。

(3) 判断：根据数据分布规律分析的结果，如数据是否符合正态分布曲线，是否再上下控制线之间，是否在公差(质量标准)规定的范围内，属于正常状态或异常状态等，对整个工序的质量进行判断，确定该道工序是否达到质量标准。若出现异常情况，即可寻找原因，采取对策和措施加以预防，以便达到控制工序质量的目的。

3) 质量管理点的设置原则　一般设置质量管理点时应考虑以下原则。

(1) 对产品的适用性有严重影响的关键质量特性、关键部位或重要影响因素，应设置质量管理点。

(2) 对质量不稳定，出现不合格品多的工序，应建立质量管理点。

(3) 对工艺上有严格要求，对下一工序的工作有严重影响的关键质量特性、部位应设置质量管理点。

(4) 对用户反馈的重要不良项目应建立质量管理点。

二、工序控制的相关概念

(一) 工序

工序主要是指加工工序，是产品生产过程和质量检验的基本环节。从工序的组合和影响工序质量的各种因素来看，工序主要是指操作者、机器、材料、工艺方法、检验和环境等在特定条件下的结合。

(二) 工序控制

工序控制主要是指产品正式投产后，在产品生产过程中，采用管理图等统计方法，鉴别工序中是否存在造成异常波动的原因，预测质量趋势，以保证生产工序稳定地生产合格品。

(三) 工序能力

工序能力主要是指在一定时间内和规定使用的设备、材料、操作方法及检测设备等生产保障条件下，当生产各工序处于稳定状态时所具有的加工精度，也就是指衡量工序能够稳定生产合格品的能力。由于生产工序是由 5M1E 综合形成的，因此工序能力取决于 5M1E 所处的水平及其稳定程度。但是，要想逐个测定 5M1E 在技术上是有困难的，只能用 5M1E 综合作用下的最终成果——质量特性值的波动程度来间接表征工序能力，其值取为 6σ。该值的含义如下。

(1) σ 为质量特性值总体的标准差，主要反映在 5M1E 综合作用下工序的实际加工精度，σ 值越大，则加工精度越低。

(2) σ 是在生产处于稳定情况下所求得的特征值。若工序不稳定，数据中会有异常值。

(3) 质量特性值一般服从正态分布，用 $\mu\pm3\sigma$（μ 为平均值）的波动幅度 6σ（又称自然公差）表征工序能力不仅是科学的、合理的，也是经济可行的。

(4) 质量上说的工序能力与一般所说的生产能力是两个不同的概念。

（四）工序能力指数

产品质量特性一般是以标准值和公差、容差、允许范围等来表示的。其中从产品功能出发所提出的关于质量特性的公差、容差、允许范围统称为技术要求，一般是用公差带宽 T（即公差上限 T_u 与公差下限 T_L 之差）来表征的。自然公差 6σ 仅表征了工序的固有能力，并未指明工序满足技术要求的程度。

为了考察工序能力对技术要求的满足程度，同时为了对改进设计、工艺诊断、设备调试等提供依据，需要建立一个数量尺度，作为衡量工序满足技术要求的依据。为此，用工序能力指数 $C_p=T/B$ 来表征，即工序能力指数就是产品公差范围（T）与工序能力（B）之比。

1) 工序能力指数的计算　在质量特性值属于计量值数据的情况下，工序能力指数 C_p 的计算如下所述。

(1) 当给定的双向公差、质量数据分布中心（$\bar{x}$）与公差中心（M）相一致时，这是一种比较理想的情况。此时，

$$C_p=\frac{T}{B}=\frac{T_u-T_L}{6s}$$

式中，s 是质量特性值分散程度标准差。

(2) 当给定双向公差、质量数据分布中心（$\bar{x}$）与公差中心不一致，即存在中心偏移量（ε）时，用符号 C_{pk} 表示。此时，

$$C_{pk}=\frac{T-2\varepsilon}{6s}$$

从工序能力分析来讲，不希望分布中心（$\bar{x}$）偏离公差中心（M）。但是由于不正常的系统原因、不正常的加工习惯，以及机器日益复杂，使中心难于调整等，往往会使分布中心（$\bar{x}$）产生偏离。

(3) 当只有公差上限时，用符号 C_{pu} 表示，常采用的公式为

$$C_{pu}=\frac{T_u-\bar{x}}{3s}$$

若 $T_u\leqslant\bar{x}$，则认为 $C_{pu}=0$。因为在此种情况下，工序能力显然是很不充分的。

(4) 当只有公差下限时，用符号 C_{pL} 表示，常采用的公式为

$$C_{pL}=\frac{\bar{x}-T_L}{3s}$$

若$\bar{x} < T_L$，则认为C_{pL}=0。其理由同上。

2）工序能力指数的评定　通常的工序能力指数评定分级及相应的不合格品率，见表 4-17 和表 4-18。

表 4-17　工序能力等级评定表

范围	等级	判断	措施
C_p>1.67	特级	工序能力过高	对关键或主要项目，再次缩小公差范围；放宽波动幅度、降低设备精度等级以提高效率，降低成本
1.67≥C_p>1.33	一级	工序能力充分	当不是关键或主要项目时，放宽波动幅度；简化质量检验，采用抽样检验，减少检验频次
1.33≥C_p>1.0	二级	工序能力尚可	用控制图或其他方法对工序进行控制和监督，以便及时发现异常波动；对产品按正常规定进行检验
1≥C_p≥0.67	三级	工序能力不充分	分析分散程度大的原因，制订措施加以改进，在不影响产品质量的情况下，放宽公差范围，加强质量检验，增加检验频次
0.67>C_p	四级	工序能力不足	停止继续加工，找出原因，改进工艺，提高 C_p

表 4-18　工序能力指数对应的不合格品率表

C_p	不合格品率	C_p	不合格品率
1.67	3/1000 000	1.1	1/1 000
1.50	7/100 000	1.00	3/1 000
1.33	6/100 000	0.67	4.56/100
1.20	3/10 000	0.33	31.75/100

3）提高工序能力指数的途径　由工序能力指数的计算公式$C_{pk} = (T - 2\varepsilon)/6s$可见，影响工序能力指数的因素有 3 个，即产品质量规格的范围（公差范围 T）、工序加工的分布中心$\bar{x}$与公差中心 M 的偏移量 ε 和工序加工的质量特性值分散程度标准差 s。也就是说，增大公差范围 T，减少中心偏移量 ε 或减少标准偏差 s，都能提高工序能力指数。

（1）调整工序加工的分布中心，减少偏移量 ε，下述一些措施都能减少工序加工的中心偏移量：对大量生产工序进行统计分析，得出由于设备磨损和加工条件等随着时间的推移而逐渐变化的偏移规律，因而可及时进行中心调整，根据中心偏移量，通过首件检试，调整加工定位装置；改变操作者的倾向性习惯，以公差中心值为加工依据等。

（2）修订公差范围：公差范围的大小，显然影响工序能力指数。当确信降低公差要求和放宽公差范围不会影响产品质量时，有必要修订不切实际的现有公差要求。

（3）提高工序能力，减少分散程度：工序加工的分散程度即工序加工的标准差，对工序能力指数的影响是十分显著的。通过改进工艺方法、优化工艺参数，推广应用新工艺、新技术；检修、改造或更新设备，加强现场质量控制，加强质量检验工作等以提高工序能力，减少分散程度。

三、工序控制的方法

工序控制是质量控制的核心，常用的方法有 3 种：质量控制图法、PRE 控制法和工序诊断调节法。

(一)质量控制图法

质量控制图法主要是利用控制图来进行工序控制的统计方法。采用质量控制图法进行工序控制时，需要注意以下三个方面。

(1)需要注意控制界限与公差界限的区别。公差界限是用来判断产品是否符合质量标准，其对象是产品；控制界限是用来鉴别工序中是否存在导致发生异常波动的系统因素或原因，其对象是工序。因此，处于控制状态的工序并非不存在不合格品。

(2)在使用质量控制图法之前，须先计算 C_p。这是因为只有在工序能力足够的前提下，控制图才能发挥作用。

(3)控制图制度是以控制界限离中心线的距离与标准差的比值表征的，除平时所使用的 3σ 制度外，还有 4σ，3.5σ，2σ，1.5σ 等制度。如何选用界限宽度，需视实际情况灵活掌握。当界限窄时，犯第一类错误的可能性大，犯第二类错误的可能性则小；当界限宽时，犯第一类错误的可能性小，犯第二类错误的可能性大。

(二)PRE 控制法

PRE 控制法(预控技术)是针对质量特性值处于公差中心的工序，利用正态分布的特点，通过测定质量特性值的偏离，预测该工序生产产品的质量特性值准确度和精密度的显著变化，从而进行工序控制的一种方法。它是基于两个假设：一是质量特性值呈正态分布；二是 C_p=1，此时 $T=6\sigma$，而实际上 $T>6\sigma$，符合此假定是偏于安全的。它的特点是方法简单可行，不需要作图，也不需要计算。画两条 PRE 控制线(简称 pc 线)，将 T 等分为 4 部分，如图 4-28 所示。产品的质量特性值落在 pc 线外的概率仅为 7%。而连续两个产品的质量特性值，或落在一条 pc 线的同一侧外，或分别落在两 pc 线的各一侧外的概率只有 1/196，这是一件小概率事件。若该事件发生，将有 195/196 的把握推断工序中存在着不正常的系统原因。前者预示着质量特性值的显著偏离，此时应调整中心；后者预示着质量特性值的显著离散，此时应立即找出故障发生的原因，采取措施，使工序恢复到正常状态。

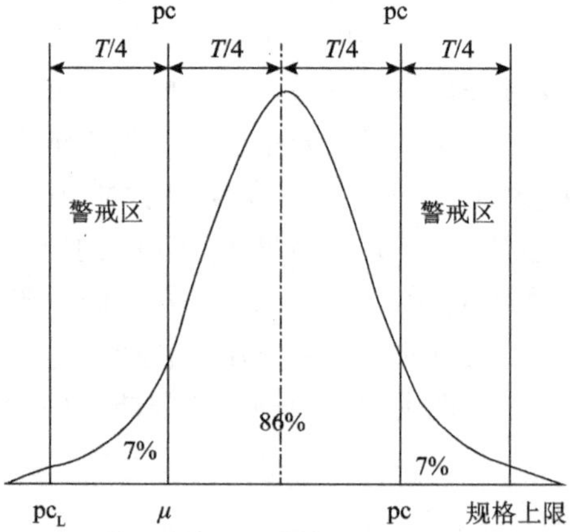

图 4-28　警戒区

根据上述原理，制订出了如下的 PRE 控制法规则。

(1)按上述的方法作出两条 pc 线。

(2)若生产的第一件产品的特性值落在公差外，则需重新定位。若它在公差内 pc 线外，则需再检查下一件产品。

(3)若第二件产品又落在同一 pc 线外，就需重新定位，如果它落在 pc 线内，则生产继续进行。只有当连续两件产品都落在 pc 线的外侧，才需重新定位。

(4)若连续两件产品的质量特性值分别落在不同 pc 线的外侧，必须立即采取措施，缩小离散度。

(5)如果连续 5 件都落在两条 pc 线内，就可以进行所谓“频数计量”，其间不必对工序调整。

(6)若进入“频数计量”核对达 25 次以上，而未发生重新定位或调整，则测量的频数可以适当减少。

(三)工序诊断调节法

工序诊断调节法是指按一定的间隔时间抽取一个样品，并对样品观测值进行分析，尽快判断工序状态，若发现工序异常，则需查找原因，并及时采取措施，使工序恢复到正常状态。总体来看，工序诊断调节法比质量控制图法更重视经济性。

1)*工序诊断调节法的三要素*　工序诊断调节法的三要素包括工序、诊断和调节，下面分别介绍表征各要素的参数。

(1)表征工序的参数：表征工序的参数为平均故障间隔($\bar{U}$)和单位不良品损失费用(A)。$\bar{U}$ 是指工序发生两次故障间平均生产的产品个数，故 $\bar{U}$ 等于某期间的产量与该期间的故障次数之商。A 是当工序发生故障而生产出不良品时，单位不良品的损失费用。

(2)表征诊断的参数：表征诊断的参数为时滞(l)和诊断费用(B)。l 是指从诊断开始到发现异常而停机调节为止的一段时间，一般是用该段时间内生产的产品数来表示的。如果抽样和测定产品的时间少于生产单位产品的时间，则取 l=0。B 是作一次诊断所需的费用，主要包括抽样、检测、试验和运输等费用。

(3)表征调节的参数：表征调节的参数为调节时间(t)和调节费用(C)。t 是工序发生故障时的平均停工时间。C 是工序发生异常时，使工序恢复正常状态所需的一切费用。

2)*工序诊断调节费用函数*　工序诊断调节法的经济性主要是指在保证和提高产品质量的前提下，力求单位产品的诊断与调节费用最少。若以 n 件产品为间隔进行一次诊断与调节，则该工序每生产一单位产品平均承担的诊断与调节费 L 可由下式计算。

$$L=\frac{B}{n}+\frac{n+1}{2}\times\frac{A}{\bar{U}}+\frac{C}{\bar{U}}+\frac{Al}{\bar{U}}$$

式中，$\frac{B}{n}$是每一单位产品的平均诊断费用；$\frac{n+1}{2}\times\frac{A}{\bar{U}}$是当诊断间隔为 n，平均故障间隔为 $\bar{U}$ 时，由于工序异常而产生的单位不良品的平均损失；$\frac{C}{\bar{U}}$是每一单位产品的平均调节费用；$\frac{Al}{\bar{U}}$是由于从“诊”到“断”有时间滞后而造成的单位产品损失费用。

从上式可看到，在参数一定的前提下，L 是 n 的函数，所以 L 又称费用函数。

3）最佳诊断间隔　从 L 的计算式可知，当增大诊断间隔 n 时，系统产品的平均诊断费用 B/n 虽可减少，却使由于未及时发现工序异常而造成的不良品损失增加了，反之，减少了诊断间隔 n，单位不良品损失可望缩减，但又使 B/n 增加了。所谓最佳诊断间隔 n_0 是在已定参数的条件下，使费用函数取最小值所对应的 n 值。只需对 L 关于 n 求导数，令其为零，即可求得 n_0 值，即

$$\frac{\mathrm{d}L}{\mathrm{d}n}=-\frac{B}{n^2}+\frac{A}{2\overline{U}}=0$$

则

$$n_0=\sqrt{\frac{2\overline{U}B}{A}}$$

4）最优不合格品率　由费用函数 L 的计算式中可见，在 4 项组成中，仅第二、四两项与不合格品率有关。因此，在工序诊断调节法中，可用下式近似地计算不合格品率 P。

$$P=\frac{n+1}{2\overline{U}}+\frac{l}{U}$$

当诊断间隔大于 n_0 时，L 会增加，且 P 也会提高；当诊断间隔小于 n_0 时，其 P 虽可降低，但 P 降低而使不良品损失减少的费用不能与 L 的增加相抵消，则会导致总费用增加。故只有采用 n_0 对工序进行诊断和调节，才能使 P 达到最佳值，同时，费用损失最少。

5）实施　在实施工序诊断调节法时，要做好以下两个方面的工作。

(1)确定调节界限：当最佳诊断间隔 n_0 确定后，可每隔生产 n_0 件产品时抽取最后一件产品进行诊断。为了及时直观地观察和分析工序变化的趋势，一般应在调节界限 M 两侧另行确定诊断调节界限。上、下调节界限可确定 $M\pm(1/3\sim1/2)T$ 或 $M\pm2s$，式中的 T 和 s 分别是公差带宽和抽取的大子样标准差。

(2)判断准则：如果样本点超出公差界限，则应停止生产，并进行诊断和查明原因，然后采取措施，使特性值稳定在 M 上。如果样本点超出调节界限，应在继续生产中追查原因，采取措施，调节工序。如果样本点处于调节界限内，但分布出现某种倾向，应继续生产，查明原因，采取措施，使工序恢复正常。在作出调节决定前，有必要重复抽样诊断。

复习思考题

1. 什么是质量数据?分为哪几类?
2. 质量波动分哪两类?它们之间有什么区别?
3. 常用的质量控制有哪几种常用工具?
4. 控制图是用来处理哪种问题的？其作用是什么?
5. 什么是散布图?
6. 排列图的用途及应用原理是什么?
7. 什么是因果图?
8. 直方图的用途是什么?它有哪些典型图形?
9. 测量 50 个面包的重量(N=50)，重量规格为(310 ± 10)g，见下表。请作直方图，并进行分析。

50 个面包的重量

1	309	316	308	314	308
2	311	318	301	311	307
3	310	305	309	305	304
4	311	315	307	303	318
5	312	313	307	305	317
6	312	314	305	316	309
7	316	308	317	315	320
8	310	310	310	311	314
9	304	312	309	309	310
10	311	313	316	312	318
列最大	316	318	317	316	320
列最小	304	305	301	303	304

10. 简述质量管理的新方法。
11. 什么是工序控制?工序控制的方法包括哪几种?

第五章　全面质量控制

【本章提要】

本章概述了全面质量管理的基本概念、特点、基本要求、实施原则和方法等内容。

【学习目标】

掌握全面质量管理的基本概念，明确全面质量管理的基本要求和实施原则，了解如何推行全面质量管理。

【主要概念和名词】

全面质量管理、标准、标准化、质量责任制、计量

第一节　全面质量管理的基本概念和要求

一、全面质量管理的基本概念

20 世纪 60 年代以后，生产力和科学技术迅猛发展，高新技术不断涌现，产品品种、质量、服务的要求越来越高，促使了全面质量管理理论的形成与发展。实际上，食品企业的全面质量管理就是对食品质量管理各内容和任务的概括和总结，是食品质量管理更高层次的发展。

（一）全面质量管理的概念

全面质量管理（total quality control，TQC），最先起源于美国。1924 年，美国贝尔电话实验室的修哈特（W. A. Shewhart）创造了质量控制图；1961 年，美国通用电气公司质量管理部部长费根堡姆（A. V. Feigenbaum）首先提出了全面质量管理的概念，并在一些工业发达国家开始推行。20 世纪 60 年代后期，日本又有了新的发展。经过多年的理论与实践的发展，全面质量管理现在已成为一门边缘科学。所谓全面质量管理就是企业全体人员参加的质量管理，全过程实行控制的质量管理，即企业全体职工及有关部门同心协力，把专业技术、经营管理、数理统计和思想教育有机地结合起来，建立起产品的研究设计、生产制造、售后服务等活动全过程的质量保证体系，为确保产品质量，满足用户需要，多快好省地进行研制、生产、销售和服务等一套管理工作。全面质量管理的基本核心是强调提高人的工作质量，保证和提高产品质量，达到全面提高经济效益和社会效益的目的。全面质量管理就是改革过时的、传统的管理方法；把过去的以消极的事后检验和把关为主转变为以积极的预防和改进为主；从管结果变为管因素，把影响质量的诸因素查出来，抓住主要矛盾，依靠科学管理的理论、程序

和方法，使生产的全过程都处于控制状态；从少数人管理质量改为发动全员、全部门参加质量管理；从只重视产品质量，改为不但保证产品质量，而且更重视服务质量、工作质量和降低成本；从凭经验管理质量改为运用统计分析，用数据说话来控制质量；以国家标准来衡量产品质量改为最终以用户意见、使用价值作为标准。从而使质量控制、生产指挥、经营管理都发生新的变化，推动企业各个方面的工作。

（二）全面质量管理的基本特点

(1)群众性。全面质量管理是依靠全体职工参加的质量管理，它是企业实行民主管理的一个具体体现。一个企业的产品质量，是企业各生产环节、各个部门全体职工全部工作的综合结果，因此必须充分发挥全体职工在保证和提高产品质量方面的积极作用，做到人人关心质量，人人都以自己的优异工作质量来保证产品质量。只有这样，企业的质量管理才能搞好。

(2)全面性。由于产品质量形成于生产过程，因此全面质量管理不应当局限于对产品的制造过程，还必须对包括从产品的研究设计、准备、制造直到销售全过程的质量管理。它不仅保证产品达到质量标准，还必须积极改进和提高产品的质量标准。也就是说，要把质量管理工作贯穿到产品生产的全过程(基本生产过程、辅助生产过程和服务生产过程)，包括产品的市场调查、研究、设计、试制、工艺、设备、原材料供应、计划、生产、销售、财务等各个环节，形成一个综合性的质量管理工作体系。

(3)预防性。优良的食品质量是设计研制和加工制造出来的，而不是检查出来的。根据这一基本道理，全面质量管理要求把管理工作的重点，从“事后把关”转移到“事先控制”上来，实行防检结合、以防为主的方针，把不合格品消灭在它的形成过程中，做到防患于未然，要做到这一点，就必须事先采取措施。把工艺、设备、原辅材料和不文明生产等方面可能造成不合格品的因素都控制起来；同时加强生产全过程各个环节的质量管理，保证生产全过程的质量优良，形成一个能够稳定生产优质产品的生产系统，从而保证和提高产品质量。

(4)服务性。服务性表现在两个方面：一是企业为产品的消费者服务；二是在企业内部上道工序为下道工序服务，上一生产环节为下一生产环节服务，为自己的工作对象服务。

商品生产的目的在于生产出更多的产品满足广大消费者的需求，因此质量管理工作不仅要在产品设计、生产、销售等过程中实行，还应延伸到产品的消费过程中去。对食品工业来说，就是到市场上去调查研究收集对自己产品的意见，了解消费者对产品的新要求、新动向，以便迅速地反映到新设计研究的产品上和工艺上去，确保产品质量的不断提高。

“下道工序即用户”、“工作对象即用户”、“用户是帝王”，这是全面质量管理的重要指导思想。它要求每道工序的生产、每个部门和每个人的工作质量，都要满足用户的要求，严肃认真，一丝不苟，并且经得起它的用户的考验。

为了搞好企业内外服务、不断改进和提高产品质量，必须做好两方面的信息反馈，即厂内反馈和厂外反馈。厂内反馈，是指企业内部发现产品质量问题及时反映给有关部门和工序，采取措施解决问题。厂外反馈，是指用户在产品消费过程中发现的问题或意见和要求，反映给企业有关部门，以便采取措施改进。质量信息是企业改进工作，提高产品质量的重要依据。

(5)科学性。全面质量管理是现代科学技术和现代企业化大生产发展的产物，要求质量管理工作必须把现代的科学技术新成就和科学管理方法应用到管理中去，实现质量管理的科学化和现代化，其科学性表现在如下方面。

在管理过程中坚持实事求是、科学分析，一切用数据说话的原则。所谓数据，就是根据，有了根据，实事求是地用科学方法去分析，就会得出正确的结论，并采取措施进行改进，就能使产品质量真正得到提高，使质量管理工作做到有条理、有秩序。

在质量管理中广泛地应用科学新成果，如先进的检验测试方法和手段、先进的科学管理方法等。

（三）实施全面质量管理的意义

(1) 产品质量是企业各项经营管理如计划管理、设计管理、物资管理、生产管理、设备管理、劳动管理等的综合反映，也是企业所有人员一切工作质量的综合反映。因为诸如产品设计、工程设备和生产工艺状况、工人技术水平、认识管理和规章制度等是否健全，都会影响产品质量。因此，是否推行全面质量管理及其推行的结果怎样，实际上决定了企业的生产能力和水平及产品的质量状况。

(2) 由于全面质量管理具有相当的广度和深度，以此为中心，能推动其他的一切管理工作的进行。

(3) 质量指标是所有经济指标中最为关键性的。因为若是产品质量不好，即使其他指标都完成或超额完成，一切都是空的。“质量第一”的真正意义就在于此。

(4) 从增产节约的角度来看，只有在提高产品质量的前提下增产，才是真正的增产节约；反之，产品质量不好的增产，那是最大的浪费。而且，对买到不合格品的用户来说，是 100% 的损失，甚至是“灾难”。特别是对人们必需的食品来说，更是如此。在我国当前食品企业的管理水平还比较低的情况下，更具有推行全面质量管理的必要性。

二、全面质量管理的基本要求

推行全面质量管理时，应该注意做到“三全、一多样”的基本要求，即全员、全过程、全企业的质量管理，所运用的方法必须多种多样、先进科学、因地制宜。

（一）全面质量管理是必须要求企业全体人员参加的质量管理

产品质量是企业各个生产环节、各个部门全部工作的综合反应。企业中任何一个环节、任何一个人的工作质量，都会不同程度地、直接或间接地影响产品质量。因此，必须把企业所有人员的积极性和创造性充分调动起来。上至厂长，下至工人，人人做好本职工作，个个关心产品质量，全体参加质量管理。食品企业也是如此，只有通过管理人员、技术人员、工人和企业其他各方面人员的共同努力，才能生产出用户满意、价廉物美的食品。

要实现全员的质量管理，应注意抓好下述 3 个方面的工作。

(1) 首先必须抓好全员的质量教育工作，加强职工的质量意识，牢固树立“质量第一”的思想，促进职工自觉地参加质量管理的各项活动。同时，还要不断提高职工的技术素质、管理素质和政治素质，以求适应深入开展的全面质量管理的需要。

(2) 实行全员性的质量管理，就要把质量目标及其关键交给群众，落实到每个工作岗位，使每个岗位都有明确的工作质量标准，职责分明。实践证明，每个岗位的质量任务越具体，职工群众的努力方向越明确，就越容易动员群众，把群众的积极性、创造性集中到质量关键上来，群众为提高质量而做的努力就越自觉。对员工授权赋能，使员工自主作出决策和采取行动，即所谓的活性化。活性化是全面质量管理的基本做法之一，之所以如此，原因在于：①员工有强烈的参与意识，同时也有很高的聪明才智，员工活性化会激发他们的积极性和创造性；②企业竞争力在于顾客和其他相关方的满意及对市场变化的反应速度，而顾客和其他相关方的满意，以及市场的反应速度很大程度上取决于员工的活性化程度；③活性化的员工应该要求对于质量作出相应的承诺，并将质量责任同奖惩机制挂起钩来，确保责、权、利的统一。

(3)要实现全员的质量管理，还要开展各种形式的群众性的质量管理活动，尤其是要开展QC小组活动，充分发挥广大职工的聪明才智和当家做主的进取精神。这是解决质量问题，提高管理水平，提高企业素质的一种有效的方法。

（二）全面质量管理的范围是产品质量产生、形成和实现的全过程

产品质量是生产全过程的成果。生产的全过程包括从市场调查、设计、生产、销售直至售后服务等过程的质量管理。产品质量有一个产生、形成和实现的过程。要保证产品质量，不仅要管好生产制造过程的质量管理，还要管好设计过程和使用过程的质量管理。把产品质量形成的全过程的各个环节加以管理，形成一个综合性的质量管理工作体系，做到以防为主，防检结合，重在提高。为此，全面质量管理必须体现以下两个思想。

1. 以预防为主不断改进的思想　优良的产品质量是设计、制造出来的，而不是检查出来的。根据这一基本道理，全面质量管理要求把管理工作的重点，从“事后把关”转移到“事先预防”上来。从管结果变为管因素，实行“预防为主”的方针，把不合格品消灭在它的形成过程之中，做到“防患于未然”。因此，在生产过程中要采取各种措施，把工艺、设备、原辅材料和不文明生产等影响产品质量和可能造成废次品的有关因素都控制起来，形成一个能够稳定生产优质产品的生产体系。但是，不能以此为满足，还要树立不断发现问题的意识，不断改进产品质量，才能满足人们对物质和文化生活不断提高的需要。

当然，为了保证产品质量，防止不合格品出厂，加强质量检验在任何情况下都是必不可少的。以预防为主的思想，不仅不排斥质量检验，甚至要求更加严格。质量检验是全面质量管理工作必不可少的基本内容之一。特别是鉴于我国大多数食品企业质量保证体系尚未建立或还不完善，职工技术素质偏低的实际情况，企业的质量检验工作亟须加强。检验机构必须健全，检验力量必须充实，检验手段必须更新，行之有效的质量检验制度必须坚持。

2. 为用户服务的思想　实行全过程的质量管理，要求食品企业所有工作环节都必须树立为用户服务的思想。这儿的“为用户服务”表现在两个方面：一是企业为产品的消费者服务；二是在企业内部上道工序为下道工序服务，上一生产环节为下一生产环节服务，为各自的工作对象服务。

现代食品工业生产是一环扣一环的，前道工序的质量影响着后道工序的质量。一道工序出了质量问题，就会影响整个生产过程以至产品质量。因此，要求每道工序的工序质量都要经得起下道工序“用户”的检验，满足下道工序的要求。有些企业开展的“三工序”活动：复查上道工序的质量，保证本道工序的质量，坚持优质、准时为下道工序服务，这就是为用户服务思想的具体体现。只有每道工序在质量上坚持高标准，都为下道工序着想，为下道工序提供最大便利，企业才能目标一致地、协调地生产优质产品。

全面质量管理的目的在于生产出更多更好的产品为广大消费者服务，因此质量管理工作延伸到产品的消费过程中就成为必然。就是要到市场上去调查研究收集对自己产品的意见，了解消费者对产品的新要求、新动向，以便迅速地反映到新设计研制的产品上和工艺上，确保产品质量不断提高。

（三）全面质量管理要求的是全企业的质量管理

全企业的质量管理可以从两个角度来理解。

(1) 从质量职能角度看，产品质量职能是分散在全企业的有关部门中的，要保证和提高产品质量，就必须将分散在企业各部门的质量职能充分发挥出来。

但由于各部门的职责和作用不同，其质量管理的内容也是不一样的。为了有效地进行全面质量管理，就必须加强各部门之间的组织协调，并且为了从组织上、制度上保证企业长期稳定地生产出符合规定要求、满足顾客期望的产品，最终必须要建立起全企业的质量管理体系，使企业的所有研制、维持和改进质量的活动构成一个有效的整体。建立和健全企业质量管理体系，是全面质量管理深化发展的重要标志。

可见，全企业的质量管理就是要“以质量为中心，领导重视、组织落实、体系完善”。

(2) 从组织管理的角度来看，每个企业都可以划分成上层管理、中层管理和基层管理。“全企业的质量管理”就是要求企业各管理层次都有明确的质量管理活动内容。当然，各层次活动的侧重点不同。上层管理侧重于质量决策，制订出企业的质量方针、质量目标、质量政策和质量计划，并统一组织、协调企业各部门、各环节、各类人员的质量管理活动，保证实现企业经营管理的最终目的；中层管理则要贯彻落实领导层的质量决策，运用一定的方法找到各部门的关键、薄弱环节或必须解决的重要事项，确定出本部门的目标和对策，更好地执行各自的质量职能，并对基层工作进行具体的业务管理；基层管理则要求每个职工都要严格地按标准、按规范进行生产，相互间进行分工合作，互相支持协助，并结合岗位工作，开展群众合理化建议和质量管理小组活动，不断进行作业改善。

（四）全面质量管理所采用的管理方式应多种多样

全面智力管理是现代化科学技术和现代化大生产发展的产物，要求质量管理工作必须把现代科学技术的新成就和科学管理方法应用到质量管理中去，实现质量管理的科学化和现代化。因此，客观上要求全面质量管理的方法不是单一的、机械的，而应形成多样化的质量管理方法体系。它不仅与以往的单纯事后检验不同，与统计质量管理也不相同，它要求把改善经营管理、革新生产技术和应用数理统计等科学方法多方面有机结合起来，综合运用管好质量。

随着现代科学技术的发展，对产品质量提出的要求越来越高，影响产品质量的因素也越来越复杂。既有物的因素，又有人的因素，既有生产技术因素，又有组织管理因素；既有自然因素，又有人们的心理、生理、环境等社会因素；既有企业内部因素，又有企业外部因素等。要把这一系列因素系统地控制起来。全面管好，生产出高质量的产品，必须根据不同情况区别不同的影响因素，灵活地运用各种现代化的管理方去加以综合治理。在运用科学方法过程中，必须坚持以下几点。

1) *尊重客观事实，用数据说话*　　在质量管理过程中，要求坚持实事求是、科学分析、用事实和数据说话、用事实和数据反映质量问题的态度。纠正过去那种用“大概”、“差不多”的凭感觉、凭经验的工作方法，树立科学的工作作风，使质量管理建立在科学的基础上。

2）遵循PDCA循环的工作程序　PDCA是管理的基本工作方法，开展任何活动都必须遵循计划(P)、执行(D)、检查(C)、总结(A)的一套工作程序，这是行之有效的方法。

3）广泛地运用科学技术的新成果　正如前面所述，全面质量管理是现代化科学技术和现代化大生产发展的产物，所以应该广泛地运用科学技术和最新成果，如先进的专业技术、检测手段、电子计算机和先进的科学管理方法等。

上述的“三全、一多样”，都是围绕着“用最经济的手段，生产用户满意的产品”这一中心目标的，这是我国企业推行全面质量管理的出发点和落脚点。把用户的需要放在第一位，树立为用户服务、对用户负责的思想，是我国企业推行全面质量管理贯穿始终的指导思想。食品企业实行全面质量管理，提高质量，降低消耗，改善管理，增加效益，为社会提供优质食品和优质服务，无疑对提高人民生活水平具有重大的作用。

第二节　全面质量管理的推行

一、全面质量管理的基础工作

企业实行全面质量管理，必须做好一系列的基础工作，其中最重要的包括标准化工作、计量工作、质量信息工作、质量教育工作和质量责任制等。这些工作的扎实与否，直接关系着质量管理以至整个企业管理水平的提高。

（一）标准化工作

标准化是现代化大生产的产物，它随着生产技术现代化、管理现代化的发展而发展起来。标准化工作是质量管理的重要基础，质量管理是贯彻执行标准化的有力保证。

标准是衡量企业产品质量和各项工作质量的尺度，又是企业进行生产技术活动和各项经营管理工作的依据。质量管理的全过程，包括从质量目标的制订、贯彻执行、组织实现、检查比较，直到总结评比为止，自始至终，步步离不开标准。

食品安全水平的高低取决于食品安全标准水平。要确保食品安全水平就必须以标准化为起点。我国《食品安全法》规定：制定食品安全标准，应当以保障公众身体健康为前提，做到科学合理、安全可靠。食品安全标准是强制执行的标准。除食品安全标准外，不得制定其他食品强制性标准。食品安全国家标准由国务院卫生行政部门会同国务院食品药品监督管理部门制定、公布，国务院标准化行政部门提供国家标准编号。对地方特色食品，没有食品安全国家标准的，省、自治区、直辖市人民政府卫生行政部门可以制定并公布食品安全地方标准，报国务院卫生行政部门备案。食品安全国家标准制定后，该地方标准即行废止。国家鼓励食品生产企业制定严于食品安全国家标准或者地方标准的企业标准，在本企业适用，并报省、自治区、直辖市人民政府卫生行政部门备案。

企业标准化，是指企业根据生产技术活动和经营管理工作的要求，为实现规格化、统一化、制度化而制定的一系列规定、规范、规则、规章制度、条例细则、业务指导等行动准则，统称为企业标准。它包括了为实现企业质量目标及与本企业有关的各项工业标准在内的全部标准，即全部硬件标准和软件标准。

硬件标准多属于技术标准。它是工业标准化的具体化，是直接用来衡量产品质量的技术尺度，是企业进行生产技术活动的基本依据，如产品标准、原辅材料标准等。

软件标准是指管理标准和工作标准。它包括企业为了保证和提高产品质量，实现质量目标规定的各种经营管理活动、管理业务、管理工作的具体标准，如各项管理工作的工作内容、职责条例、业务守则、工作标准、活动程序等。

加强标准化工作，对于开展质量管理，提高企业产品质量和工作质量，具有重要意义。

（二）计量工作

计量工作（包括测试、化验、分析等工作）旨在保证计量与量值准确和统一，确保技术标准的贯彻执行及保证食品质量。显然，没有计量工作的正确性，便谈不上正确贯彻执行技术标准和保证食品质量，也就无法开展质量工作。

搞好计量工作的主要要求是：需要的量仪必须配齐成套；保证量仪质量的稳定，示值准确一致；及时修复计量器具；根据具体情况选择正确的测试计量方法；做好量仪保管、验收、储存、发放等组织管理工作。为了实现上述要求，必须抓好以下几个环节。

1）保证计量器具的正确、合理使用，保证量值的准确和统一　计量器具的合理使用、操作正确、管理科学，对于延长量仪的使用寿命，保持量值的准确统一，具有重要作用。反之，就会加快磨损和损坏，影响示值准确，失去它的精度和灵敏度。

为了保证计量器具的正确、合理使用，需要对职工进行技术培训和爱护计量器具的教育，使工人熟练地掌握量仪的结构和性能、维护保养技术和技能，并且要正确制订和严格贯彻执行有关计量器具的使用和维护保管方面的规章制度。

2）严格执行计量器具的检定规定　为了保证量仪的质量，对企业所有计量器具都必须按照国家检定规程规定的检定项目的方法进行检定，包括入库检定、入室检定、周期检定及返还检定等。所有计量器具必须经检定合格、签订合格或打合格标志后，才准许投入使用。

3）计量器具的及时处理和报废　对于磨损的计量器具，要根据结果，按照磨损程度和损坏状况的不同分别处理，或更换、或维修，但都必须抓紧及时解决。

4）计量器具的妥善保管　为了保证计量器具经常处于良好状态，要把计量器具妥善地放入工具室、工具库，并做好贮存保管工作。

5）改革计量工具和计量方法，逐步实现检测手段和计量技术的现代化　为了做好计量工作，企业必须设置专门的计量管理机构，配备专职或兼职的计量工作人员。如工厂可设置计量室，负责组织全厂量仪检定、维修等工作。计量部门可在总工程师或质量管理部门领导下进行工作。

（三）质量检验

检验是对产品、过程或服务的一种或多种特性进行测量、检查、试验、计量，并将这些特性与规定的要求进行比较的活动。质量检验包括事后性的验收检验、生产过程中的预防检验和为分析质量而进行的统计性检验。根据质量检验的形式，还可分为定点检验和流动检验。按检验产品的数量，可分为全数检验和抽样检验。

全面质量管理强调将检验工作重点放在生产过程中的预防检验上，并尽可能采用统计检验，但这并不意味着可以放松验收检验。把好质量关和进行必要的质量复查，仍然是保证产品质量的重要手段，是对前一个阶段或前一道工序的把关，对后一个阶段或后一道工序也具有十分重要的预防作用。

质量检验工作的重点是生产过程中的预防检验，尽量采用统计检验，把验收检验作为质量复查。

（四）质量信息工作

搞好质量管理工作，必须认真调查研究，掌握大量准确的第一手资料。为此，必须抓好质量信息工作。

质量信息是指反映企业产品质量和供、产、销各环节及企业全部工作质量的信息、基本数据、原始记录，以至产品在消费过程中反映出来的各种技术经济资料。

质量信息工作是改进食品质量，组织好厂内外两个信息反馈，改善企业生产各环节工作质量最直接的原始资料和信息来源；是正确认识影响食品质量各因素变化和质量波动的内在联系及进一步掌握提高食品质量规律性的基本依据。在质量管理工作中，应当掌握的质量信息主要有以下几种。

(1)从食品消费过程中，收集有关食品的质量信息。通过市场调查、访问消费者和到商店站柜台营业等方法，搜集人民群众对自己企业食品的品种、规格、质量、价格、发展改进等方面的要求和意见。

(2)从制造和生产准备过程中，收集有关工作质量、工序质量和成品、半成品、原辅材料等质量信息，它的主要来源有：每批原材料、辅助材料(包括添加剂、强化剂等)的入场验收记录、质量取样，库存保管发放记录和使用前检查记录等；生产过程中的工艺操作记录、再制品检查记录、半成品出入库记录、工序控制图等；成品出产和出厂质量检查记录、废次品数量及其发生原因记录；设备、附件等使用、检修和调整记录；计量器具、测试设备等使用、调整和检修记录；各项管理工作的原始记录。

(3)收集国内外科学技术信息和产品发展动向信息。

(4)从生产同类产品的国内兄弟企业或国外同行业收集产品质量信息。

为了充分发挥质量信息的作用，对信息工作的基本要求是：必须使质量信息准确、及时、全面、系统。根据这一基本要求，一方面，质量信息工作必须随时保持高度的敏感性，及时取得信息；另一方面，从多方面收集来的大量信息必须做好分类整理工作。实行严格的科学管理，去粗取细，去伪存真，以便真正发挥它的作用。

（五）文明生产工作

文明生产就是创造一种清洁、明亮、安全、井然有序的工作环境，养成按程序、按标准精心操作的良好习惯，以及守纪律、团结协作的良好风气。

我国有不少企业经常出现一些产品批次性报废的质量问题，甚至还发生过重大的质量事故，都是由于文明生产不好造成的。文明生产不好，生产现场混乱，材料半成品不按规定保管和堆放，废次品不及时隔离，以及生产安排不合理等，即使有先进的技术和科学的管理方法，也不可能保证产品质量。

企业的7S管理就是文明生产的例子，详见本书第十章内容的介绍。

（六）质量管理小组活动

质量管理小组（QC 小组）是指在生产或工作岗位上从事各种劳动的职工，围绕企业的方针目标和现场存在的问题，以改进质量、降低消耗、提高经济效益和人的素质为目的，运用质量管理的理论和方法组织起来开展活动的小组。

质量管理小组的作用是：改进质量、降低消耗、提高经济效益；提高职工素质、激发职工的积极性；建立文明和心情舒畅的生产、服务、工作环境。

质量管理小组有以下几种类型。

⑴现场型。由班组、工序、服务现场职工为主组成，以提高工序能力、改进产品质量、降低物耗、提高服务质量为目的。

⑵攻关型。由行政部门、工程技术人员和工人组成，以解决有一定难度的质量问题为目的。

⑶管理型。以管理人员为主组成，以提高工作质量、改善与解决管理中的问题，提高管理水平为目的。

⑷服务型。由从事服务性工作的职工组成，以提高服务质量，推动服务工作标准化、程序化、科学化为目的。

（七）质量教育工作

实行全面质量管理要始于教育，终于教育。质量教育是实行全面质量管理的一项根本性的基础工作。

食品质量的形成，不只是依靠机器设备、工艺、工具、原辅助材料等物质的因素，更重要的是人的因素。这对食品工业来说，更具有特殊的意义。只有广大职工对实行全面质量管理有了明确深刻的认识，具备管理知识和技能，并且熟悉地掌握质量管理的方法，才能提高食品质量。为了动员和组织企业所有成员都来关心质量管理，自觉参加质量管理，就必须对企业的领导干部及每个工人进行全面质量管理的教育和培训。

（八）质量责任制

全面质量管理是关系到整个企业各个部门、各个岗位和每个人的事，如果没有明确的责任制，职责不清，这不但不能保证正常的生产秩序，而且会造成质量无人负责，出了质量问题找不到责任者，查不清质量问题的原因。当然，更谈不上改进质量和提高质量了。因此，建立健全质量责任制，是十分重要的工作。

建立质量责任制，就是要对企业的每一个人都明确规定他在质量工作上的具体任务、责任和权利，以便把同食品有关的工作，做到事事有人管，人人有专责，办事有标准，工作有检查、有考核，职责分明，功过分明，奖罚分明，从而把改进与提高食品质量的工作和调动全体职工的积极性结合起来，使企业形成一个严密的、高效的质量管理责任系统。

实行全面质量管理，建立和健全各级领导、各级职能机构和工人的责任制，主要包括以下 3 个方面。

1）各级领导的质量责任制　　厂长主管企业的质量工作，对产品质量负全面责任。为此，要经常听取用户、质量管理部门和企业职工对质量问题的意见，定期召集有关人员分析质量情况，认真处理重大的质量问题。

总工程师或技术副厂长负责解决产品质量中的重大技术问题，组织有关部门拟订质量攻关和产品质量升级计划，并协助厂长督促检查各项质量计划的实现。

2）职能机构和科室的质量责任制　全面质量管理不但要求专职质量管理部门具有管理职能，而且要求企业各职能机构，如技术、生产、计划、供应、销售、劳动、人事、财务、教育及各项辅助业务，服务业务部门都应建立起明确的质量责任制，并做到互相衔接，密切配合。为此，各部门、各科室应根据机构大小和业务量的多少，设立专职或兼职的质量管理员，来协助行政负责人把好质量关。

3）车间、班组和个人的质量责任制　生产车间、班组应对其加工制造的食品质量负直接的责任。车间主任对车间的食品质量负责，要严格执行标准，贯彻工艺纪律，将不合格品消灭在本车间内，做到不合格产品不出车间。车间应当建立以车间技术副主任和质量管理员为主体的质量领导小组，针对本车间的食品质量问题，不断提出新课题，组织质量攻关小组或质量领导小组，发动群众，开展技术革新，提合理化建议，采取措施进行解决；负责组织自检、互检和专检等项工作。对发生的质量问题，应积极分析原因，妥善解决。

操作工人应做到严格按技术工艺操作，按技术要求加工，按制度办事；认真做好自检和互检工作，主动隔离次品、废品，保证不合格品不转到下一道工序，对自已加工的食品质量负责到底，对上道工序加工的质量问题及时做好信息反馈。

二、推行全面质量管理的几点建议

在国内，全面质量管理已被越来越多的人所认识，已在各行各业推行，并取得了一定的成效。1980年原国家经委颁发了《工业企业全面质量管理暂行办法》，明确规定了全面质量管理是提高质量，实现企业现代化的必由之路。可惜，这一先进的管理方法在食品企业中还未得到普遍应用。为了在食品企业内普遍推行全面质量管理，特别提出下述几点建议。

（一）在工作上要抓住思想、目标、体系和技术4个要领

要推行全面质量管理，必须首先在思想上引起足够重视，加强宣传教育，解放思想，提高认识，克服“疑”（怀疑）、“难”（畏难）、“烦”（怕麻烦）的思想，解决“与我无关”的思想。其次，全面质量管理是为一定的质量目标服务的，是围绕着一定的质量目标而展开的。缺乏明确的质量目标，即使开展了全面质量管理活动也很难取得实效，很难能持久、深入。只有树立明确的质量目标，才有可能针对这个目标综合系统地推行全面质量管理工作。再次，全面质量管理要具体化形成一个网络系统，相互协调地为实现质量目标而共同努力。最后，全面质量管理还是一套能够控制质量和促进产品质量提高的管理技术。它要求综合地灵活地运用各种有效的管理方法和手段，达到最经济地生产出用户满意的产品。

（二）正确地对待外国的管理经验与知识

1）引进与学习质量管理学科的必要性　质量管理是一门新兴的学科，是管理科学的重要组成部分。它首先在一些工业发达国家中形成与发展，而全面质量管理是它的最新发展阶段。在我国，质量管理成为企业里一项独立的管理并被人们所重视，还只是近几年的事情，距离建成科学的质量管理体系还有一定的距离。因此，学习与借鉴外国已经成熟的科学管理

质量，是十分必要的。

2）承认质量规律，自觉接受现代化管理　　产品质量的形成与提高是有其规律性的，其中有自然科学方面的规律（如原辅料、设备、工艺、环境等），也有社会科学方面的规律（如受到市场竞争、政府政策等条件的影响而变化的规律）。质量管理学就是研究和发现这些规律，并把它用思想、理论、观点、方法系统地总结出来，便于人们正确地掌握这些规律，并以此来指导生产实践，使企业能够经济地生产出适销对路、物美价廉、用户满意的产品，最终达到提高企业与社会经济效益的目的。

3）必须用科学的态度、方法学习与运用全面质量管理　　为保证全面质量管理的健康发展，在推行过程中要及时发现并纠正一些不良倾向。例如，搞“一阵风”，一哄而起，做表面文章，搞形式主义；忽视基础工作，不在巩固的基础上提高，而是急于求成；对全面质量管理一知半解，违背它的系统性、科学性的原理，在推行中以点带面，以偏概全等。

（三）传统管理与全面质量管理有机地结合起来

在我国的一些工业企业中，经过长期生产实践，积累了许多比较成熟的质量管理经验，形成了一套行之有效的质量管理方法，为建立具有中国特色的质量管理体系提供了基础。通常，把这一基础笼统地称为“传统管理”，以别于从国外引进的全面质量管理。

实践证明，全面质量管理要与传统管理经验结合起来，才能具有旺盛的生命力。许多被实践证明是行之有效的、属于传统管理内容的好经验，几乎都符合全面质量管理的一些基本思想和方法，这并非是偶然的巧合，因为全面质量管理不是凭空产生的，它是科学技术进步和工业现代化的必然产物，也是质量管理发展的必然结果。因此，在推行全面质量管理时，不能将传统管理与全面质量管理截然分割，而是要在经过认真总结与分析之后进行分层处理。对于符合全面质量管理的部分，要加以保留，进行巩固和提高；对于落后保守的部分，坚决加以改革；对于过去空白的现代管理的科学内容，要尽快地加以吸收和补充。

三、全面质量管理的实施

根据前述全面质量管理的定义，也可以把 TQC 看成是一种系统化、综合化的管理方法或思路，企业要实施全面质量管理，除了注意满足“三全、一多样”的要求外，还必须遵循一定的原则并且按照一定的工作程序运作。

（一）实施全面质量管理应遵循的原则

1）领导重视并参与　　企业领导应对企业的产品（服务）质量负完全责任，因此质量决策和质量管理应是企业领导的重要职责。国内外实践已证明，开展全面质量管理，企业领导首先必须在思想上重视，必须首先强化自身的质量意识，必须带头学习、理解全面质量管理，必须亲身参与全面质量管理，必须亲自抓，一抓到底。这样，才能对企业开展全面质量管理形成强有力的支持，促进企业的全面质量管理工作深入扎实、持久地开展下去。

2）抓住思想、目标、体系、技术 4 个要领

（1）全面质量管理是一种科学的管理思想。它体现了与现代科学技术和现代生产相适应的现代管理思想。因此，在推行全面质量管理过程中，必须在思想上摆脱旧体制下长期形成的各种固定观念和小生产习惯势力的影响，树立起以质量第一、提高社会效益和经济效益为

中心的指导思想，树立起市场的观念、竞争的观念、以顾客为中心的观念，以及不断改进质量等其他一系列适应市场经济和知识经济时代的新观念。在此基础上，不断强化质量意识，综合地、系统地不断改进产品和服务的质量，持续满足顾客的要求。

(2) 全面质量管理必须围绕一定的质量目标来进行。通过明确的目标，引导企业方方面面的活动，激发企业全体职工的积极性和创造性，进而衡量和监控各方面质量活动的绩效。没有目标的行动是盲目的行动，也很难深入持久，很难取得实效，甚至可能造成内耗和浪费。只有确立明确的质量目标，才有可能针对这个目标综合地、系统地推进全面质量管理工作。

(3) 企业的质量目标是通过一个健全而有效的体系来实现的。质量管理的核心是质量管理体系的建立和运行。通过建立和运行质量管理体系可以使影响产品和服务质量的所有因素，包括人、财、物、管理等，以及所有环节，涉及企业中所有部门和人员，都处于控制状态，在此基础上，就可以确保质量目标的实现。另外，通过建立和运行质量管理体系，可以使企业所有部门围绕质量目标形成一个网络系统，相互协调地为实现质量目标而努力。

(4) 全面质量管理是一套能够控制质量、提高质量的管理技术和科学技术。它要求综合、灵活地运用各种有效的管理方法和手段，从而有效地利用企业资源，生产出满足顾客需要的产品。目前，全面质量管理的很多方法与技术都引起了广泛的重视，并且在实践中发挥了重要的作用，包括统计质量控制技术和方法、水平对比法、质量功能展开(QFD)、六西格玛法等。

3) 切实做好各项基础工作　如前所述，全面质量管理是全过程的质量管理，是从市场调研直到售后服务的系统地管理。全面质量管理要切实取得实效，必须首先做好各项基础工作。所谓全面质量管理的基础工作，是指开展全面质量管理的一些前提性、先行性的工作。基础工作搞好了，全面质量管理就能收到事半功倍的效果，就有利于取得成效。反之，基础工作搞得不好，不管表面工作如何有声有色，如同建立在沙洲上的大厦，随时都有坍塌的危险。

4) 做好各方面的组织协调工作　开展全面质量管理，必须进行组织协调，综合治理。首先必须明确各部门的质量职能，并建立健全严格的质量责任制。全面质量管理不是哪个部门的事情，也不是哪个人的事情，而是同产品质量有关的各个工序环节的质量管理的总和。同时，这个总和也不是各个环节活动的简单相加，而是一个围绕着共同目标协调作用的统一体。因此，为了使顾客对产品质量满意，就必须明确各有关部门在质量管理方面的职能并规定其职责，以及围绕一定的质量目标所承担的具体工作任务。如果各部门所承担的质量职责没有得到明确的规定，全面质量管理的各项工作就不可能得到有效的执行。

此外，还必须建立一个综合性的质量管理机构，从总体上协调和控制上述各方面的职能。这一综合性机构的任务，就是要把各方面的活动纳入质量管理体系的框架中，使质量管理体系有效地运转起来，从而以最少的人员摩擦、最少的职能重叠和最少的意见分歧来获得最大的成果。

质量管理体系开始运行之后，还要通过一系列的工作对质量管理体系进行双控，保证使之按照规定的目标持续、稳定地运行。这方面的工作包括质量成本的分析、报告，质量管理体系审核，以及对顾客满意程度的调度等。发现的质量认证制度、质量监督制度也是促进企业全面质量管理工作的有效手段。

5) 讲求经济效益，把技术和经济统一起来　提高质量能带来企业和全社会的经济效益。在企业中推行全面质量管理，能够减少整个生产过程及各个工序的无效劳动和材料消耗，降低生产成本，生产出顾客满意的产品，增强企业竞争能力，实现优质、高产、低耗、盈利，提高企业的经济效益，促进企业发展壮大。从宏观的角度讲，这又可以节约资源，减少浪费，增加社会财富，为全社会带来效益。

另外，质量和成本之间到底是什么关系？有的人认为质量越高，成本也越高，因此，质量水平达到顾客可以接受的程度就行了。有的人认为质量达到一定水平之后，再提高质量就会导致成本的大幅上升，因此，无条件地、不计成本地追求“高质量”是不足取的。需要说明的是，目前人们对于这个问题已经逐步达成了共识：质量水平越高，成本越低。正如克劳斯比所说的：“生产有质量问题的产品本身才是最昂贵的”。因此，必须正确认识质量和成本之间的关系，通过系统分析顾客的需求，采用科学的工作方法，在不断满足顾客要求和市场需要的情况下，获得企业的持续发展。

（二）实施全面质量管理的五步法

在具体实施全面质量管理时，可以遵循五步法进行。这五步分别是：决策、准备、开始、扩展和综合。

1）决策　这是一个决定做还是不做决策的过程。对于很多企业来说，出于各种各样的驱动力，他们有实施全面质量管理的愿望。常见的动因有：企业有成为世界级企业的远景构想；企业希望能够保持领导地位和满足顾客需求；也有的企业是由于面临不利的局面，如顾客不满意、丧失了市场份额、竞争的压力、成本的压力等。全面质量管理的实施能够帮助企业摆脱困境，解决问题，因此全面质量管理越来越受到世界范围内企业的关注。当然，为了能够作出正确的决策，企业的高层领导者必须全面评估企业的质量状况，了解所有可能的解决问题的方案，在此基础上进行决策：是否实施全面质量管理。

2）准备　一旦作出决策后，企业就应该开始准备。第一，高层管理者需要学习和研究全面质量管理，对于质量和质量管理形成正确的认识。第二，建立组织，具体包括：组成质量委员会，任命质量主管和成员，培训选中的管理者。第三，确立远景构想和质量目标，并制订为实现质量目标所必需的长期计划和短期计划。第四，选择合适的项目，成立团队，准备作为试点开始实施全面质量管理。

3）开始　这是具体的实施阶段。在这一阶段，需要进行项目的试点，在试点中逐渐总结经验教训。根据试点中总结的经验，来着手评估试点单位的质量状况，主要从 4 个方面进行：顾客忠诚度、不良质量成本、质量管理体系及质量文化。在评价的基础上发现问题和改进机会，然后进行有针对性的改进，包括人力资源、信息等。

4）扩展　在试点取得成功的情况下，企业就可以向所有部门和团队扩展。第一，每个重要的部门和领域都应该设立质量委员会、确定改进项目并建立相应的过程团队。第二，还要对团队运作的情况进行评估。为了确保团队工作的效果，应该对团队成员进行培训，还要为团队建设及团队运作等方面提供指导。第三，管理层还需要对于每个团队的工作情况进行全面的测评，从而确认所取得的效果。扩展过程需要有一定的时间，这项活动的顺利进行，要求高层领导者强有力的领导和全员的参与。

5）综合　在经过试点和扩展之后，企业就基本具备了实施全面质量管理的能力。为此，需要对于整个质量管理体系进行综合。通常需要从目标、人员、关键业务流程及评审和审核这 4 个方面进行整合和规划。

（1）目标。企业需要建立各个层次的完整的目标体系，包括战略（这是实现目标的总体规划）、部门的目标、跨职能团队的目标及个人的目标。

(2) 人员。企业应该对所有的人员进行培训，并且授权给他们让其进行自我控制和自我管理，同时要鼓励团队协作。

(3) 关键业务流程。企业需要明确主要的成功因素，在成功因素基础上确定关键业务流程。通常来讲，每个企业都有 4～5 个关键业务流程，这些流程往往会涉及几个部门。为了确保这些流程的顺畅运作和不断完善，应该建立团队负责每个关键业务流程，并且要指派负责人。团队运作的情况也应该进行测评。

(4) 评审和审核。除了对团队和流程的运作情况进行测评外，企业还需要对于整个组织的质量管理状况进行定期的审核，从而明确企业在市场竞争中的地位，及时发现问题，寻找改进机会。在评审时通常要关注 4 个方面：市场地位、不良质量成本、质量管理体系和质量文化。

复习思考题

1. 全面质量管理有哪些基本特点？
2. 如何推行全面质量管理？
3. 全面质量管理有哪些基本要求？如何实施？
4. 全面质量管理的实施原则是什么？

第六章 质量管理体系认证

【本章提要】

本章简单地概述了质量管理体系认证的由来及发展概况，质量管理体系认证国家认可制度及质量管理体系认证的特征；介绍了质量管理体系认证的依据和流程，包括认证前的准备工作和具体的认证实施过程；阐述了质量管理体系认证的作用和意义。

【学习目标】

通过本章的学习要求掌握质量管理体系认证的实施过程，文件审核的目的和内容，现场审核的流程，明确质量管理体系认证的作用和意义，了解质量管理体系认证在我国的发展概况、国家认证认可制度及相关的法律法规和标准。

【主要概念和名词】

合格评定、认证、认可、审核、审核组、审核证据、审核发现

第一节 质量管理体系认证的概况

一、质量管理体系认证的由来与发展

19 世纪初期，随着工业化大生产、商品的大流通，伴随而来的是如何评价商品(产品)的质量，最初的认证是以产品的评价为基础，这种评价是由第一方(生产方和商家)进行自我评价和第二方(用方、使用方)进行的验收评价，往往受各方利益的影响而带有片面性，而由与第一方、第二方无利益关系的第三方(中介方)评价就客观得多，以公正科学的方法对产品的特性进行评价并给公众提供一个可靠的保证，已成为市场的需求，这种建立在第三方基础上的活动(评价并给证书)就是认证。

认证工作起源至今经历了一个多世纪，从民间到政府利用认证制度有效地规范了市场，认证活动逐渐向深度、广度拓展。英国是世界上产品质量认证的发源地，也是质量管理体系认证的开拓者，1975 年英国标准协会(BSI)公布 BS5750 质量保证国家标准后，第二年 BSI 就举办了第三方进行的组织质量管理体系评定、注册业务，受到各方欢迎。从质量管理体系认证的实践中，英国认识到这种质量认证模式适应面广，灵活性大，会给生产者和顾客双方带来效益，有向国际社会推广的价值，于是 BSI 于 1979 年向国际标准化组织(ISO)建议，希望 ISO 制定有关质量保证技术和实施的国际标准，ISO 采纳了 BSI 的建议，于 1979 年批准成立了质量管理和质量保证技术协会(ISO/TC176)，具体负责制定有关质量管理和质量保证的国际标准，并于 1987 年正式颁布了 ISO9000 质量管理质量保证国际标准。到目前为止，ISO9000 族标准已经经历了多个版本，即 1987 版、1994 版、2000 版、2005 版、2008 年版、2015 年 9 月 23 日发布的 ISO9001：2015 版标准。

近年来，随着世界经贸的发展，以国际标准为依据的国际认证制度在全球范围内得到迅速发展。究其原因，一是因为由独立的技术权威机构按照严格的程序作出的评价结论具有较高的可信度；二是由于认证为法律部门在推动法规实施时提供了紧急有效的帮助，从而取得政府对认证的依赖，提高了认证的权威地位。同时，质量认证国际互认也是大势所趋，但必须满足3个条件：一是依据相同的标准；二是遵循相同的认证程序；三是审核员的水平大致相同。国际标准化组织/合格评定委员会(ISO/CASCO)为了指导各国推行质量体系认证制度，促进各认证机构之间的相互认可，制定了《对供方质量体系进行第三方评定和注册的指南》(以下简称《指南》)，于1986年正式发布，即ISO/IEC指南48。其中明确："本指南规定了若干准则，遵守这些准则可保证评定机构能以可靠的方式实施第三方评定制度，从而有利于国家或国际对评定机构的承认"。《指南》对下述项目规定了具体的准则：申请注册(附有申请表式样)；评定程序；注册文件(认证证书)的颁发；供方注册范围的变更、监督；质量体系的修改；评定机构标记的使用、宣传、保密；注册的误用；暂停注册、纠正措施、撤销注册、体系规则修改的实施。1998年1月22日，17个国家在我国广州首次签署了质量认证国际多边承认协议，标志着质量认证国际互认制度正式运行。通过签订质量认证国际多边承认协议，一方面可以提高签约国相应ISO9000质量认证证书的权威性和有效性，促进和实现签约国相应ISO9000质量认证证书的国际互认，避免或减少签约国组织为开展国际贸易而申请ISO9000认证，减轻组织负担，提高国际贸易的效率，从而有利于消除非关税贸易技术壁垒。另一方面，由于加入国际认可论坛多边承认协议并保持签约方地位具有严格的条件，签约前需要按国际准则接受国际认可论坛全面的同行评审，签约后还需要继续接受国际认可论坛的监督性同行评审，可以起到监督有关国家改进和提高质量体系认证和认可水平，保证认证的质量，进而对全世界ISO9000认证的持续、健康、有效和有序的发展产生积极的作用。

我国自1992年开展质量管理体系认证工作以来，企业开展认证工作已经由初期的政府推动，转向现在的自主参与；由初期的被动认证，转向主动要求认证。同时，企业对认证及认证机构(包括认证人员)的要求也越来越高。第一，大多数企业认识到，认证是国际通行的规范管理、促进发展的重要手段，是企事业单位包括政府机关等组织提高管理与服务水平、保证产品质量、提高竞争力、消除技术壁垒的有效方式。开展认证认可工作，对于从源头上确保产品质量、规范市场行为、指导消费、保护人民生命健康、促进贸易发展都具有重要作用。第二，大多数企业认识到，认证是企业自身管理的需要。现代企业管理包含了质量管理、环境管理、职业健康安全管理、财务管理、人力资源管理、市场/客户管理、投资/风险分析管理、信息管理等，所有这些构成了企业全面管理体系(综合管理体系)。如果把认证工作同企业的综合管理有机地结合起来，就确实对企业管理有所帮助，而不是增加负担。第三，由于管理意识和要求的提高，越来越多的企业对认证机构的选择更加理性。据不完全统计，截至2012年年底全球获得质量管理体系认证的企业或组织远超过100万家，其中中国已有几十万家各类组织获得质量管理体系认证证书。

二、质量管理体系认证的制度

我国质量管理体系认证实行国家认可制度，为建立统一的认可制度，国家于2000年成立了中国合格评定国家认可中心，2006年国家认证认可监督委员会依据《中华人民共和国认证认可条例》的规定，批准设立了中国合格评定国家认可委员会(CNAS)，统一负责对认证机构、实验室和检查机构等相关机构的认可工作。合格评定一词最早由国际标准化组织（ISO）所使用，即 1985 年 ISO 理事会将其所设立的认证委员会改名为合格评定委员会，但没有给出合格评定的定义。1993 年关贸总协定在其修订的《贸易技术壁垒协议》中给出了合格评审程序的定义，ISO 采用此定义，对合格评定定义如下：与直接或间接确定相关要求被满足的任何有关的活动。国际标准化组织所述的合格评定主要包括认证和认可两类。

认证：第三方依据程序对产品、过程或服务符合规定的要求给予书面保证。

认可：一个权威团体依据程序对某一团体或个人具有从事特定的能力给予正式承认。

比较认证和认可两个定义，两者的主要区别如下。

(1) 认证是由第三方进行的，认可是由权威团体进行的。第三方是独立于第一方和第二方之外的一方，同第一方和第二方在行政上无隶属关系，在经济上无利害关系。认证工作应由具有第三方地位的团体进行，以确保认证结果的公正性；权威团体（或称官方团体）是由政府部门授权组建的一个组织，强调认可应由这样的组织进行是为了确保认可的权威性。

(2) 认证是书面保证，认可是正式承认。保证的含意是确信，书面保证是通过由第三方认证机构颁发的认证证书使有关方面确信经认证的产品或质量管理体系符合规定要求。正式承认意味着经批准准予从事某项活动。例如，一个经国家认可委员会认可的认证机构是一个依据程序规定经批准准予从事认证活动的机构，其认证的结果将得到国家的承认。

(3) 认证是证明符合性，认可是证明具备能力。经认证的产品是由第三方认证机构证明产品符合特定产品标准的规定，经认证的质量管理体系是自第三方认证机构证明该质量管理体系符合标准的要求。经认可的认证机构表明该机构具有从事特定任务（如质量管理体系认证、产品认证、质量管理体系审核、产品检验）的能力；经认可的审核员（注册审核员）则表明该审核员具有从事质量管理体系审核的能力。

三、质量管理体系认证的特征

质量管理体系认证是认证的一种类型，按照前面介绍的“认证”的定义，质量管理体系认证具有以下特征。

(1) 认证的对象是质量管理体系，更准确地说，是组织质量管理体系中持续影响按顾客的要求提供产品或服务的能力的某些过程，即保证顾客满意的能力。

(2) 实行质量管理体系认证的基础首先需要有关质量管理体系的标准。国际标准化组织发布的 ISO9001《质量管理体系　要求》为各国开展质量管理体系认证提供了基础，我国等同采用的 GB/T19001 为我国组织建立质量管理体系提供了国家标准。申请认证的组织应以标准为指导，建立适用的质量管理体系，认证机构则按标准中的质量管理标准进行检查评定。

(3) 鉴定质量管理体系是否符合标准要求的方法是质量管理体系审核。由认证机构派注册审核员对申请组织的质量管理体系进行检查评定，提交审核报告，提出审核结论。

(4) 证明取得质量管理体系认证资格的方式是质量管理体系认证证书和体系认证标识。证书和标志只证明该组织的质量管理体系符合质量管理体系标准，不证明该组织生产的任何产品符合产品标准。因此质量管理体系认证的证书和标识都不能用于产品，不能使人产生产品质量符合标准规定要求的误解。

(5) 质量管理体系认证是第三方从事的活动。第三方是指独立于第一方和第二方之外的一方，与第一方和第二方既无行政上的隶属关系，又无经济上的利害关系。强调体系认证要由第三方实施，是为了确保认证活动的公正性。

第二节　质量管理体系认证的依据和流程

一、质量管理体系认证的依据

（一）GB/T 19001—2008（ISO9001）《质量管理体系　要求》标准

GB/T 19001—2008《质量管理体系　要求》是实施质量管理体系认证的依据。目前，ISO9001：2015 版的标准已经在 2015 年 9 月 23 日发布实施，但是我国还没有将之转化为我国的推荐性国家标准。待此新的国家推荐标准出台后，原来的 GB/T 19001—2008 将作废。因此在过渡期间，需要做好转版准备。

（二）质量手册、程序文件和其他相关质量管理体系文件

这是组织根据 GB/T 19001—2008 的要求编制的文件。它对组织质量管理体系的建立、实施和改进提供强制性指令和具体动作的指导，一旦发布就是组织质量管理的法规。另外，质量方针、质量目标和其他政策如质量承诺等也应该作为审核准则，它们一般反映在质量管理体系文件中，但也可以其他形式存在。

（三）适用于组织的法律法规和其他要求

我国关于产品、服务和工程质量有着相应的法律法规要求，如《产品质量法》《农产品质量安全法》《食品安全法》等，组织应该遵循这些法律法规要求。它们也是审核的依据之一。

另外，如食品、医疗、核能等与安全、卫生、健康密切相关的领域，当某一独立机构被政府部门授权时，可以评价组织的质量管理体系是否满足法规或法律要求，此时，这些与质量管理体系要求相关的法律法规要求也是审核认证的依据。

二、质量管理体系认证的流程

（一）质量管理体系认证前的准备

组织按 ISO9000 族标准进行质量管理体系认证，是组织的战略性决策。因为 ISO9000 族标准是国际上通用的质量管理标准，是总结了世界各国特别是发达国家的质量管理经验而成的，它体现了当今世界先进的质量管理思想，如以顾客为关注焦点，应用 PDCA 循环持续改进产品质量特性和体系的有效性，强调以人为本，强调领导作用是确定组织的宗旨和方向并创造一个使员工充分参与实现组织的质量方针、目的的内部环境等。ISO9000 族标准虽然是一个基础性的管理标准，但对我国的组织来说，贯彻仍是一个变革，需要组织的领导下决心并亲自参与，组织按照 ISO9001 标准建立质量管理体系，进行认证前一般可按以下阶段进行工作。

1）质量管理体系策划阶段

（1）培训先行。建立完善的体系是一个始于教育、终于教育的过程。所有与产品质量形

成有关的人员都要有顾客意识教育、持续改进意识教育，进行相关的职责培训。培训可分以下几个层次。

领导层(包括中层领导)人员应对标准有一定的理解，需要了解管理思想的发展，特别是对领导作用的理解，要知道自己应参与哪些工作，如何进行体系策划；

体系的骨干包括文件的编写人员、内审员，应准确掌握标准要求，有一定的管理经验和文字水平，掌握审核的技巧和方法；

操作人员应根据体系文件贯彻学习，清楚本岗位的职责(如何做、如何编写文件、记录等)和本岗位的相关工作及重要性。

(2)建立贯彻认证的组织机构。贯标设计组织方方面面，需要有专人负责。例如，成立以最高管理者为组长的领导小组，应委托管理者代表具体负责体系的建立，必要时还应设立办事机构。

(3)制订出贯标认证的工作计划。

2)体系设计阶段

(1)首先组织应确定在市场中的定位，即确定产品与顾客，确定与产品相适应的经营宗旨，体现对顾客的承诺，持续改进的承诺及有适宜的质量方针、目标。

(2)确定实现质量方针、目标所需要的过程，包括过程的职责、所需的资源及控制的方法。

(3)确定体系的范围(可依据标准进行合理的删减)。

(4)明确各部门及各级各类人员的质量职责、权限及相关关系。

3)体系文件的编写阶段

(1)指导思想：组织需要建立文件化的体系，而不是只建立体系文件。编制体系文件不是目的，而是一种手段。通过文件，制定方法，然后按文件试运行，这样有利于体系的实施、保持和改进。因此，体系文件的方式和详略程度必须结合组织的规模，产品的复杂程度和人员的素质等综合考虑，不能盲目照搬照抄。

(2)整理、分析现有管理文件，对以前行之有效的文件要尽量保留，不要推倒重来。

(3)制订编写体系文件的规划和编写计划。

(4)按规定进行文件的审查、会签和批准，特别是批准前的会签，组织相关部门认真讨论，对不一致的理解，应通过协商达成一致。

4)体系运行和评价

(1)可召开一个体系文件实施动员大会，以引起全体员工的重视，然后是广泛、深入地分层次培训。

(2)运行 3 个月后，应进行一次内审和管理评审，对体系应进行自我诊断和自我评价，体系运行正常、有效时，就可以请认证中心派审核组进行现场审核(认证合同可以在体系设计阶段、确定产品范围之后签订)。

组织可以聘请咨询机构的咨询师进行指导。咨询工作应从组织的培训和体系策划开始，到通过认证机构的现场审核结束。

5)体系的持续改进　组织一旦获得认证成功，说明组织对体系的运作基本符合 ISO9000 质量管理的要求，没有重大不合格项目。在继续执行体系规定的同时，要不断发现问题并不断改进。在体系的日常运作中，组织的贯标办仍要严格按照标准要求进行持续审核、持续改进，以求不断完善组织的运作体系，提高组织的运作功效。

(二)质量管理体系认证过程的实施

质量管理体系认证的实施过程分为两个阶段：一是申请和评定阶段，其主要工作是受理申请并对组织的质量管理体系进行审核和评定，决定能否批准认证并颁发认证证书；二是对获证组织的质量管理体系进行日常监督管理，使获证组织的质量管理体系在认证有效期内持续符合 ISO9001 的要求。具体质量管理体系的认证可分为以下阶段实施。

1)正式申请　申请者按照规定的内容和格式向认证机构提出书面申请，提交质量手册和标准明示要求的文件化程序，并附程序文件和其他主要文件的清单。如果质量方针、质量目标和其他政策未反映在质量手册中，则也应送审。送审的质量手册应符合 GB/T 19001 相关条款的要求。如果送审的质量手册和其他文件不能覆盖并满足标准要求，则应补充送审或修改相应质量管理体系文件。

认证机构在收到认证申请之日起 60 天内作出是否受理申请的决定，并书面通知申请者，如果不受理申请应说明理由。

2)组成审核组　认证机构指派审核组，审核组的正式成员应为注册审核员，其中至少应有一名注册主任审核员，必要时可聘请技术专家协助审核工作。他们在审核组长的指导下开展工作，审核委托方或受审核方有权利就审核组成员提出合理的更换请求。

3)初访　初访应由审核方提出，通常与受审核方共同商定进行。初访的目的主要有以下几点。

(1)为文件初审收集进一步的信息。GB/T 19001 关于文件化要求比较灵活。组织不少质量管理体系文件是在现场，并未要求送审或者不可能全面送审。可以通过初访对组织质量管理体系文件有总体及进一步的了解。

(2)对记录和内审报告的审查往往可在初访时进行，主要是评价质量管理体系是否建立、运行并建立自我评价的机制，以及是否具备正式审核的条件。

(3)为确定审核范围包括对产品实现过程的删减是否合理，也需要在初访中与被审核方协商解决。

(4)为制订审核计划和确定审核资源收集资料和信息，GB/T 19001 标准更强调了过程，审核计划也应重视对过程，特别是对产品质量有直接影响的重要过程的审核。因此，除了解组织一般的规模、布局、产品范围外，主要的产品实现过程、工艺路线及其职能分配等信息更为重要。

4)文件审核　文件审核是对组织质量管理体系文件的审查。它的主要目的是评价质量管理体系文件是否满足审核目的、范围和审核准则的要求，以确定受审方是否具备认证条件。文件审核主要是判断质量管理体系各过程是否予以识别并适当表述、过程职责是否予以分配。通常文件审核分为文件初审和现场审核时的文件审查。文件初审检查质量管理体系文件与认证标准的符合性和充分性，现场审核时重点审查质量管理体系文件的适宜性和可操作性。

5)现场审核

(1)首次会议：审核组应该与审核方管理者和受审核职能部门的负责人召开首次会议。首次会议应由审核组长主持，并涉及以下内容：①彼此介绍参与人员，包括对各自职责的简单介绍，并且鼓励在审核过程中积极参与；②对审核目的和范围进行确认；③就审核的时间安排与受审核方的其他相关安排达成一致意见，诸如末次会议的时间、与受审核方管理者举行的中间会议及任何可能的更改；④对审核方法和程序的简短说明；⑤确认审核组与受审核方的正式沟通渠道；⑥确认审核组所需的办公设施和资历资源；⑦确认对有关保密信息的措施；⑧确认与审核组有关的人身安全、对紧急情况的处理和保安方面的程序；⑨确认在审核期间，审核组应随时告知受审核方审核进展情况，如果审核组认为可能无法实现审核的目的，审核组长应与受审核方和审核委托方讨论相应的原因；⑩确认向导的提供、作用和标识，在许多情况下，审核组根据审核的目的和范围采取简化的方法完成以上内容。

⑵参观：审核组对审核的组织进行一般性参观，目的是取得一般印象，为下一步的审核做准备。

⑶信息的收集和验证：信息应予以收集，使审核组能确定审核目标是否可以达到。审核员应对审核过程中收集的信息进行验证，必要时可利用其他信息源。经验证的此类信息作为审核证据。信息可通过不同的方式从多种渠道获得并予以验证。例如，面谈；对活动周围的工作环境与条件的观察；文件，如方针、目标、计划、形成文件的程序、作业指导书、许可证件、规范、图样和订单；记录，如查阅记录、会议记录、顾客投诉报告或意见本、审核报告、监控方案和现有的测量结果；数据的汇总、分析、图表和业绩指标；来自其他方面的报告，如顾客反馈、外部报告和零售商的评价；相关抽样方案的水平和确保对抽样和测量过程实施有效质量控制的程序。

6）审核发现　对所收集的证据，应根据审核准则进行评价，以形成审核发现。审核发现可为符合项或不符合项。对未满足规定要求的不符合项应以清晰和简明的方式加以识别和记录，并得到受审核方的理解和审核的支持。引起不符合项的原因有：质量管理体系文件不符合质量管理标准的要求，质量管理体系文件的规定没有执行；执行的结果未产生应有的效果或未产生应有的输出。对不符合项的陈述应具有再现性、违反什么规定及不符合的严重程度方面的内容。

不符合的严重程度一般分为严重和轻微两级。严重不符合是指明显不符合质量管理标准的要求，如某一体系过程系统性失效；或者一个体系中有相当数量的轻微不符合项；或者缺少某一体系过程。轻微不符合是指被发现的不符合属于个别的、偶然的问题。

7）评定　审核组成员研究审核情况，对审核结果作出实事求是的评价，评价结果应有明确结论，即推迟推荐或不推荐。对于推荐的，应指出进一步改进提高的方向；推迟推荐的，要明确指出不符合要求的地方，指出改正的方向和改正的期限；不推荐的，应明确说明理由。

8）末次会议　由审核组长主持的末次会议应与受审核方的管理者及对受审核的职能负责的人员共同举行。末次会议的目的是以会议的方式提出审核结论，以确保审核结论得到受审核方清楚的理解和确认。

审核组应提出审核发现和审核结论。审核组和受审核方之间存在任何尚未解决的意见分歧均应予以讨论，只要有可能均应予以解决。如未能解决，双方的意见应予以记录。

9）审核的完成及注册批准　自 2008 年下半年起，质量管理体系认证的初次审核分两阶段进行。审核完成后认证机构审查审核组提交审核报告，对符合规定要求的企业予以批准注册并颁发注册证书，注册证书的有效期一般为 3 年。体系认证机构应公布证书持有者的注册名录，其内容应包括注册的质量管理标准的编号及其年代号和所覆盖的产品范围。

10）获得证书后的监督管理

⑴标志的使用。体系认证书的持有者应按体系认证机构的规定使用其专用的标志，不

得将标志使用在产品上，防止顾客误认为产品获准认证。

(2)通报。证书的持有者改变其认证审核时的质量管理体系，应及时将更改情况报告认证机构。认证机构根据具体情况决定是否需要重新评定。

(3)监督审核。认证机构对证书持有者的质量管理体系每年至少进行一次监督审核，以使其质量管理体系继续保持。通过对证书持有者的质量管理体系的监督审核，如果证实其体系继续符合规定要求时，则保持其认证资格。如果证实其体系不符合规定要求时，则视其不符合的严重程度，由认证机构决定暂停使用认证证书和标志或撤销认证资格，收回其体系认证证书。

(4)换发证书。在证书有效期内，如果遇到质量管理体系标准变更，或者体系认证的范围变更，或者证书的持有者变更时，证书持有者可以申请换发证书，由认证机构决定是否作必要的补充审核。

(5)注销证书。在证书有效期内，由于体系认证规定或体系标准变更或其他原因，证书的持有者不愿保持其认证资格的，体系认证机构应收回其认证证书，并注销认证资格。

第三节 质量管理体系认证的作用与意义

一、质量管理体系认证的作用

通过质量管理体系认证，获证的企业或组织在提高管理水平、保证产品质量、降低废品率、增强市场竞争力、提高企业信誉和知名度、扩大出口等方面，显示出较大优势，收益显著。归纳起来有以下几个方面的作用。

(一)全员参与，人人有责

专家把现代质量管理比作“木桶效应”。木桶的储水量同每一根木条有关，缺一不可；而质量管理同木桶一样，产品质量的好坏同影响质量的各个环节有关，生产环节一环扣一环，紧密相连。一步不到位，都会影响到产品的最终质量等级。因此，体系认证有利方面有以下两个。

(1)通过全员培训，提高员工素质；鼓舞士气，增强工作积极性；人人参与，增强内部团结和凝聚力。因为在建立和实施产品和体系认证过程中有大量的工作及问题需要解决，所以必须要有一个强有力的领导机构、一个强有力的骨干工作队伍和具有较高质量意识的员工的共同配合，才能有效、有条不紊地完成各项工作。例如，体系文件的编写工作，工作量大，并且涉及与体系有关的各个部门，因此只有集思广益，发动集体的智慧，才能较快地、较好地完成编写工作。在贯标过程中，通过对标准的宣传和贯彻、对体系文件编写人员的培训和对全体员工进行普及培训的方式，强化质量意识，使职工既要认识质量的重要性，又要认识到产品的质量同每一个人有关，要求全员参与、人人有责。各部门、各级员工必须充分配合，团结协作，发挥整体作战精神，才能有效地建立并保持体系的正常运行，可以说整个体系的建立和保持饱含了企业全体员工的心血和智慧，是全体员工日夜辛劳结出的硕果。

(2)锻炼管理队伍。通过实施产品和体系认证，使一代企业管理人才在认证过程及认证后的管理工作中学会运用国际先进的企业管理方法，不仅对当前的管理工作，也对今后的发展培养了业务骨干，为企业的更大发展奠定了人才基础。

(二)文件化的特点，通过文件控制进行有效管理

一般企业在接受认证前都有指导工作的程序，但由于缺乏可行性、适用性、系统性，不能有效地指导工作，致使工作杂乱无章，低质低效，缺乏系统、完整、规范的工作标准和文件的有效管理，过期文件、失效文件滞留现场，随意性、口头性指令过多，导致工作接口及职责不明确。从体系文件的编写开始就注意文件的可操作性、系统性、科学性；通过文件控制程序，有效地保证了各部门的有效性；定期修改手册，确保了体系文件的适用性；做好记录，以便验证体系运行是否有效。

1)分清职责和权限，提高管理水平及效率　一般管理体系存在缺陷，主要表现在职责和权限划分不清、纵横两个方向联系受阻，使原有的机构设置受阻，在管理中出现“管理死角”、“扯皮现象”，工作行为不规范，生产过程中出现质量事故、废品率高等。通过建立质量体系，详细而明确地规定各个部门、各个岗位职责及权力，以及相关接口处的职责，并且建立健全了可操作的质量工作程序及作业指导书，有贯穿于各个层次的产品质量保证链，既改善了活动本身的运行质量，又改善了部门之间的协调，减少不同部门重复工序的发生，增强各部门之间的沟通，大大提高了各部门内部与外部之间的运作清晰度及对问题作出反应的速度，从而提高了运作效率，降低了质量成本。

2)提高现场管理水平　生产现场是各项管理工作的交叉点，因此现场管理一直是管理工作的重点和难点。建立健全质量体系后，质量管理的各项工作分别归属于一定的要素，而每个要素由相应部门负责，并通过统一的标识，使现场管理的脉络清晰、责任明确，便于考核，大大提高了整个生产状况的透明度。

(三)“事前预防”而非“事后检验”

通过预防不合格现象的发生，能够有效地保证产品质量。由于产品和体系认证要求不仅局限于依赖产品的最终质量检验来控制，而是通过对涉及影响产品质量的各个过程控制，包括设计开发、材料采购、工艺策划、生产制造、检验试验、包装贮存、销售运输、安装服务等各个环节进行整体控制。因此企业获得了产品和体系认证证书，那就意味着其生产的产品已经通过了国家认可的实验室按照某个标准进行的检测，其生产厂的质量体系也经过认证机构的严格审核，能够保证持续地生产符合标准的产品。

1)提高生产率　通过执行标准，把质量责任从质量控制人员转到生产人员，激发了生产人员的积极性与创造性。他们都清楚地知道自己应该做什么、怎么做，生产的条理性得到加强，设备故障减少、利用率提高，生产事故减少、生产率明显提高。

2)提高产品合格率，降低生产成本　现代质量管理的一个重要原则，是要以最佳的质量成本，生产满足用户要求或符合规定的质量要求的产品。所以一个好的产品，应该是成本与质量达到最佳平衡的体现。“预防为主”的精神从始至终贯穿在体系中，所以能够大大降低生产成本。通过培训，提高企业员工的整体素质，加强职工的“质量意识”、“用户意识”，“一次成功”、“不合格品不进入下一道工序”这样的要领能够并已经被认证企业的员工普遍接受，就保证了建立的操作体系能有效运行，从而使废品和返工率大大减少，生产成本大大降低。

(四)持续稳定地改进产品质量

通过对所建体系不断地进行符合性、适应性及有效性的判断与证实，进行纠正预防措施的实施和验证，及时发现体系运行中存在的问题，保证所有的不符合项和质量问题能得以快速有效地纠正。内部审核能够不断检验质量体系文件的先进性、适应性，并加以纠正。通过企业总经理亲自组织和主持管理评审活动，评价企业的质量方针、质量目标的适宜性和质量体系的有效性。简而言之，首先预防问题发生，万一出现问题时，立即采取措施改正这些问题，并确保不再发生。此外，认证机构定期对企业进行监督审核，更好地保证了产品质量能够保持稳定、有效，并得以不断改进，循环上升。

(五)减少客户的投诉，留住老客户，吸引新客户

获得产品和体系认证有助于减少客户的投诉，留住老客户，吸引新客户。有效地防止类似的投诉再次发生，迅速圆满地解决投诉，增强了企业信誉，挽留现有客户，并通过现有客户的口头宣传，吸引新的客户。一旦客户提出索赔，产品标识和可追溯性及质量记录在许多情况下也可以作为对有问题货物的索赔的辩护。

(六)增加产品附加值

获得产品认证和体系认证证书，加贴产品认证标志，就意味着该企业能够持续稳定地生产被国家级认证机构认证为安全的、符合国家相应的质量标准的产品，这无疑会增加产品的附加值，增强消费者和需方对该产品的信心，提高企业的形象，有助于产品的销售，给企业带来更大的经济效益。

(七)提高企业知名度，增强企业信誉和竞争力，为企业扩大出口提供了有利的条件

许多政府部门、需方采购招标时或保险机构受理产品保险时，把制造商是否具备产品认证证书和体系认证证书作为购买产品的先决条件，认为企业进行产品和体系认证是企业对质量的投入，是企业能按买方的要求提供高质量的产品和服务的能力和实力的保证。购买获得产品和体系认证的产品可以减少购货的风险，降低自己的质量控制成本，可以向用户表明自己保证货物品质的诚意，有利于促销。因此，企业一旦获得产品和体系认证证书，就在国内外市场上树立了良好的形象，取得了产品走向世界的“通行证”，成为企业进入国际市场的有效手段，为拓展企业的境外业务提供了有利的条件。

二、质量管理体系认证的意义

随着科学技术日新月异、突飞猛进的发展，我们生活的社会已经从后工业化社会发展到了信息化社会，由知识经济发展到数字化时代，由区域性贸易发展到国际化贸易，全球经济一体化的浪潮势不可挡，国内经济融入世界经济一体化的进程将进一步加快，我们将面对更加激烈的国际市场竞争，质量、环保和职业安全将成为市场竞争的焦点。进入国际贸易的商品或提供的服务，不但其技术指标和服务标准应符合顾客的要求，而且其生产和服务的过程也应该是可信的。产品或服务质量符合顾客的要求是国际贸易得以实现的客观基础，这已成

为 WTO 的基本规则和国际贸易供需双方的共识。国内企业组织如何应对“入世”后所带来的各种机遇和挑战，如何采用国际先进的科学技术和管理方法来管理我们的企业和组织，不断发展壮大自己，这是我们必须认真思考的重大问题。与此同时，关税的不断降低，国际经济贸易交流日益频繁，世界各国为了保护自己国民经济中的民族产业与人民生活的质量、安全和卫生，往往通过设置各种技术壁垒来限制他国的产品或服务进入本国。如何冲破这种国际贸易中的技术壁垒是人们必须认真考虑的首要问题。在这当中，全面贯彻实施 ISO9000 族国际质量管理体系，开展质量管理体系认证，既是我们应用国际先进科学技术和管理方法的主要内容之一，也是消除国际贸易技术壁垒的有效手段。市场经济是法制的经济，市场经济法则要求的是以质取胜，优胜劣汰。因此，贯彻和实施国际质量管理体系，开展质量管理体系认证可以加强企业或组织的基础管理，提高产品和服务质量，主动适应市场需求，是顾客满意的内在要求；是与国际规范接轨，提高企业市场竞争能力，发展外向型经济的有效途径，同时它还可以保护消费者的利益，维护国家的利益和声誉。

（一）强化品质管理，提高企业效益；增强客户信心，扩大市场份额

经过国家认可的认证机构，对企业的品质体系的审核是非常严格的。对于企业内部来说，可按照经过严格审核的国际标准化的品质体系进行品质管理，真正达到法治化、科学化的要求，极大地提高工作效率和产品合格率，迅速提高企业的经济效益和社会效益。对于企业外部来说，当顾客得知供方按照国际标准实行管理，拿到了 ISO9000 质量管理体系认证证书，并且有认证机构的严格审核和定期监督，就可以确信该企业是能够稳定地生产合格产品乃至优秀产品的信得过的企业，从而有信心与企业订立供销合同，扩大了企业的市场占有率。

（二）获得了国际贸易“通行证”，消除了国际贸易壁垒

许多国家为了保护自身的利益，设置了种种贸易壁垒，包括关税壁垒和非关税壁垒。其中非关税壁垒主要是技术壁垒，技术壁垒中主要是产品品质认证和 ISO9000 质量管理体系认证的壁垒。特别是在“世界贸易组织”内，各成员国之间相互排除了关税壁垒，只能设置技术壁垒，所以，获得认证是消除贸易壁垒的主要途径。

（三）获得了政府采购、招标项目的入场券

目前我国正逐步与国际接轨，推行政府采购，暗箱操作将退出市场经济的舞台。市场竞争将更趋公平化、透明化。政府采购的门槛之一是要求企业通过 ISO9000 质量管理体系认证。此外，越来越多的项目招标、国际采购团采购都把竞标企业通过 ISO9000 质量管理体系认证作为入围条件之一。

（四）节省了第二方（需方或买方）审核的精力和费用

在现代贸易实践中，第二方审核早就成为惯例，又逐渐发现其存在很大的弊端：一方面，一个供方通常要为许多需方供货，第二方审核无疑会给供方带来沉重的负担；另一方面，需方也需支付相当的费用，同时还要考虑派出或雇佣人员的经验和水平问题，否则，花了费用也达不到预期的目的。唯有 ISO9000 认证可以排除这样的弊端。因为作为第一方

的生产企业申请了第三方的 ISO9000 认证并获得了认证证书以后，众多第二方就没必要再对第一方进行审核，这样，不管是对第一方还是对第二方都可以节省很多精力或费用。另外，如果企业在获得了 ISO9000 认证之后，再申请 UL（Underwriter Laboratories Inc）、CE(Conformite Europeenne)等产品品质认证，还可以免除认证机构对企业的品质保证体系进行重复认证的开支。

（五）在产品品质竞争中永远立于不败之地

国际贸易竞争的手段主要是价格竞争和品质竞争。由于低价销售的方法不仅使利润锐减，如果构成倾销，还会受到贸易制裁，因此价格竞争的手段越来越不可取。20 世纪 70 年代以来，品质竞争已成为国际贸易竞争的主要手段，不少国家把提高进口商品的品质要求作为奖出限入的贸易保护主义的重要措施。实行 ISO9000 国际标准化的品质管理，可以稳定地提高产品品质，使企业在产品品质竞争中永远立于不败之地。

（六）有效地避免产品责任

各国在执行产品品质法的实践中，由于对产品品质的投诉越来越频繁，事故原因越来越复杂，追究责任也就越来越严格。尤其是近几年，发达国家都在把原有的“过失责任”转变为“严格责任”法理，对制造商的安全要求提高很多。例如，工人在操作一台机床时受到伤害，按“严格责任”法理，法院不仅要看该机床机件故障之类的品质问题，还要看其有没有安全装置，有没有向操作者发出警告的装置等。法院可以根据上述任何一个问题判定该机床存在缺陷，厂方便要对其后果负责赔偿。但是，按照各国产品责任法，如果厂方能够提供 ISO9000 质量管理体系认证证书，便可免赔，否则可能败诉且要受到重罚。随着我国法治的完善，企业界应该对“产品责任法”高度重视，尽早防范。

（七）有利于国际间的经济合作和技术交流

按照国际间经济合作和技术交流的惯例，合作双方必须在产品(包括服务)品质方面有共同的语言、统一的认识和共守的规范，方能进行合作与交流。ISO9000 质量管理体系认证正好提供了这样的信任，有利于双方迅速达成协议。

复习思考题

1. 简述认证和认可的区别与联系。
2. 质量管理体系认证前需要做哪些准备工作?
3. 质量管理体系认证文件审核的目的和内容分别是什么?
4. 如何开展质量管理体系认证现场审核?
5. 简述质量管理体系认证的流程。
6. 质量管理体系认证有何作用和意义?

第七章　产品质量认证

【本章提要】

产品质量认证，又称产品认证，是依据产品标准和相应的技术要求，经产品认证机构确认并通过颁发认证证书和认证标志来证明某一产品符合相应标准和技术要求的质量活动，也是产品标准实施的监督活动。本章主要阐述了产品质量认证的基本类型、依据和程序，对各种产品质量认证的内容、条件、要求等作出了详细的解释和说明，并通过对比列举出了产品质量认证和质量管理体系认证之间的联系与区别。

【学习目标】

1. 了解产品质量认证的基本类型。
2. 熟悉产品质量认证的一般程序及申请条件。
3. 能够简单阐述产品质量认证和质量管理体系认证的区别和联系。
4. 掌握食品质量安全认证的种类及其内容，能够熟练掌握其认证标志。

【主要概念和名词】

产品质量认证、食品质量安全、无公害农产品、绿色食品、有机食品、HACCP、GAP

第一节　产品质量认证的基本类型

产品质量认证也称产品认证，国际上称合格认证。根据 1991 年实施的《中华人民共和国产品质量认证管理条例》，产品质量认证是依据产品标准和相应的技术要求，经认证机构确认并通过颁发认证证书和认证标志来证明某一产品符合相应标准和相应技术要求的活动。ISO 的定义是：由可以充分信任的第三方证实某一产品或服务符合特定标准或其他技术规范的活动。

《中华人民共和国产品质量认证管理条例》规定：国务院标准化行政主管部门统一管理全国的认证工作；国务院标准化行政主管部门直接设立的或者授权国务院其他行政主管部门设立的行业认证委员会负责认证工作的具体实施。县级以上(含县，下同)地方人民政府标准化行政主管部门在本行政区域内，对认证产品进行监督检查。获准认证的产品，除接受国家法律和行政法规规定的检查外，免于其他检查，并享有实行优质优价、优先推荐评为国优产品等国家规定的优惠。对于违反法律、行政法规、国务院标准化行政主管部门会同国务院有关行政主管部门制定的规章规定的有关认证的行为，依据法律、行政法规和规章的规定进行处罚。

各国都依据本国的国情确定在本国实施产品认证的业务范围和类别，我国产品认证的业务范围与国际产品认证的业务范围是一致的，而产品认证的分类一般依据产品认证的性质和产品认证的对象来划分。

我国的产品认证与国外产品认证类别基本一致，首先是分为强制性的安全认证和自愿性的合格认证两大类。一般来说，对有关人身安全、健康和其他法律法规有特殊规定者为强制性认证，即“以法制强制执行的认证制度”。其他产品实行自愿认证制度。

一、强制性产品认证

（一）强制性产品认证的产品类别

2001 年，我国实施“四个统一”（即统一目录，统一标准、技术法规和合格评定程序，统一标志，统一收费标准）的强制性产品认证制度，并发布了第一批实施强制性产品认证的产品类别，涉及电工、电信、消防、安全防范、机动车、建筑材料、乳胶制品、农用机械、医疗设备 9 个行业类别的 19 类产品，至今已扩展到 22 类，如①电线电缆；②电路开关及保护或连接用电器装置；③低压电器；④小功率电动机；⑤电动工具；⑥电焊机；⑦家用和类似用途设备；⑧音视频设备类；⑨信息技术设备；⑩照明设备；⑪电信终端设备；⑫机动车辆及安全附件；⑬机动车辆轮胎；⑭安全玻璃；⑮农机产品；⑯乳胶制品；⑰医疗器械产品；⑱消防产品；⑲安全技术防范产品；⑳装饰装修材料；㉑玩具；㉒无线局域产品。

（二）强制性产品认证的内容

中国强制认证（CCC）对涉及的产品执行国家强制的安全认证。主要内容概括起来有以下几个方面。

(1)按照世贸有关协议和国际通行规则，国家依法对涉及人类健康安全、动植物生命安全和健康，以及环境保护和公共安全的产品实行统一的强制性产品认证制度。国家认证认可监督管理委员会统一负责国家强制性产品认证制度的管理和组织实施工作。

(2)国家强制性产品认证制度的主要特点是，国家公布统一的目录，确定统一适用的国家标准、技术规则和实施程序，制定统一的标识，规定统一的收费标准。凡列入强制性产品认证目录内的产品，必须经国家指定的认证机构认证合格，取得相关证书并加施认证标志后，方能出厂、进口、销售和在经营服务场所使用。

(3)根据我国入世承诺和体现国民待遇的原则，这次公布的《第一批实施强制性产品认证的产品目录》（以下简称《目录》）覆盖的产品是以原来的进口安全质量许可制度和强制性安全认证及电磁兼容认证产品为基础，做了适量增减。原来两种制度覆盖的产品有 138 种，此次公布的《目录》删去了原来列入强制性认证管理的医用超声诊断和治疗设备等 16 种产品，增加了建筑用安全玻璃等 10 种产品，实际列入《目录》的强制性认证产品共有 132 种。

(4)国家对强制性产品认证使用统一的“CCC”标志。中国强制认证标志实施以后，将逐步取代原来实行的“长城”标志和“CCIB”标志。

(5)国家统一确定强制性产品认证收费项目及标准。新的收费项目和收费标准的制定，将根据不以营利为目的和体现国民待遇的原则，综合考虑现行收费情况，并参照境外同类认证收费项目和收费标准。

(6)新的强制性产品认证制度于 2002 年 5 月 1 日起实施，有关认证机构正式开始受理申请。为保证新、旧制度顺利过渡，原有的产品安全认证制度和进口安全质量许可制度自 2003 年 8 月 1 日起废止。

二、自愿性产品认证

自愿性产品认证可以按产品特性类别划分，如分为工业产品认证、农产品认证、软件和信息产品认证与服务认证四大类。

（一）工业产品认证

至今，我国已先后开展了汽车、水泥、家用电器、食品、防爆电机、安全玻璃、节能产品等工业产品认证。其中节能产品认证是依据相关的标准和技术要求，经节能产品认证机构确认并通过颁布节能产品认证证书和节能标志，证明某一产品为节能产品的活动。

《中华人民共和国节约能源法》(2007 年)明确规定："用能产品的生产者、销售者，可以根据自愿原则，按照国家有关节能产品认证的规定，向经国务院认证认可监督管理部门认可的从事节能产品认证的机构提出节能产品认证申请；经认证合格后，取得节能产品认证证书，可以在用能产品或者其包装物上使用节能产品认证标志"。

节能产品是指符合与该种产品有关的质量、安全等方面的标准要求，在社会使用中与同类产品或完成相同功能的产品相比，它的效率或能耗指标相当于国际先进水平或达到接近国际水平的国内先进水平。

节能产品申请认证的条件：①中华人民共和国境内企业应持有工商行政主管部门颁发的《企业法人营业执照》，境外企业应持有有关机构的登记注册证明；②生产企业的质量体系符合国家质量管理和质量保证标准及补充要求，或者外国申请人所在国等同采用 ISO 9000 系列标准及补充要求；③产品属国家颁布的可开展节能产品认证的产品目录；④产品符合国家颁布的节能产品认证用标准或技术要求；⑤产品应注册，质量稳定，能正常批量生产，有足够的供货能力，具备售前、售后的优良服务和备品备件的保证供应，并能提供相应的证明材料。

1998 年 10 月成立中国节能产品认证中心[中标认证中心(CSC)]，是国家唯一授权开展节能、节水和环保产品认证工作的第三方认证机构。该中心根据国家节能、节水和环保工作的部署，建立了国家节能、节水和环保产品认证制度并组织实施与推广。中标认证中心创建至今已对家用电冰箱、电动洗衣机、微波炉、吸油烟机、自动电饭锅、计算机、管形荧光灯镇流器、彩色电视广播接收机、传真机、配电变压器、建筑外窗、中小型三相交流异步电机等 35 类节能产品进行认证，取得了显著的节能成效。

2007 年，我国又开展了太阳能光伏产品认证。2007 年 3 月 17 日，北京鉴衡认证中心会同国家发展和改革委员会、中国可再生能源发展项目办公室在北京联合召开太阳能光伏产品认证推广发布会。无锡尚德太阳能电力有限公司、宁波太阳能电源有限公司、深圳市能联电子有限公司等 12 家企业的光伏产品首批通过认证，在其获证产品上加施"金太阳"认证标志，并已着手开展风能认证和节能环保型汽车认证。

2007 年 12 月，财政部与国家发改委发布了《节能产品政府采购实施意见》及首批"节能产品政府采购清单"，共 33 大类 15 087 种，其中空调机、双端荧光灯和自镇流荧光灯、电视机、电热水器、计算机、打印机、显示器、便器、水嘴 9 类产品为政府强制采购的节能产品。

（二）农产品认证

目前，我国的农产品认证主要是有机产品认证、无公害农产品认证等，介绍如下。

1. 有机产品认证 有机产品是指在生产和加工过程中不使用农药、化肥、激素等人工合成物质的绿色食品和生态环保型食品，包括粮食、蔬菜、水果、奶制品、畜禽产品、水产品、饮料、调料等。

以生态友好和环境友好技术为主要特征的有机农业，是已经被很多国家作为解决食品安全、保护生物多样性、进行可持续发展等一系列问题的一条可实践途径。以有机农业方式生产的安全、优质、环保的有机食品和其他有机产品，越来越受到各国消费者的欢迎。为推动和加快我国有机产业的发展，保证有机产品生产和加工的质量，满足国内外市场对有机产品日益增长的需求，减少和防止农药、化肥等农用化学物质和农业废弃物对环境的污染，促进社会、经济和环境的持续发展，根据联合国食品法典委员会(CAC)《有机食品生产、加工、标识及销售指南》(GL32—1999，Rev.1—2001)和国际有机农业运动联合会(IFOAM)有机生产和加工的基本规范，并参照欧盟有机农业生产规定(EEC No.2092/91)及其他国家(德国、瑞典、英国、美国、澳大利亚、新西兰、日本等)有机农业协会和组织的标准和规定，结合我国国情先后制定了《有机产品认证管理办法(2005)》(以下简称《办法》)和《有机产品认证实施规则(2005)》(以下简称《规则》)。

现依据上述《办法》和《规则》，简介有机产品认证如下。

1)*有机产品的认证范围* 目前我国有机产品的认证范围为下列9个方面的产品：未加工的农作物产品；畜禽及未加工的畜禽产品；用于人类消费的农作物、畜禽的加工产品；饲料、配合饲料及饲料原料；水产养殖及其产品；纺织品；肥料和植物保护产品；蜜蜂和蜂产品；野生植物产品。

2)*有机产品认证及其主要目标* 有机产品认证是由经过授权的认证机构依据其相关的法规或条例,以有机产品认证证书的文件形式予以确认的某一明确定义的生产或加工体系。它以规范化的检查为基础，包括实地检查、质量保证体系的审核和终产品的检测。通过有机产品认证要达到下列9个目标：生产优质产品，满足社会的需求；保持生产体系和周围环境的生物多样性，保护野生动、植物的栖息地；尽可能利用当地生产系统中的可再生资源并促进水资源和其他资源的合理利用和保护；促进耕作系统中生物循环和物质循环，保持和提高土壤的长效肥力；尊重畜禽在自然环境中的生理需要和生活习性；协调种植业和养殖业平衡；发展持续的水产品生产的水生生态系统； 生产可完全生物降解的有机产品，使各种形式的污染最小化；保护生产者和加工者的利益，满足他们的基本需求，努力使整个生产、加工和销售链能向公正性、公平性和生态合理性的方向发展。

3)*有机生产和加工管理体系的要求* 有机产品认证除了要求产品达到规定的有机要求之外，还应执行《有机生产和加工管理体系的要求》。

有机生产和加工管理体系文件应包括：生产基地或加工、贮藏等场所的位置图；形成文件的有机生产和加工的方针和目标；有机生产和加工管理手册；形成文件的生产规程和程序；记录。

这些文件应有效执行并确保在使用处可获得适用文件的有效版本，记录应清晰准确，为生产、加工和经营活动提供有效证据(至少保存3年)。

资源管理：有机生产和加工的经营者应具备有机生产和加工规模与技术相适应的资源。该资源包括满足运作要求的硬件资源和人力资源，如确定从事有机生产和加工的人员具有必要的能力；提供培训或其他措施以满足这些要求；配备内部检查人员。

采购和追踪体系：有机生产和加工的经营者应建立采购体系，确保不使用禁用的和未经许可的生产资料。

为保证有机完整性，有机生产和加工的经营者应建立跟踪系统，保存能追溯实际生产全过程的详细记录(如施肥、除草、病虫害防治、收获的日期和形式，农业投入物记录，天气条件等)。

内部检查：有机生产和加工的经营者应按一定的时间间隔进行内部检查，以确定有机生产和加工管理体系及其生产是否符合要求并得到有效实施与保持。

改进：有机生产和加工的经营者应利用有机生产和加工的方针和目标、检查结果、纠正和预防措施，持续改进其有机生产和加工管理体系的有效性，促进有机生产和加工的健康发展。

作物生产中应符合：农场范围即边界清晰、所有权和经营权明确的农业生产单元；平行生产即确保具体明确区分有机产品与常规产品；转换期，一年生作物的转换期一般不少于 24 个月，多年生作物的转换期一般不少于 36 个月；缓冲带，即有机和常规生产区域之间必须设置缓冲带或物理障碍物，以保证有机地块不受污染；作物品种的选择，应尽量使用有机种子和种菌，禁止使用包衣种子和任何转基因作物种子；作物栽培；病虫草害防治；污染控制；水土保持和生物多样性保护。

贮藏、运输、包装和标识：贮藏产品的仓库必须干净，无虫害，无有害物质残留，在最近一周内未经任何禁用物质处理过。有机产品应单独存放，如果不得不与常规产品共同存放，必须在仓库内划出特定区域，采取必要的包装、标签等措施确保有机产品不与非认证产品混放。产品出入库和库存量必须有完整的档案记录，并保留相应的单据。

运输工具在装载有机产品前应清洗干净，在运输和装卸过程中，外包装上的有机认证标志及有关说明不得被玷污或损毁。运输和装卸过程必须有完整的档案记录，并保留相应的单据。

包装应简单、实用、避免过度包装，并应考虑包装材料的回收利用。提倡使用由木、竹、植物茎叶和纸制成的包装材料，允许使用符合卫生要求的包装材料，允许使用二氧化碳和氮作为包装填充剂。

获得认证的产品可以使用认证机构的有机认证标志。由多种原料加工成的产品，必须在产品的外包装上按照由多到少的顺序逐一列出添加剂在内的各种原料的名称及所占的重量百分比，并注明哪些是通过有机认证。获得有机转换认证的产品可以使用有机转换标志，但必须在包装上明确注明为有机产品。

在产品的外包装上必须标明生产或加工单位的名称、地址、认证证书号、生产日期批号。在产品的外包装上印刷标志或说明的油墨必须无毒、无刺激性气味。

2. 无公害农产品认证　无公害农产品认证是指产地环境、生产过程和产品质量符合国家有关标准和规范的要求，经认证合格获得认证证书并允许使用无公害农产品标志的未经加工或者初加工的食用农产品认证。

1) 申请　无公害农产品产地应当符合下列条件：产地环境符合无公害农产品产地环境的标准要求；区域范围明确；具备一定的生产规模。

无公害农产品产地认定按照《无公害农产品产地认定程序》的规定执行，无公害产品的认证按照《无公害农产品认证程序》的规定执行，简介如下：申请产品认证的单位和个人，可以通过省、自治区、直辖市和计划单列市人民政府农业行政主管部门或者直接向农业部农产品质量安全中心申请产品认证，并提交以下材料：无公害农产品认证申请书；无公害农产品产地认定证书；产地《环境检验报告》和《环境评价报告》；产地区域范围、生产规模；无公害农产品的生产计划；无公害农产品质量控制措施；无公害农产品生产操作规程；专业技术人员的资质证明；保证执行无公害农产品标准和规范的声明；无公害农产品有关培训情况和计划；申请认证产品的生产过程记录档案；“公司+农户”形式的申请人应当提供公司和农户签订的购销合同范本、农户名单及管理措施；要求提交的其他材料。

2) 审查　中心自收到申请材料之日起，应当在 15 个工作日内完成申请材料的审查；申请材料不符合要求的，中心应当以书面形式通知申请人。

3) 现场检查　申请材料符合要求的，但需要对产地进行现场检查的，中心应当在 10 个工作日内作出现场检查计划并组织有资质的检查员组成检查组，同时通知申请人并请申请人予以确认。检查组在检查计划规定的时间内完成现场检查工作，现场检查不符合要求的，应当以书面形式通知申请人。

4) 抽样检验　申请材料符合要求（不需要对申请认证产品产地进行现场检查的）或者申请材料和产地现场检查符合要求的，中心应当以书面形式通知申请人委托有资质的检测机构对其申请认证产品进行抽样检验。检测机构应当按照相应的标准进行检验，并出具产品检验报告，分送中心和申请人。中心对材料审查、现场检查（需要的）和产品检验符合要求的，进行全面评审，在 15 个工作日内作出认证结论。

符合颁证条件的，由中心主任签发《无公害农产品认证证书》，有效期为 3 年。在证书规定的产品或者其包装上加施无公害农产品标志，用以证明产品符合无公害农产品标准，但应当在无公害农产品认证证书规定的产品范围和有效期内使用，不得超范围和逾期使用，不得买卖和转让。

不符合颁证条件的，中心应当书面通知申请人。

5) 定期或不定期的检查　中心对获得认证的产品应当进行定期或不定期的检查。

获得产品认证证书的，有下列情况之一的，中心应当暂停其使用产品认证证书，并责令限期改正：生产过程发生变化，产品达不到无公害农产品标准的要求；经检查、检验、鉴定，不符合无公害农产品标准的要求。

获得产品认证证书，有下列情况之一的，中心应当撤销其产品认证证书：擅自扩大标志使用范围；转让、买卖产品认证证书和标志；产地认定证书被撤销；被暂停产品认证证书未在规定限期内改正的。

（三）软件和信息产品认证

1. 软件产品认证　软件产品是指一组计算机程序、规程及可能有的相关文档和数据。如以操作系统软件、数据库软件、中间件为代表的基础软件，以办公软件、会计软件、工具软件为代表的应用软件等。

软件产品认证主要是指软件过程能力及成熟度评估（SPCA），软件过程是指用来开发和维护软件及其相关产品的一组活动、方法、实践和转换。软件过程成熟度指一个具体过程被明确定义、管理、测量、控制及有效的程度。一般分成下列 5 个等级。

初始级（等级 1）：软件过程的特点是无秩序的，甚至是混乱的。几乎没有什么过程是经过妥善定义的，成功往往依赖于个人或小组的努力。

可重复级（等级 2）：已建立基本的项目管理过程来策划和跟踪项目的成本、进度和功能，能重复早先类似应用项目取得的成功。

已定义级（等级 3）：进行管理工程活动的软件过程均已文档化和标准化，并已集成到组织的标准软件过程。所有项目均采用该标准软件过程的一个过程批准的剪裁版本，来进行软件的管理、开发和维护等活动。

定量管理级（等级 4）：采集有关软件过程和产品质量的详细的测试数据，软件过程和产品质量均得到定量的了解和控制。

优化级（等级 5）：利用来自新思想、新技术的先导性试验和来自过程的定量反馈信息，以使持续的过程改进成为可能。

软件产品认证是指由评估机构证明软件过程能力及成熟度符合相关技术规范和标准的认证活动。

2. 信息产品认证　我国信息化发展速度越来越快，信息安全面临的形势越来越严峻，情况也越来越复杂。信息安全的威胁来自各个方面，其中信息产品的质量安全是一个突出的问题。随着信息产业的快速发展，信息安全成为世界各国面临的共同挑战。利用互联网实施诈骗事件屡见不鲜，计算机病毒层出不穷，信息系统漏洞、网络窃密、网络攻击、垃圾电子邮件、虚假有害信息内容和网络违法犯罪等问题日趋突出。信息安全产品强制性认证制度的建立和实施将在解决上述问题，维护国家安全、经济安全和社会稳定方面发挥重要作用。

为了采用认证认可手段保障国家信息安全，2006 年 11 月 17 日，我国成立中国信息安全中心（ISSCCC），它是经中央机构编制委员会办公室批准成立，由国务院信息化工作办公室、国家认证认可监督管理委员会等八部委授权，依据国家有关强制性产品认证、信息安全管理的法律法规，负责实施信息安全认证的专门机构。它的主要业务是在指定的业务范围内，对信息安全产品实施认证，要结合产品的信息安全性和应用领域，实行全国统一的认证制度，并采取强制性产品认证和自愿性产品认证两种方式对产品进行认证。

2008 年 3 月，国家质量监督检验检疫总局、国家认证认可监督管理委员会日前联合下发公告，将对边界安全、通信安全、身份鉴别与访问控制、数据安全、基础平台、内容安全、评估审计与监控、应用安全 8 类包括防火墙、安全路由器、反垃圾邮件产品在内的 13 种信息安全产品实施强制性认证。

公告指出，自 2009 年 5 月 1 日起，凡列入本强制性认证目录内的信息安全产品，未获得强制性产品认证证书和未加施中国强制性认证标志的，不得出厂、销售、进口或在其他经营活动中使用。

（四）服务认证

服务产品是服务过程的结果，它通常是无形的，并且也是在供方和顾客接触面上至少需要完成一项活动的结果。

当前的全球产业结构，开始呈现以“服务型经济”为主的发展趋势，服务业发展成为经济增长的重要动力和现代化的重要标志，特别是以金融保险、信息技术、物流等为代表的现代服务业比例在逐渐加大。为了有效地推动社会服务质量的提高，应运用国际通行的认证认可手段，开展服务产品认证。

三、食品质量安全认证

食品质量安全是指食品质量状况对食用者健康、安全的保证程度，主要包括 3 个内容：一是食品的污染对人类的健康、安全带来的威胁；二是食品工业新技术所带来的问题，如食品添加剂、转基因食品等；三是食品标志滥用问题。食品质量安全认证主要有以下几种。

(一)无公害农产品认证

无公害是指有害有毒物质控制在安全允许范围内的产品，具有安全性、优质性、高附加值3个明显特征。

安全性：无公害农产品严格参照国家标准，执行省地方标准，具体有3个保证体系，即生产全过程监控；实行归口专项管理；实行抽查复查和标志有效期制度。

优质性：由于无公害农产品在初级生产阶段严格控制化肥、农药用量，禁用高毒、高残留农药，建议施用生物肥药和具有环保认证标志的肥料及有机肥。严格控制农用水质(要达到Ⅲ类以上水质)。

高附加值：无公害农产品是由省农业环境监测机构认定的标志产品，在省内具有较大影响力，价格较同类产品高。

根据《无公害农产品管理办法》中规定，无公害农产品是指产地环境、生产过程和产品质量符合国家有关标准和规范的要求，经认证合格获得认证证书并允许使用无公害产品标准的未经加工或者初加工的食用农产品。无公害农产品认证的标志如图7-1所示。

图7-1　无公害农产品认证的标志

(二)绿色食品认证

绿色食品是指遵循可持续发展原则，按照特定生产方式生产，经专门机构认定，许可使用绿色食品标志商标的无污染的安全、优质、营养类食品。由于与环境保护有关的事物国际上通常都冠之以“绿色”，为了更加突出这类食品出自良好的生态环境，因此定名为绿色食品。

绿色食品必须具备的条件如下。

(1)产品或产品原料产地必须符合绿色食品生态环境质量标准。

(2)农作物种植、畜禽饲养、水产养殖及食品加工必须符合绿色食品的生产操作规程。

(3)产品必须符合绿色食品质量和卫生标准。

(4)产品外包装必须符合国家食品标签通用标准，符合绿色食品特定的包装、装潢和标签规定。

绿色食品与普通食品相比较，具有以下3个显著特点：其一，产品出自最佳生态环境；其二，对产品实行全程质量控制；其三，对产品依法实行标志管理。

我国规定绿色食品分为AA级和A级两类。AA级是指在生态环境质量符合规定标准的产地，生产过程中不使用任何有害化学合成物质，按特定的生产操作规程生产、加工，产品质量及包装经检测、检查符合特定标准，经中国绿色食品发展中心认定并允许使用绿色食品标志的产品。A级是指在生产过程中允许限量使用限定的化学合成物质，其余与AA级相同。绿色食品认证的标志如图7-2所示。

图7-2　AA级绿色食品认证的标志

（三）有机食品认证

有机农业是指遵照一定的有机农业生产标准，在生产中不采用基因工程获得的生物及其产物，不使用化学合成的农药、化肥、生长调节剂、饲料添加剂等物质，遵循自然规律和生态学原理，协调种植业和养殖业的平衡，采用一系列可持续发展的农业技术以维持持续稳定的农业生产体系的一种农业生产方式。有机食品是指来自于有机生产体系，根据有机认证标准生产、加工，并经具有资质的独立的认证机构认证的一切农副产品，如粮食、蔬菜、水果、奶制品、畜禽产品、水产品、蜂产品及调料等。

图 7-3　有机食品认证的标志

有机食品必须具备以下 4 个条件：原料必须来自有机农业生产体系，或采用有机方式采集的野生天然产品；产品的整个生产过程必须严格遵循有机食品的生产、加工、包装、贮藏、运输标准；有机食品生产和流通过程，必须具有完善的质量跟踪审查体系和完整的生产和销售记录（档案）；必须通过有机食品独立认证机构的认证。

有机食品认证的标志如图 7-3 所示。

（四）HACCP（ISO22000）认证

HACCP 是英文 hazard analysis critical control point 的首字母缩略词，称为“危害分析与关键控制点”。根据 GB/T 15091—1994《食品工业基本术语》，HACCP 定义为：生产（加工）安全食品的一种控制手段；对原料、关键生产工序及影响产品安全的人为因素进行分析，确定加工过程中的关键环节，建立、完善监控程序和监控标准，采取规范的纠正措施。

我国在 20 世纪 90 年代初引进了 HACCP 管理体系，并将其应用于出口食品加工企业之中。现在 HACCP 管理体系已广泛地应用到食品加工企业及相关企业。在 2002 年，国家认监委先后发布了《食品生产企业危害分析与关键控制点（HACCP）管理体系认证管理规定》和关于在出口罐头、水产品、肉及肉制品、速冻蔬菜、果蔬汁、速冻方便食品等 6 类出口食品企业开展强制性 HACCP 体系认证的规定。列入《出口食品卫生注册需要评审 HACCP 管理体系的产品目录》（以下简称《目录》）的企业，必须建立和实施 HACCP 管理体系。各地出入境检验检疫机构负责所辖区域内企业 HACCP 管理体系的验证工作，并根据国外食品卫生管理机构的要求，出具 HACCP 验证证书。国家认证认可监督管理委员会（国家认监委）负责全国 HACCP 管理体系认证认可工作的同一管理、监督和综合协调工作，监督管理 HACCP 管理体系的实施和出入境检验检疫机构的验证工作，负责调整和公布《目录》。企业建立和实施的 HACCP 管理体系可申请 HACCP 认证。经第三方认证机构按照规定评审符合要求的，由认证机构颁发 HACCP 认证证书。

图 7-4　HACCP（ISO22000）认证标志

2005 年 9 月 1 日正式发布了 ISO22000 标准，这个标准的发布将对目前国际上并存的过多的食品安全管理体系标准起到统一的作用。按照国际标准组织(ISO)的观点，ISO22000 确定为确保食品供应链上没有缺陷的连接点。该标准“从饲料生产、初级生产到食品生产商、运输和储藏企业，以及零售分包商和食品服务的出口——与食品内部关联组织，如设备生产商、包装材料、清洁剂、添加剂和配料生产商等都可以采用”。HACCP(ISO22000)认证标志如图 7-4 所示。

(五)GAP 认证

1997 年欧洲零售商农产品工作组(EUREP)在零售商的倡导下提出了“良好农业规范”(Good Agricultural Practices，GAP)，简称为 EUREPGAP；2001 年，EUREP 秘书处首次将 EUREPGAP 标准对外公开发布。EUREPGAP 标准主要针对初级农产品生产的种植业和养殖业，分别制定和执行各自的操作规范，鼓励减少农用化学品和药品的使用，关注动物福利，环境保护，工人的健康、安全和福利，保证初级农产品生产安全的一套规范体系。它是以危害预防、良好卫生规范、可持续发展农业和持续改良农场体系为基础，避免在农产品生产过程中受到外来物质的严重污染和危害。该标准主要涉及大田作物种植、水果和蔬菜种植、畜禽养殖、牛羊养殖、奶牛养殖、生猪养殖、家禽养殖、畜禽公路运输等农业产业。水产养殖和咖啡种植的 EUREPGAP 标准正在制订和完善之中。中国 GAP 认证标志如图 7-5 所示。

图 7-5　中国 GAP 认证标志

第二节　产品质量认证的依据和程序

一、产品质量认证的依据

产品质量认证的依据是认证检验机构对产品质量进行检验、评定所依据的标准和相应的技术要求。由于我国的标准体系中有国家标准、行业标准、地方标准、企业标准，不同产品有不同的特征及特性要求，因此认证机构在开展产品质量认证工作时，主要有以下几类依据。

(1)一般产品开展质量认证，应以具有国际水平的国家标准或行业标准为依据。对于现行国家标准或行业标准内容不能满足认证需要的，应当由认证机构组织制定补充技术要求。对于这一点，《产品质量法》第九条第二款规定：国家参照国际先进的产品标准和技术要求，推行产品质量认证制度。这一规定的目的是为了体现出认证的水平和层次。

(2)我国名、特、优产品开展产品质量认证，应当以经国家质量技术监督局确认的标准和技术要求作为认证依据。

(3)经过国家质量技术监督局批准加入了相应国际认证组织的认证机构(如电子元器件认证委员会、电工产品认证委员会)进行产品质量认证时，应采用国际认证组织已经公布的、并已转变为我国的国家标准或行业标准为依据。

(4)我国已与国外有关认证机构签订双边或多边合作协议的产品，应按照合作协议规定采用的标准开展产品质量认证工作。

二、产品质量认证的一般程序

国内外产品认证机构，尽管都有其自己的产品认证工作程序，但它们一般都采用 ISO/IEC《认证的原则与实践》中所推荐的第五种方式，也就是 ISO/IEC 指南 284《典型的第三方产品认证制度通则》中规定的方式，即通过对产品的质量测试和对产品生产企业质量体系的评审来确定产品是否符合标准，并在认证后对该企业质量体系及从该企业中或市场上进行产品抽样检验进行监督，其一般程序如图 7-6 所示。

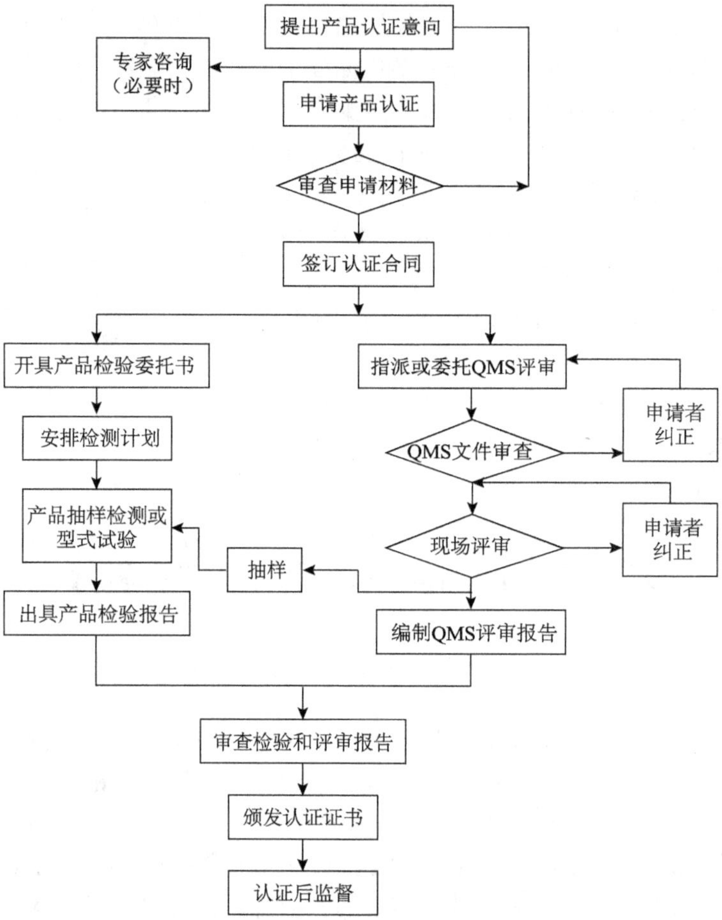

图 7-6　产品质量认证的一般程序

（一）申请阶段

1）提出产品认证意向　申请产品认证的企业要在自评认为具有认证条件时，向已被国家认可的产品认证机构表述申请认证意向，索取有关文件和申请表，了解认证机构的业务范围、工作程序、收费标准等事项。

2）专家咨询　必要时，申请者可邀请有关质量专家咨询，以确认有否具备申请认证的条件，同时进一步完善质量体系，提高产品质量。

3）申请产品认证　依据产品认证机构的业务范围及其权威性等因素选定一认证机构，并向其正式提出认证申请，填写申请书，呈交产品标准、企业质量手册、营业执照、生产和检验设备等材料。

4) 审查申请材料　产品认证机构对申请者的申请表及其材料的完整性、正确性等进行审查，决定是否受理申请。

5) 签订认证合同　如认证机构决定受理申请，则应与申请者签订认证合同，明确各自应承担的责任和义务。如决定不受理，则应当面通知申请者，并说明原因或理由。

（二）评审与检测

认证合同生效后，产品认证机构应从产品质量检测与产品生产企业质量体系评审两个方面进行认证评审和检验。

1) 产品质量检验　认证机构应开具产品质量检测委托书，委托已认可的实验室进行产品质量检测或型式试验，委托书上应明确写清产品名称、型号、抽样方案、检验标准、项目及提交检测报告的时间等要求。

产品质检机构依据上述委托书，安排产品抽样质量检验计划，并按计划抽样，进行检测或型式试验，填写和提交检测报告。

2) 产品生产企业质量体系评审　产品认证机构指派评定组或委托有关质量体系认证机构选配评审组，在对其质量体系文件审查合格后，到企业按合同规定的质量体系标准及企业质量体系文件进行现场评审，并在评审后编制质量体系评审报告。必要时，也可以在现场评审合格后，进行产品抽样，交产品检测机构进行质量检验或型式试验。

如果产品检测和质量体系评审均合格，则可批准颁发产品认证证书，允许在认证证书有效期内使用规定的认证标志。如其中有一个方面不合格，则通知申请者，说明不合格指标和(或)项目，由申请者改进或纠正后自行决定是否再次申请认证。

（三）认证后监督

对已获产品认证证书的企业，认证机构应按年度安排年度产品抽样监督检验和质量体系复审计划。

检测实验室按年度产品抽样监督检验计划，到市场或生产企业进行抽样和监督检查，并在检验后填报产品监督检测报告，呈交认证机构。

质量体系评审组按年度质量体系复审计划，按时到产品生产企业进行质量体系复审，并在复审后编制质量体系审核报告，呈交认证机构。

认证机构审核上述两个报告后，依据规定作出维持、暂停或撤销认证证书的决定，并把决定以书面形式通知申请者。

认证证书有效期满时，申请者应按规定时间重新申请认证。

申请者要扩大认证产品范围，只需如实提出扩大产品的品种、规格或型号的申请，认证机构只需对产品进行检测而可不进行企业质量体系评审。如果提出扩大采用不同标准的产品类别的申请，那么认证机构就必须实施原申请产品认证中没有包含的那些程序。

为了保护人身和动植物生命安全，保护环境，保护国家安全，我国依据法律法规和标准，对部分类型产品实行强制性产品认证制度。对列入强制性产品认证目录中的产品，凡未获得指定产品认证机构的认证证书，未按规定加施产品认证标志，不得进口，不得在工厂销售，也不准使用。因此，生产或销售强制性产品认证目录中产品的企业，应在规定的期限内到指定的认证机构申请 CCC 认证。

第三节　产品质量认证和质量管理体系认证的内容及关系

一、产品质量认证的内容与要求

产品认证的主要环节是确定产品认证的产品类别。明确申请者的基本条件，申请书及资料的审查，产品质量检测或型式试验，申请企业的质量体系评审和产品认证标志的正确使用等，现以强制性产品认证为例叙述其认证内容与要求。

（一）认证的产品类别

我国先后发布了《强制性产品认证管理规定》，《强制性产品认证代理申办机构管理办法》，《强制性产品认证标志管理办法》及《实施强制性产品认证制度有关安排的规定》，并于2001年12月3日，由中国国家质量监督检验检疫总局和中国国家认证认可监督管理委员会(CNCA)联合发布了第一批实施强制性产品认证的19类产品目录，至今已达22类产品，主要涉及以下几个方面：电线电缆、电路开关及保护或连接用电器装置、低压电器、小功率电动机、电动工具、电焊机、家用和类似用途设备(如冰箱、空调、洗衣机等)、音视频设备(不包括广播级音响设备和汽车音响设备)、信息技术设备(如微型计算机、扫描仪、学习机、复印机等)、照明设备(不包括电压低于36V的照明设备)、电信终端设备(如传真机、调制解调器等)、机动车辆及安全附件、机动车辆轮胎、安全玻璃、农机产品、乳胶制品、医疗器械产品、消防产品、安全技术防范产品、装饰装修材料、玩具、无线局域产品。

（二）制定产品认证实施规则

产品认证的产品类别名称及其产品标准确定后，指定的产品认证机构，应制定具体的《产品认证实施规则》，该实施规则的内容至少应包括以下几方面。

(1)运用范围：明确运用的产品。

(2)认证模式：明确采用的认证制度类型。

(3)认证实施的基本要求包括：认证单元划分、产品选择/检测的依据与要求、工厂案件审查依据与要求、认证结果的评价与批准、获证后的监督管理等。

(4)认证证书包括证书的保持、变更、暂停、撤销、经销等。

(5)认证标志包括标志的样式和使用规定。

(6)认证收费，即收费项目和收费标准。

该实施规则的内容应具体明确，符合ISO/IEC导则7和导则28及我国相应法规、规章的要求。

（三）申请产品认证的基本条件

依据我国产品认证法规和规章规定，中国企业、外国企业或者其他申请人申请认证，必须具备以下条件。

(1)中国企业持有工商行政管理部门颁发的《企业法人营业执照》，外国企业持有有关机构的登记注册证明。

⑵产品符合中国规定的国家标准、行业标准及其补充技术要求；或者符合国务院标准化行政主管部门确认的产品认证标准。

⑶产品质量稳定，能正常批量生产，并提供有关证明材料。

⑷企业质量体系符合 GB/T 19000—2008 或者外国申请人所在国等同采用 ISO 9001《质量管理体系要求》的国家标准及其补充要求。

这就是说，申请人必须是具有固定生产经营场所，并经工商等有关部门注册登记了的法人，产品能正常批量生产，质量稳定，符合 ISO/IEC 指南 7《对产品认证用标准的要求》的认证用国家标准、行业标准及补充技术要求，并且已贯彻实施 ISO 9000 族标准，建立有效的质量体系，才有资格向产品认证机构提出认证申请。

实际上，我国各产品认证机构对申请人的基本条件均有具体明确的规定。

例如，依据 CNCA-13C-070：2006《玩具类产品强制性认证实施规则塑胶玩具类产品》规定，塑胶玩具类产品获证条件如下。

⑴产品符合 GB 6675—2014《国家玩具安全技术规范》标准的要求。

⑵工厂质量保证能力符合《玩具类产品强制性认证工厂质量保证能力要求》的规定。

⑶认证委托人、工厂向认证机构作出工厂质量保证能力及产品的符合性声明。

又如，首批获得中国酒类产品认证证书的贵州茅台酒股份有限公司、宜宾五粮液股份有限公司等 29 家企业 115 个单元的产品都是除了根据 CNCA-N-003：2005《食品质量认证实施规则——酒类》及其具体酒类产品认证实施方案（如 CQM/FM_01-35-2005《蒸馏酒产品认证实施方案》）中规定的认证申请条件外，还需出具生产许可证、食品卫生许可证。例如，《酒类产品质量保证能力要求》是获证的基本条件之一，它明确规定如下。

⑴食品质量安全保证要求（含总要求、食品质量安全方针、食品质量安全手册、文件要求等）。

⑵管理职责（含管理承诺、组织结构图和管理权限、管理评审）。

⑶危害分析与关键控制点体系[含 HACCP 小组、危害分析的步骤、确定关键控制点（CCP）及其监控体系等]。

⑷资源管理（含人力资源、基础设施及工作环境、设备、墙壁、地面、天花板和顶上装置、窗户、空调和通风系统等）。

⑸产品实现（含合同评审、产品设计与开发、产品规范、原料采购控制、操作过程控制、特殊处置要求、产品包装、仓储、产品分析、产品放行、运输、可追溯性等）。

⑹运行控制（含个人卫生、工作服、维修保养、水质要求、清洁卫生、隔离要求、废弃物和废弃物的处理、虫害控制、物理性和化学性物品污染风险的控制、金属探测与异物探测的控制、事故管理、不合格品控制、产品召回和撤回）。

⑺监视、验证和改进（含设备和过程的确认、监测设备和方法的控制、投诉处理、内部检查、纠正措施）。

（四）受理认证申请书

申请产品认证的企业应认真准确地填写申请书，主要填写申请单位及申请认证产品的生产企业的名称、地址、联系人、邮政编码、电话等基本情况，申请认证类别、产品名称、规格、型号、执行标准、产量、销售收入等状况，并声明愿遵守我国质量认证法规、规章，接受工厂检查、产品检验和事后监督，按时交纳认证费用。

同时，还应提交申请认证产品生产企业的质量手册、程序文件、营业执照、主要原材料和外协、外购件明细表。

必要时，还要提交企业主要生产设备和检测仪器表，车间以上技术负责人一览表，检验组长以上人员基本情况表等资料。

产品认证机构秘书处对申请书与上述资料应进行真实性、有效性和完整性审查，在确认企业申请手续齐全、资料完整、情况真实、其质量体系已实施3个月以上、具备申请认证条件时，则可受理申请，签发《受理认证申请通知书》，签订认证合同或协议。

（五）产品质量检测或型式试验

产品质量检测或型式试验是依据认证产品标准，由认可的检测实验室按产品认证机构下达的检验委托书对申请认证的产品进行抽样检验或型式试验的产品质量审核活动。一般应抓好下列4个工作环节。

1）产品应按规定随机抽样和组批　认证检验的产品不能由申请人选送，而应由认证机构评审员或认可的检测实验室人员随机抽样和组批，封样后送（或寄）到认证实验室。

随机抽样方法应按GB/T 10111—2008《利用随机数骰子进行随机抽样的方法》等标准或认证产品标准中规定的抽样方法进行随机抽样以确保样本能代替总体。

认证产品组批规则或原则一般由认证产品标准或认证机构的《认证管理办法》确定。例如，汽车用安全玻璃的抽样方法和组批规则就由中国安全玻璃认证委员会制定的《认证管理办法》确定，它根据安全玻璃的种类不同，同种高度厚度的玻璃按其展开面积、横高和曲率半径3个特性参数组成试验批。

2）样品撤封开箱　认证检验机构或实验室在撤除样品封条和开箱前，应对照《封样记录》，认真检查封条和包装状况，确认合格后再启封和开箱，开箱后应对样品仔细检查，确定样品是否完好无损，如发现异常情况，应立即通知认证机构，派人确认和处理，确定是否需重新抽样。

3）审查检验文件和仪器　认证实验室应按认证机构的《产品检验委托书》上规定的标准和（或）补充技术要求，审查检验文件是否齐全、正确、有效，审查检测仪器是否符合规定。

4）按时完成检测试验，提交检验报告或型式试验报告　认证实验室应按认证标准规定的检验或试验方法和程序完成产品检验或型式试验，并填报产品检验报告或型式试验报告。

（六）产品生产和（或）销售企业的质量体系评审

产品认证的质量体系评审员或受委托的质量体系认证机构的评审员对产品生产企业的质量体系评审一般按其质量手册、程序文件及认证机构规定，对产品生产企业在申请产品的范围内进行现场质量体系审核，以验证其质量体系的适用性和有效性。

产品认证的初始评审应对质量体系进行全面系统的审核，获证后的监督评审可采取抽审其中一些重要的质量体系要素或重点审核与产品质量关系密切的企业职能部门实施质量体系的状况，或者根据其顾客投诉等有关质量问题进行针对性的审核。如产品生产销售企业已获质量体系认证证书，并且注册的质量体系与产品认证机构要求评审的质量体系一致（一般为GB/T 19001—2008/ISO 9001《质量管理体系　要求》）并在有效期内，则可确认不作评审，以免重复审核。

(七)产品认证后的监督

《中华人民共和国认证认可条例》及其相关规章都要求认证机构和各级技术监督部门应对获证企业加强监督，并对其各种违法行为进行处罚。

1. 产品认证机构对已认证企业的监督　依据 ISO/IEC 指南 28《典型的第三方产品认证制度通则》，产品认证机构认证后的监督主要是从认证产品的监督检验和认证产品生产企业质量体系的复审两个方面进行。

1)认证产品的监督检验　对认证合格的产品，认证机构应在认证证书有效期内每年安排年度产品质量监督检验计划(一般为每年 1～2 次)，委托认可的检测实验室从认证产品生产企业或从市场上随机抽取产品样本进行监督检验。

认证产品的监督检验应依据认证产品标准及认证机构规定的补充技术要求进行，并如实正确填报产品监督检验报告，无论是否检验合格，均应把检验结果通知认证证书持有者。

如监督检验结果表明产品不符合认证标准的要求，即产品不合格，那么认证机构可根据不合格严重程度决定：责令停止销售，采取纠正和改进措施；暂时停止使用认证标志；撤销认证证书，收回认证标志使用权。

认证产品生产企业还应把产品、制造工艺、生产设备和质量管理等方面可能影响产品质量的任何变更打算及时通知认证机构，以便由认证机构决定是否需要初始检验或型式试验，否则不允许把认证产品和(或)范围放宽到上述变更后生产的产品。

此外，当认证标准修订换版时，认证机构也应依据新标准进行监督检验。

2)认证产品生产企业质量体系的复审　对认证合格的产品生产企业，认证机构还应安排年度质量体系审核计划(一般为每年 1～2 次)，指派质量体系审核员到企业进行现场审核。

监督审核不必全面系统地重新进行质量体系审核，审核的重点一般放在：初次审核或上一次审核时发现的不符合处；与产品质量直接相关的质量体系关键要素；质量体系要素改变之处，如设备更换、人员调换、质量检验设备或仪表改变等。

质量体系复审后应编制审核报告，通知受审核方，如有不合格项，应规定纠正期限，并即时进行跟踪审核。

如发生重要不合格项，或跟踪审核时发现仍无纠正，则可责令限期整改，暂停使用认证标志，严重的也可撤销认证证书，收回认证标志使用权。

此外，认证证书持有者未按认证合同或协议及时交纳认证费用，用户或消费者投诉认证产品有严重质量问题并经查实时，认证机构也可暂停使用认证标志或撤销认证证书，收回认证标志使用权。

一旦认证机构撤销认证证书，收回认证标志使用权后，应通过有关报刊向社会公众告示。

2. 各级地方政府技术监督部门对认证产品及其生产企业的监督　依据《中华人民共和国产品质量法》《中华人民共和国进出口商品检验法》《中华人民共和国认证认可条例》及其相关规章，县级以上地方政府技术监督部门、对本行政区域内的认证产品进行监督检查。

监督检查的重点是：①认证产品质量达不到认证标准，但使用认证标志销售的，可以责令停止销售，并处以违法所得 2 倍以下罚款，并负责包修、包换、包退，给用户或消费者造成损害的，应依法赔偿；②非法转让认证标志，则处以违法所得3倍以下罚款，并对违法单位负责人处以5000元以下罚款；③产品未经认证或认证不合格而冒用认证标志销售的，应责令停止销售和公开更正，处以违法所得3倍以下罚款，并可对违法单位负责人处以5000元以下的罚款。

上述违法情节严重，构成犯罪的，则应依法追究有关人员刑事责任。

伪造、冒用、买卖认证标志或认证证书的，依照《中华人民共和国产品质量法》等法律的规定查处。

但是，地方政府技术监督部门不能自行撤销认证证书和收回认证标志使用权，对上述犯法行为严重者足以撤销认证证书的，应呈报国务院技术监督部门或认证机构，由认证机构撤销认证证书，收回认证标志使用权。

3. 国家认证认可机构的监督 国务院认证认可监督管理部门可以采取组织同行评议，向被认证企业征求意见，对认证活动和认证结果进行抽查，要求认证机构及与认证有关的检查机构、实验室以报告业务活动情况的方式，对其遵守产品认证法规的情况进行监督。发现有违法行为的，应当及时查处，涉及国务院有关部门职责的，应当及时通报有关部门。

重点对指定的产品认证机构及产品检查机构进行监督，对其认证、检查、检测活动进行定期或者不定期的检查。指定的产品认证机构、检查机构应当定期向国务院认证认可监督管理部门提交报告，并对报告的真实性负责。报告应当对从事列入目录产品认证、检查、检测活动的情况作出说明。

CNAS应当定期向国务院认证认可监督管理部门提交报告，并对报告的真实性负责。报告应当对执行认可制度的情况、从事认可活动的情况、从业人员的工作情况作出说明。

国务院认证认可监督管理部门应当对CNAS的报告作出评价，并采取查阅认可活动档案资料、向有关人员了解情况等方式，对CNAS实施监督。

4. 社会监督 任何单位和个人对产品认证认可违法行为，有权向国务院认证认可监督管理部门和地方认证监督管理部门举报。国务院认证认可监督管理部门和地方认证监督管理部门应当及时调查处理，并为举报人保密。

二、产品质量认证和质量管理体系认证的关系

（一）产品质量认证和质量管理体系认证的相同点

产品质量认证和质量管理体系认证都是经济发展的一个产物，都是第三方认证，都审查单位的质量管理体系，都要求企业或单位定期不定期地评价质量管理体系运行的有效性，质量审查的过程相同，都提供认证证书、提供证书注册。

（二）产品质量认证和质量管理体系认证的区别

产品质量认证和质量管理体系认证虽然都是认证活动，并有一定的联系，但两者还是有区别的（表7-1）。关于质量管理体系认证的具体内容请参见本书第六章的介绍。

1. 依据不同 质量管理体系认证是质量管理体系标准。质量管理体系检查的内容包括：组织结构（含产品标识、质量审核），材料零部件（指采购质量），制造（指过程控制），质量控制和试验（含检验和试验，检验、测量和试验设备的控制），质量记录和文件（含文件与资

表 7-1　产品质量认证与质量管理体系认证的对比分析

项目	认证	
	产品质量认证	质量管理体系认证
对象	特定的产品和(或)服务	企业或其他组织的质量体系
认证合格条件	产品质量符合产品标准的规定及有关技术规范的要求；产品生产企业质量体系符合指定的质量保证体系标准	质量体系符合认证合同上规定的质量体系标准
性质	自愿性合格认证和强制性安全认证	一般应自愿，但特殊单位(如军工企业、核电站等)可通过有关法规强制认证
认证合格表达方式	产品认证证书；认证标志	质量体系认证证书；认证机构标志
证书和标志的使用方法	证书不能用于产品，认证标志可用于认证合格的产品、包装和使用说明上	证书和标志均不能使用于产品、包装和使用说明上

料控制和质量记录的控制)。质量管理体系检查只是检查其是否符合质量管理体系标准，是否按质量管理体系文件要求执行，并不检查其文件、记录的真伪。

产品质量认证依据为产品标准和相应技术要求，产品质量认证除检查质量管理体系要求的部分以外,还需要检查单位执行标准和相应的技术条件的执行情况(即是否正确理解了产品标准内容，是否按产品标准要求执行，也要检查其文件、记录的真伪)。

2. 申请条件不同　质量管理体系申请条件：各行各业都可以申请，一个企业、公司、个体都可以。

产品质量认证的条件：符合《中华人民共和国产品质量认证管理条例》第 10 条的规定，中国企业、外国企业均可提出认证申请。

提出申请的企业应当具备以下条件：①产品符合国家标准或者行业标准要求；②产品质量稳定,能正常批量生产；③生产企业的质量体系符合国家质量管理和质量保证标准及补充要求。

3. 目的不同　质量管理体系认证的目的是能够证明被认证的单位建立了符合质量管理体系标准要求的质量管理体系，并能有效地运行，使用户相信单位可以生产出符合要求产品的能力。

产品质量认证的目的是被认证的单位可以制造符合国家法律法规的产品，使用户认为单位生产的产品符合用户的要求。

4. 对象不同　质量管理体系认证的对象为被认证的单位。产品质量认证的对象是认证单位生产的产品。

5. 认证的机构不同　质量管理体系认证的认证机构为第三方的质量管理体系评价机构。产品质量认证的认证机构为第三方的监管机构。

6. 认证模式不同　质量管理体系认证模式为按照不同的标准使用不同的认证模式，现在主要的质量管理体系认证模式有 ISO 9000 族的认证模式。

产品质量认证模式依据产品的性能，对人体健康、环境和公共安全等方面可能产生的危害程度，产品的生命周期特性等综合因素，按照科学、便利等原则予以确定。强制性产品认证适用以下单一的认证模式或者若干认证模式的组合有：设计鉴定；型式试验；制造现场抽取样品检测或者检查；市场抽样检测或者检查；企业质量保证体系审核；获得认证的后续跟踪检查等。

7. 认证性质不同　质量管理体系认证的性质为自愿的，而产品的认证性质在法律、法规、标准如有要求的情况下是强制的，在标准中没有要求进行产品认证的为不强制的。

8. 认证后的标志使用不同　质量管理体系认证标志是不能使用在产品上的。

产品质量认证标志是可以使用在产品上的，对于国家有强制性的产品认证，则产品认证标志是强制性标记在产品上。

9. 认证后出现质量事故时后果不同　质量管理体系认证：当出现质量问题时，当体系运行有效时出现的质量问题，对于体系认证没有影响，但因体系运行失效时造成质量事故时，看其情况有以下处理方式，即体系整改、吊销体系证书。

产品质量认证：当出现质量问题时，处理方式有公司进行停业整改、吊销产品认证证书，并根据其具体情况是否进行政、刑事处罚。

10. 认证机构与申请认证单位的关系不同　质量管理体系认证的认证机构与申请质量体系认证单位的关系是客户和用户的关系，存在一定的经济利益关系。

产品质量认证的认证机构与申请产品质量认证单位的关系是监管与被监管的关系，不存在经济利益关系。

（三）产品质量认证和质量管理体系认证的联系

产品质量认证与质量管理体系认证同属质量认证的范畴，都具质量认证的特征：①两种认证类型都有具体的认证对象。②产品质量认证与质量管理体系认证都是以特定的标准作为认证的基础。③两种认证类型都是第三方所从事的活动。

产品质量认证与质量管理体系认证除具以上几点相似点外，两者间的联系还在于：产品质量认证与质量管理体系认证都要求企业建立质量体系，都要求对企业质量体系进行检查评定，产品质量认证进行质量体系审核时应充分利用质量管理体系认证的审核结果，质量管理体系认证进行质量体系审核时也应充分利用产品质量认证的质量体系审核结果，这不仅体现了认证工作的科学性，也保证了认证工作的质量。

从理论上讲，产品质量认证之所以要检查评定企业的质量体系，目的是评定工厂是否具有持续生产符合技术规范的产品的能力，评定的主要因素是工厂的质量管理体系（ISO 出版的《质量认证的原则与实践》）。

从实践的角度分析，仅仅依据产品技术标准对产品进行抽样检验，作出认证合格的结论是不够全面的，不科学的，具有较大的风险性，原因如下。

（1）质量的形成与完善是和产品形成全过程密不可分的。从市场调研、设计控制到产品的生产、交付发运，每一过程的输入和输出都在影响着产品质量。

（2）质量的形成与质量有关的管理人员的素质和行为有关，这些人员素质的高低，行为的失误与否，都会影响到产品质量的优劣。

（3）由于标准本身的局限性、滞后性，不可能把所有影响产品质量的因素都反映在标准内。而以标准为依据的检验试验又受到抽样方法等多方面随机性的制约，即使按标准检验试验，也未必能反映全部产品的质量状况。

（4）第三方认证最重要的目的在于使购买者购买的产品的质量真正可靠，这就需要解决证明产品质量持续符合标准要求的方法，方法之一就是检查评定企业的质量体系。

复习思考题

1. 产品质量认证的基本类型有哪些？
2. 我国强制认证的主要内容有哪些？它的认证标志都是什么？
3. 简单阐述食品质量安全认证的种类及其内容。
4. 我国产品质量认证的一般程序是什么？
5. 具备什么条件的企业可以申请产品认证？
6. 请列举产品质量认证和质量管理体系认证之间的联系和区别。
7. 产品认证的发展趋势怎样？为什么？

第八章 卫生标准操作程序

【本章提要】

卫生标准操作程序(SSOP)是实施HACCP计划的基础和前提，是生产合格、安全、健康食品的最基本的要求。本章首先对SSOP进行了概述，然后讲述了SSOP的8项内容，最后还给出了在果汁生产中应用SSOP的实例。SSOP是一个实用性很强的操作程序，涉及生产中有关食品卫生的各个环节，是食品安全的重要保障。学习本章的重点是要理解SSOP所包括的8项内容，以及根据这8项内容所制定的操作标准、要求、监控及纠偏，并能在各类食品的实际生产过程中加以运用。

【学习目标】

1. 了解SSOP的基本概念和起源、制定程序，与GMP和HACCP的关系，以及实施SSOP的目的和意义。

2. 掌握SSOP的8项内容，并能在食品的实际生产中加以运用。

3. 熟悉SSOP在果汁生产中的应用实例。

【主要概念和名词】

卫生标准操作程序(SSOP)、食品接触面、交叉污染

第一节 卫生标准操作程序的概述

一、SSOP的概念

卫生标准操作程序(sanitation standard operating procedures，SSOP)，是食品生产企业为了使其加工的食品符合卫生要求，制定的指导食品加工过程中如何具体实施清洗、消毒和卫生保持的作业指导文件，以SSOP文件的形式出现。

SSOP是在食品生产中实现GMP全面目标的操作规范，也是实施HACCP的前提条件。它描述了一套特殊的与食品卫生处理和加工厂环境清洁度有关的目标，以及所从事满足这些目标的活动。SSOP强调食品生产车间、环境、人员及食品接触的器具，设备中可能存在的危害预防及清洗(洁)的措施。

二、SSOP的起源

20世纪90年代，美国的食源性疾病频繁爆发，造成每年大约700万人次感染，7000人死亡。调查数据显示，其中有大半感染或死亡的原因和肉、禽产品有关。这一结果促使美国

农业部(USDA)不得不重视肉、禽生产的状况，决心建立一套包括生产、加工、运输、销售所有环节在内的肉、禽产品生产安全措施，从而保障公众的健康。1995年2月颁布的《美国肉、禽产品HACCP法规》(9CFR Part 304)中第一次提出了要求建立一种书面的常规可行的程序——卫生标准操作程序(SSOP)，确保生产出安全、无掺杂的食品。但在这一法规中并未对SSOP的内容作出具体的规定。同年12月，美国食品药品监督管理局(FDA)颁布的《美国水产品HACCP法规》(21CFR Part 123，240)中进一步明确了SSOP必须包括的8个方面内容及验证等相关程序，从而建立了SSOP的完整体系。此后，SSOP一直作为GMP或HACCP的基础程序加以实施，成为完成HACCP体系的重要的前提条件。

三、SSOP的基本内容

FDA要求的SSOP计划至少包括以下8个方面的内容。

(1)与食品接触或与食品接触物表面接触的水(冰)的安全。

(2)与食品接触面的清洁、卫生和安全。

(3)防止发生食品与不洁物，食品与包装材料、人流和物流，高清洁区的食品与低清洁区的食品，生食与熟食之间的交叉污染。

(4)操作人员手的清洗与消毒，卫生间设施的维护与卫生保持。

(5)保护食品、食品包装材料和食品接触面免受润滑剂、燃油、杀虫剂、清洗剂、消毒剂、冷凝水、涂料、铁锈和其他化学、物理和生物性外来杂质的污染。

(6)有毒化学物质的正确标记、储存和使用。

(7)直接或间接接触食品的从业者健康与卫生情况的控制。

(8)有害动物的控制(防虫、灭虫、防鼠、灭鼠)。

四、SSOP的制定

SSOP文件由3个方面组成，即上述谈到的8个方面的要求和程序，每一个环节的作业指导书，执行、检查和纠正记录。

要求和程序包括明确每一个方面应达到的目标和为达到目标需要的硬件设施，确定由哪些部门和人员负责实施、检查、纠正、记录。

作业指导书是针对某一件具体事情而编写的文件，它应写明每一件事情应达到的目标，并明确具体实施人、实施步骤及检查程序。要使每一个岗位上的每一位员工看到作业指导书后，就知道自己应该干什么，怎样干和所要达到的目标，因此作业指导书的编写具有鲜明的切合实际、可操作性强的特点。

记录包括执行记录表、监控和检查记录表、员工培训记录表等。记录栏中的内容必须能反映所做事情的客观实际，应记录详细的数据，要有执行人员、检查人员的签名和时间。

企业在制定SSOP文本过程中，应描述在工厂中使用的卫生程序，提供这些卫生程序的时间计划，提供一个支持日常监测计划的基础，鼓励提前做好计划，以保证必要时采取纠正措施；辨别趋势，防止同样问题再次发生；确保每个人，从管理层到生产工人都理解卫生(概念)；为雇员提供一个连续培训的机会；显示对买方和检查人员的承诺，以及引导厂内的卫生操作和状况得以完善和提高。

五、SSOP 与 GMP、HACCP 的关系

（一）SSOP 与 GMP 的关系

SSOP 实际上是 GMP 最关键的基本卫生条件，也是在食品生产中实施 GMP 全面目标的卫生生产规范。将 GMP 规范中有关卫生方面的要求具体化，使其转化为具有可操作性的作业指导文件，即构成了 SSOP 的主要内容。企业在编写自己的 SSOP 文件时，应注意以 GMP 为基础，以法律为依据，通过自己企业的 SSOP 实施达到 GMP 的要求。SSOP 必须形成文件，这在 GMP 是没有要求的。不过 GMP 通常与 SSOP 的程序和工作指导书是密切关联的，GMP 为它们明确了总的规范和要求。食品企业必须首先遵守了 GMP 的规定，然后建立并有效地实施 SSOP。GMP 和 SSOP 也是相互依赖的，只强调满足包含 8 个主要卫生方面的 SSOP 及其对应的 GMP 条款，而不遵守其余的 GMP 条款，也会犯下严重的错误。

（二）SSOP 与 HACCP 的关系

SSOP 与 HACCP 的执行有密切的关联，且 HACCP 体系是建立在牢固地遵守现行的 GMP 和 SSOP 的基础之上的。SSOP 是食品生产和加工企业建立和实施 HACCP 计划的重要前提条件。一个完整的食品安全控制体系必须包括一个 HACCP 计划和相应的基于 GMP 的 SSOP。两个部分均需要检测、纠正和记录保持。然而，它们存在着一定的区别。HACCP 计划是建立在危害分析的基础之上的，特定的关键控制点必须被监测，以确保该步骤或工序处于受控状态，使任何潜在的食品安全危害得以预防、消除或降低到一个可接受的水平。书面的 HACCP 计划规定了具体加工过程的各个关键控制点，同时具体描述了关键限值、监测方法、纠正措施、验证程序和记录保持，以此确保关键控制点得到有效控制。

SSOP 是维持卫生状况的程序，一般与整个加工设施或一个区域有关，不仅限于某一特定的加工步骤或关键控制点。一些危害可以通过 SSOP 得到最好的控制。将某一危害的控制移交给 SSOP 来控制，与 HACCP 相比，并不是降低其重要性，只是因为用 SSOP 控制更加合适。有时，同一个危害可能由 HACCP 和 SSOP 共同控制，如 HACCP 控制病菌的杀灭，SSOP 控制病菌的再污染。通常，已鉴别的危害如果与产品本身或某个单独的加工步骤有关，必须由 HACCP 来控制；已鉴别的危害如果是与环境或人员有关，一般由 SSOP 来控制较好。

美国的 HACCP 法规强调了遵循一套卫生标准操作程序的重要性。例如，将卫生控制程序作为水产品 HACCP 法规的一个整体部分。为确保所制定的 SSOP 能得到有效实施，美国的 HACCP 法规同时还规定，企业必须对卫生控制过程进行监控，必须对 SSOP 的执行情况进行记录并将其妥善保存。

六、实施 SSOP 的目的和意义

（一）实施 SSOP 的目的

使生产者自觉实施 GMP 法规中的各项要求，确保生产出安全的食品。

（二）实施 SSOP 的意义

实施 SSOP，不仅将 GMP 中有关卫生方面的要求具体化，转化为可操作的作业指导文件，

便于操作；还可以减少 HACCP 计划中的 CCP 数量，使 HACCP 计划将注意力集中在危害分析和控制上，而不是生产卫生环节。因此 SSOP 的制定和有效执行是企业实施 GMP 法规的具体体现，也是 HACCP 计划得以顺利实施的保证。

第二节 卫生标准操作程序的主要内容

食品企业在建立和实施卫生标准操作程序时，应保证 4 个“必须”：必须建立和实施书面的 SSOP 计划；必须监测卫生状况和操作；必须及时纠正不卫生的状况和操作；必须保持卫生控制和纠正记录。这 4 个“必须”的前提是 SSOP 所包含的 8 项内容。

一、与食品接触或与食品接触物表面接触的水和冰的安全

(一) 水在食品加工中的用途

生产用水(冰)的卫生质量是影响食品卫生的关键因素，食品加工厂应有充足供应的水源。任何食品加工操作的安全问题首先是水的安全。因为在食品加工中，水具有十分广泛的用途。

(1) 作为某些产品的组成成分。

(2) 传送或运输产品。

(3) 清洗食品。

(4) 设施、工器具、容器和设备的清洗和消毒。

(5) 制冰及产品镀冰衣。

(6) 饮用等。

为防止因用水而造成的食品污染，食品加工企业中一个完整的 SSOP 计划必须首先考虑水的安全，既要考虑与食品或食品表面接触的水及冰的安全，又要考虑非食用生产用水与污水处理及排污系统的交叉感染问题。

(二) 水源的分类及安全

食品加工厂的水源一般由自供水、城市供水和海水构成。水源在使用前应经净化或处理，符合化学和微生物标准，在决定使用前经过了检验。其相关的国家标准有：GB5749—2006《生活饮用水卫生标准》、GB3097—1997《海水水质标准》。

1. 自供水 自供水即自备水井供水，采用自供水要考虑周围环境、水井深度、污水等对水源可能造成的微生物污染和化学性污染等。例如，污水可通过供水或由于水井与污水池、粪池或灌溉农田距离太近而进入水中；处于海滨地区的水产品加工企业，此区域因常发生洪水或大雨，使表层水进入井中造成污染；此外，农药除草剂等农用化学品的使用，使靠近农田的井水遭到化学性污染。因此，对自供水水源必须加强检测，即在投产前必须对井水中的指标性细菌如大肠杆菌进行检测，然后每年至少检测 1 次，抽样频率符合地方或国家要求；并按照当地政府的水质检测机构所提供的抽样方法及时运送样品。同时由于井水中含有大量的可溶性矿物质、不溶性固体、有机物质、可溶性气体及微生物，因此使用井水还需进行水处理。

2. 城市供水 又称公共供水，是由自来水厂供应的用水。城市供水具有如下优点：良

好的化学和微生物标准，以及经过了净化处理和卫生检验。因此，若使用城市供水，相对自供水要简单许多。只要定期留存城市水质分析报告单，并对供水总接口加以卫生控制，特别是当自供水和城市供水两种供水并存时，更要对总接口进行控制，防止交叉污染的发生。城市供水是最常用的水源，但这种水源较为昂贵。

3. 海水 对于加工的海水，至少应与城市供水和自供水水源的标准一致。由于海水状况会随着季节及海滨所组织的活动而变化，因此，海水的监控频率会比陆地高，特别是对采用海水加工水产品时直接接触鱼片或可食部位，要严格监控海水的水质。

（三）水的储存和消毒处理

食品企业水的储存方式有水塔、蓄水池和贮水罐等。

水的消毒处理方式分物理处理（沉淀、过滤）和化学处理（离子交换、加氯处理、臭氧处理和紫外线消毒处理等）。

一般水的处理是在水的储存过程中进行的。最直接、经济和有效的方法是采用加氯处理（自动加氯系统）。GB5749—2006《生活饮用水卫生标准》中对饮用水中消毒剂常规指标及要求为：氯气及游离氯制剂（游离氯）与水接触时间应≥30min，出厂水中限值为 4mg/L，出厂水中余量为≥0.3mg/L，管网末梢水中余量为≥0.05mg/L。

除了对水进行处理外，还必须对水塔、蓄水池、贮水罐等水的贮存环境进行定期的清洗消毒，清洗消毒的方法和频率必须在 SSOP 计划中作出规定，清洗消毒的记录予以保存。

（四）用水管道的卫生监控

为防止饮用水和非饮用水、污水的交叉污染，食品加工企业必须对本公司的供水系统和排水系统有非常清醒的认识，并能提供供水和排水网络图，证明饮用水和非饮用水的管道没有交叉互联，交叉污染的可能性不存在。另外，在供水网络图中还应给各出水口编号，以便对生产用水的安全、卫生监测监控制订计划。

采取适当措施防止虹吸和回流现象的发生。

当管道中饮用水与非饮用水混合时，会产生交叉连接。交叉连接可以是水源与污水直接连接，也可以是污水源吸入或进入饮用水源的间接连接。

还应注意食品环境中水污染的另外一个潜在因素：水的软化或去离子设备。当水有异味时，应首先怀疑是由此导致的。尽管在这种状况下，大肠菌群的检测呈阴性，但此时菌落总数会非常高。经常回流清洗树脂层，定期更换树脂层是控制污染的最有效方法。

对管道的监控通常采用在水龙头取出水样的方法，一般放水 3min 后取水样，取水样应在不同的出水口进行，在一个生产季节内编号的水龙头应至少取一次水样。

工厂在日常生产管理中必须采取有效措施以防止饮用水和污水的交叉感染污染，具体措施为：无保护装置的水管不能直接放在清洗、解冻、漂洗槽内。水管管道不留死水小区。供水管道不得埋于污水中。深井总管出水口或贮水罐等出口需安装止回阀。为防止“虹吸管回流”现象，即当饮用水管道中的压力低于（等于）空气压力时，可导致“回吸”，即将污染物吸入饮用水管道而导致“虹吸管回流”。可以设计良好并适当维护的空气隔断，即在水源和水池、容器或地上的水之间形成简单的空气隔断空间。空气隔断应为有效的开放饮用水出口直径的 2 倍，隔断至少应有 2.5cm。例如，有些地方主管部门要求食品加工企业厕所槽内水管线应使用空气隔断。当无法使用空气隔断时，可通过安装真空排气阀，使空气进入水管系统以减少真空，避免任何液体进入饮用水管。

(五)污水排放原则

为使加工车间保持清洁，废水排放的畅通，必须做到以下几点。

1)地面　为便于排水和防止周围的水逆向流入生产车间，车间整个地面的水平面在设计和建造时应该比厂区的地面略高，并在建造时使地面有一定的坡度。

2)加工用水　加工用水、台案或清洗消毒池的水不能直接流到地面，以防止地面的污水飞溅，污染产品及工器具。

3)地沟　排水沟应该用表面光滑、不渗水的材料铺砌，施工时不得凹凸不平和有裂缝，建议形成3%的倾斜度。排水沟的深度要根据生产过程的排水量来确定，以污水不从沟里溢出为原则。沟底应砌成圆形，曲率半径(建议)不少于3cm。排水沟应该加上可以开启的防护盖，以便日常清洗。地漏要能防止固形物进入。畜、禽加工厂的浸烫打毛间采用明沟，以便于清除羽毛和污水。如果是暗沟应该加箅子，箅子的材料应易于清洗、不生锈。

4)水流向　从清洁区到非清洁区。

5)水与外界的接口　要有金属网罩防鼠、防蚊蝇和昆虫；地漏或排水沟的出口应使用U形、P形或S形等存水弯的水封，以防异味。

6)污水处理　污水排放前应作必要的处理，以符合国家环保部门的要求。

(六)水和冰的监测和记录

企业对水的微生物检测、pH和含氯的监测频率可根据相关法规和自身需求确定，检测标准可参照国家有关标准和出口国的相关规定。

1)水的检测标准　我国水的国家检测标准有GB/T 5750.1—2006～GB/T 5750.13—2006系列《生活饮用水标准检验方法》。

2)取样计划　每次必须包括总的出水口，一年内做完所有出水口的取样检测。

3)取样方法　先对出水口进行消毒，放水5min后取样。

4)日常检测的内容和方法　包括余氯、pH、微生物指标等。

5)监视频率　企业至少每月一次进行微生物监测；企业每天对水的出口余氯进行监测；当地主管部门对水的全项目的监测报告每年1～2次。

6)纠偏　监控时发现加工用水存在问题或管道有交叉连接时，应终止使用这种水源和终止加工，直到问题得到解决。

7)记录　水的监控、维护及其他问题处理都要记录并将其保存。

8)冰的安全　制冰用水必须符合饮用水标准；制冰设备及贮放冰的容器应卫生、无毒、不生锈；要进行微生物监测。

二、与食品接触面的清洁、卫生和安全

(一)食品接触面

美国GMP法规中对“食品接触面”的定义为：接触人类食品的那些表面，以及在正常

加工过程中会将水滴溅在食品或与食品接触的表面上的那些表面。根据潜在的食品污染可能来源途径，通常把食品接触面分成直接与食品接触和间接与食品接触的表面。

直接接触的表面主要包括：加工设备、工器具、操作台案、传送带、内容物、制冰机、贮水池、加工人员的手和手套、工作服(包括围裙)等。

间接接触的表面有：未经清洗消毒的冷库、车间和卫生间的门把手、操作设备的按钮、车间内电灯开关等。

(二)对食品接触面的要求

为保持食品接触面的清洁卫生，必须对食品接触面的设计、制作工艺和用材(材料)事先进行考虑，并有计划地进行清洁、消毒。

1)对食品接触面的设计结构与安装要求　食品接触面应设计得易于卫生操作、拆洗、维护和保养，并易于清洗和消毒。食品接触面的结构设计和安装应无粗糙焊缝、破裂、凹陷；表面光滑(包括缝、角和边)；无不良的关节连接，不可导致积水和积累污物；无已腐蚀部件、无暴露的螺丝或螺帽或其他可以藏匿水或污物的地方；设备应避免有尖角结构，厂房要有足够的供清洁和检查用的通道。真正做到表里如一，其目的是便于卫生操作、拆洗、维护。保养符合卫生要求，以及能及时充分地进行清洁和消毒。

2)对食品接触面所用的材料的要求　食品接触面的材料应是符合食品安全卫生要求的“安全”的材料，应达到无毒(无化学物质渗出)、不吸水(不积水或干燥)、抗腐蚀、不生锈、表面光滑易清洗、不与清洁剂和消毒剂产生化学反应的要求，不用木制品、纤维制品、含铁金属、镀锌金属、黄铜等材料。

通常用于食品接触面的材料为：较高等级的不锈钢(美国推荐使用300系列)、无毒塑料、抗腐蚀的混凝土和不含铅等有害成分的瓷砖。

(三)食品接触面的清洗和消毒

清除的目的是清除大量的残渣；预冲洗的目的是去除表面附着的残渣；使用清洁剂是清洗顽垢、冲洗清洁剂和去除顽垢。需选择清洁剂种类，并充分考虑接触时间和清洗液的温度。

消毒的目的是去除或至少抑制潜在的致病菌。必须采用批准允许用于食品加工消毒的化学消毒剂，并应合理选择消毒剂的类型和浓度。常采用的消毒剂为含氯消毒剂如次氯酸钠100～150mg/kg，它对多种细菌和霉菌都有效。

1)清洗消毒的方法　物理方法包括臭氧、电灭菌灯、紫外线等，肉类加工厂应首选82℃热水清洗消毒；化学方法则一般使用含氯消毒剂，如次氯酸钠100～150mg/L。

2)清洁和消毒程序　清洁和消毒食品接触面是控制病源微生物的基础。常用的清洗和消毒程序包括6个步骤，即清除→预冲洗→使用清洁剂→再冲洗→消毒→最后冲洗。

3)设备和工器具清洗消毒的频率　大型设备：每班加工结束后清洗消毒一次。

清洁区工器具：每2～4h消毒一次。

屠宰线上用刀具：每月消毒1次(每个岗位至少2把刀，交替使用)。

加工设备、器具被污染后应立即进行消毒。

手：必须在车间的入口处、车间流水线和操作台附近设有足够的洗手消毒设施，每次进车间前和加工过程中手被污染时必须进行洗手消毒；在清洁区的车间入口处还应派专人检查手的清洗消毒情况，检查是否戴首饰，是否留长指甲等。

手套：一般在一个班次结束或中间休息时更换。手套不得使用线手套，手套材料应不易破损和脱落。肉类加工企业，特别是使用刀具的工序，推荐使用不锈钢编织的手套；手套清洗消毒后应贮存在清洁的密闭容器中送到更衣室。

工作服：有专用的洗衣房集中清洗和消毒。洗衣设备、能力与实际相适应；不同清洁要求区域的工作服分开清洗，工作服必须每天清洗消毒，一般每个工人至少配备2套工作服。

4) 空气消毒方法　紫外线照射法：每10～15m^{2}安装一盏30W紫外线灯，消毒时间不少于30min，低于20℃、高于40℃，湿度大于60%时，要延长消毒时间。适用于更衣室、厕所等的消毒。

臭氧消毒法：一般消毒1h，适用于加工车间、更衣室等的消毒。

药物熏蒸法：用过氧乙酸、甲醛，每平方米10mL，适用于冷库、保温车等的消毒。

（四）食品接触面清洁的监测

1) 监测对象　包括食品接触面的状况；食品接触面的清洁和消毒；使用的消毒剂类型和浓度；可能接触食品的手套和外衣是否清洁卫生并且状态良好。

2) 监测方法　感官检查包括表面状况是否良好，表面是否已清洁和消毒，手套和外衣是否清洁且保养良好。化学检测主要看消毒剂的浓度是否符合规定要求。验证检查是对表面的微生物进行检查（接触平板、棉拭和发光法）。对清洗消毒的监测频率：一般在每天加工前、加工过程中及生产结束后经过清洗消毒后进行。洗手消毒主要在员工进入车间时、从卫生间出来后和加工过程中检查。实验室监测频率按实验室制订的抽样计划进行，一般每周1～2次。

（五）纠偏

在检查发现问题时应采取适当的方法及时纠正，如再清洁、消毒、检查纠正的效果并调整消毒剂浓度、培训员工等。

（六）记录

记录包括每日卫生监控记录、设备和工器具清洗消毒记录、手套与工作服清洗消毒记录、与食品接触表面的视觉检查和微生物检验结果的记录、检查及纠偏的记录。

三、防止食品受到交叉污染

交叉污染是指通过生的食品、食品加工人员和食品加工环境把生物或化学的污染物转移到食品上去的过程。当致病性微生物被转移到食品上时，通常意味着将导致食源性疾病的交叉感染。

（一）造成交叉污染的来源

包括工厂选址、设计、车间不合理；加工人员个人卫生不良；清洁消毒不当；卫生操作不当；生、熟产品未分开；原料和成品未隔离等。

为了有效地控制交叉污染，需要评估和监测各个加工环节和食品加工环境，加强对员工的培训，使操作员工养成良好卫生习惯，从而确保生的产品在整理、贮存或加工过程中不会污染热的、即食的、需要进一步加热的半成品或其加工接触表面。

（二）交叉污染的控制和监控

1. 工厂选址、设计和建筑应符合食品加工企业的要求　食品厂应选择在环境卫生状况比较好的区域建厂，注意远离粉尘、有害气体、放射性物质和其他扩散性污染源，也不宜建在闹市区或人口稠密的居民区；厂区的道路应该为水泥或沥青铺制的硬质路面，路面平坦、不积水、无尘土飞扬，厂区要植树种草进行立体绿化；锅炉房设在厂区下风处，厕所、垃圾箱远离车间；并按照规定提前请有关部门审核设计图纸。

生产车间地面一般有 1°～1.5°的斜坡以便于废水排放；案台、下脚料点和清洗消毒槽的废水直接排入沟；废水应由清洁区向非清洁区流动，明地沟加不锈钢箅子，地沟与外界接口处应有水封防虫装置。排出的生产污水应符合国家环保部门和卫生防疫部门的要求，污水处理池地点的选择应远离生产车间。

2. 车间工艺流程布局　食品加工过程基本上都是从原料到半成品再到成品的过程，即从非清洁到清洁的过程，因此，加工车间的生产原则上应该按照产品的加工进程顺序进行布局，不允许在加工流程中出现交叉和倒流；清洁区与非清洁区之间要采取相应的隔离措施，以便控制彼此间的人流和物流，从而避免产生交叉污染；加工品的传递通过传递窗或专用滑道进行；初加工、精加工、成品包装车间应分开；清洗、消毒与加工车间分开。

3. 个人卫生要求

（1）加工人员进入车间前要穿着专用的清洁的工作服，更换工作鞋靴，戴好工作帽，头发不得外露。加工供直接食用产品的人员，尤其是在成品工段的工作人员，要戴口罩。

（2）与工作无关的个人物品不得带入车间，不得戴首饰和手表，并且不得化妆。

（3）加工人员进入车间前用消毒剂消毒手和鞋靴。

（4）大小便，处理废料和其他污染材料，处理牛肉制品、蛋制品或乳制品，接触货币，吸烟、咳嗽、打喷嚏后，开工前或离开车间后都应该清洗消毒双手。

（5）禁止在加工场所吃东西、嚼口香糖、喝饮料或吸烟，工作期间不得随意串岗。

（6）勤洗澡、勤洗头（每周至少洗两次），勤剪指甲、勤洗内衣和工作服。

（三）交叉污染的监控

监测交叉污染的目的是预防不卫生的物体污染食品、食品包装材料和食品接触面。

（1）定期请环保部门和疾控中心对厂区环境进行监测，确保空气、水源无污染情况。

（2）生产过程中连续监控确保无人流、物流、水流和气流的交叉污染情况，包括从事生产产品的加工人员不得随意去或移动设备到加工熟制或即食食品的区域。

（3）在开工时、交班时、餐后继续加工时进入生产车间前，指定人员检查员工的卫生情况，包括衣着整洁、戴工作帽，严格手部和鞋靴的清洗消毒过程，不准穿工作服、工作用鞋进卫生间或离开生产加工场所等。

（4）每日检查产品贮存区域（如冷库）的卫生状况。

（四）纠偏

一旦发生交叉污染，应立即采取措施防止污染的再发生。必要时应停产，直至解决问题，并增加培训程序；如有必要，应评估产品的安全性。

（五）记录

记录包括每日卫生监控记录、消毒控制记录、纠正措施记录、培训员工记录等。

四、操作人员手的清洗、消毒及卫生间设施的维护与卫生保持

（一）洗手消毒设施

在食品加工过程中通常需要大量的手工操作处理人员，员工的手易被不良微生物和有害物质污染。因此，员工在整理、加工操作接触食品时，进行手部清洗消毒是必需的。企业应在所有需要洗手消毒的地方设置数量足够的洗手消毒设施，并确保其保持良好的使用状态。

洗手消毒设施的位置应该设在车间入口处、车间内加工操作岗位的附近及卫生间内。洗手消毒的设施包括：足够数量的非手动开关的水龙头，一般以每10～15个人设一个水龙头为宜，有冷热水或预混的温水、装有皂液的皂液器、装有消毒液的消毒槽、干手设施及流动消毒车等。洗手消毒设施的状况应定期检查，发现问题及时维修，特别是要定时注意消毒槽中毒液的浓度，确保洗手消毒的设施保持良好的状态。

（二）洗手消毒方法、频率

1）*方法*　清水洗手→用皂液洗手→冲净皂液→于50mg/L（余氯）消毒液浸泡30s→清水冲洗→干手（用纸巾或毛巾）。

2）*频率*　每次进入加工车间时，手接触了污染物后，如厕完后，以及根据不同加工产品的特点规定清洗消毒的频率。

（三）卫生间设施与要求

卫生间的位置可与车间相连或不相连，与车间相连的卫生间，门不能朝向车间，卫生间的门应能自动关闭；卫生间数量应与工作人员人数相适应，一般以每15～20人设一个为宜。卫生间内应通风良好，地面干燥，并有防蝇、防蚊设施，更衣、换鞋设施，并设有洗手设施和消毒设施冲水装置，要保持卫生间的清洁和所有设施的完好状态。特别要定期抽查监督，坚决杜绝员工穿工作衣、鞋进入卫生间，方便之后要进行洗手和消毒。

（四）设备的维护与卫生保持

洗手消毒和卫生间的设备应保持正常运转状态，并且卫生要保持良好，不造成污染。

（五）监测

卫生监控人员巡回监督。生产区域、卫生间的洗手设备每天至少检查一次，确保处于正

常使用状态，并配备有热水、皂液、一次性纸巾、干手器等设施。消毒液的浓度应每小时检测一次，上班高峰期每半小时检测一次。对于卫生间设施状况的检查，要求每天开工前至少检查一次，保证厕所设施一直处于完好状态，并经常打扫保持清洁卫生，以免造成污染。化验室定期做产品表面样品检验，确定无交叉污染情况的发生。

（六）纠偏

检查发现问题后立即纠正。

（七）记录

记录应包括每日卫生监控记录、洗手间或洗手池和卫生间设施状况的记录、消毒液温度和浓度记录、纠正措施记录。

五、防止食品被外部污染物污染

在食品生产加工过程中，应防止食品、食品包装材料和食品所有接触面被微生物、化学品及物理的污染物所污染，如清洁剂、润滑油、燃料、杀虫剂、冷凝物等。

（一）导致外来污染的因素

在食品加工中，导致外来污染的因素很多，大致可分为 3 类，即微生物性污染物、物理性污染物和化学性污染物。

1）微生物性污染物　如水滴和冷凝水、溅起的污水、不卫生的包装材料，以及加工人员不戴口罩而造成的吐沫、喷嚏等。

2）物理性污染物　如天花板、墙壁的涂料脱落物，无保护装置的照明设备，头发，铁锈，空气中的灰尘、颗粒、外来物质，地面污物等。

3）化学性污染物　如润滑剂、清洁剂、消毒剂、杀虫剂、燃料、残留的化学药品等。

（二）控制外来污染的措施

1）水滴和冷凝水的控制　应保持车间内部的通风，防止空调管道形成冷凝水。要安装排气装置，以及时排除水蒸气，防止形成水滴。应将车间顶棚设计成圆弧形，使水滴顺壁流下，防止滴落。冲洗顶棚时，要及时擦干，要将空调风道尽量与加工线、操作台错开，防止冷凝水滴落到产品上。要保持车间温度稳定。

2）防止污染的水溅到食品上　应及时清扫地面，消除地面积水；车间内应设专用工器具清洗消毒间，车间内的洗手消毒池旁应没有产品，待加工原料或半成品应远离加工线或操作台；冲洗地面和台面时，要将产品收走后进行，以保证食品不被污水所溅而被污染；特别要注意在车间冲洗台面时，池子中的水不能直接排到地面，应通过管道排入下水道。

3）物理性外来污染物的控制　车间内天花板、墙壁使用耐腐蚀、易清洗、不易脱落的材料；生产线上方的灯具应装有防护罩；加工器具、设备、操作台使用耐腐蚀、易清洗、不易脱落的材料：禁用竹木器具；工人禁戴耳环、戒指等饰物，不准涂抹化妆品，头发不得外露。

4）化学性外来污染物的控制　加工设备上使用的润滑油必须是食用级润滑油。有毒化学物要正确标识、保管和使用。在非产品区域操作有毒化合物时，应采取相应措施保护产品不受污染。禁用没有标签的化学品。

5）包装物料的控制　包装物料存放库要保持干燥、清洁、通风、防霉，内外包装分别存放，并设有防虫、鼠设施。每批内包装进厂后要进行微生物检验，得到细菌数、致病菌种类和数量。必要时进行消毒。

（三）监控

监控对象为任何可能污染食品或食品接触面的掺杂物，如潜在的有毒化合物、不卫生的水（包括不流动的水）和不卫生的表面所形成的冷凝物。建议在生产开始及工作时间每4h检查1次。专人监管设备、工器具的消毒和清洗、专人负责设备的维护和保养、严格控制化学药品的使用等。

（四）纠偏

如果外部污染物有可能对食品造成污染可采取以下措施。

(1)除去不卫生表面的冷凝物。

(2)用遮盖物防止冷凝物落到食品、包装材料及食品接触面上。

(3)清除地面积水、污物，清洗化合物残留。

(4)评估被污染的食品。

(5)培训员工化合物的正确使用。

(6)清洗化合物残留。

（五）记录

记录包括每日卫生监控记录、纠偏记录。

六、正确标记、存放和使用各类有毒化学物质

每个食品加工企业或多或少都要购买和使用一些有毒有害的化合物，如清洁剂、消毒剂、杀虫剂、机械润滑剂、实验室用药品、食品添加剂等。有毒有害化合物的不正确使用是导致产品外部污染的一个常见原因。因此，所有有毒有害化学物必须正确标识，且要保持标识清楚，并标明有效期，保存使用登记记录。这样才能确保食品免受有毒有害化合物的污染。

（一）有毒有害化合物的正确标识

所有有毒有害物品原包装容器的标签应标明容器中的化学品名称、生产厂名、厂址（或“为……生产”、“为……包装、“由……销售”）、生产日期、批准文号、容量、使用说明和注意事项等。剧毒物品应标有特殊的醒目的符号。

由于原包装容器一般都较大，不便于工作现场使用，故通常对原包装容器产品进行分装

或稀释等处理。但分装后的工作容器也应标识明确，必须标明：容器中的化学品名称、浓度、有效期、使用说明和注意事项。

（二）有毒有害化合物的正确储存

有毒有害化合物的储存区域应远离食品的加工区域，并应上锁由专人保管。

有毒有害化合物储存时应严格按照食品与非食品化学物分开存放，清洁剂、消毒剂与杀虫剂分开存放，一般化学品与剧毒品分开存放的原则进行。

现场使用有毒有害化合物时，不得将其置于设备、工器具或包装材料上。车间使用现场的暂存应配备带锁的柜子或房间。

（三）有毒有害化合物的正确使用和管理

企业应对其储存和使用的有毒有害化合物建立台账（入库记录），并以一览表的形式标明库存化学药品的名称、有效期、毒性、用途、进货日期等。对化学药品要建立领用、核销记录，使用登记记录（配制记录、用处、实际使用量、剩余配置液的处理等）。制订化学物品进厂验收制度和标准，建立化学品进厂验收记录。建立化学品包装容器的回收处理制度，严禁用化学物品的容器来包装或盛放食品。对化学物品的保管、配制、使用人员进行必要的培训。

（四）监督检查

要有足够的监测频率，检查是否按管理要求执行，确保符合要求；建议每个工作日至少检查一次；全天都应观察实施情况。

（五）纠偏

加强对化学物品标识、贮存和使用情况的监督检查，发现问题及时纠正，合理的纠正措施有以下几种。

(1)转移存放不正确的有毒有害化合物。

(2)标签不全的应退还供货商。

(3)对于不能正确辨认内容物的工作容器应重新标记。

(4)不合适或已损坏的工作容器弃之不用或销毁。

(5)评价不正确使用有毒有害化合物所造成的影响，判断食品是否已遭污染（确定是否销毁）。

（六）记录与证明

应有进货、领用、配制记录及有毒化学物质批准使用的证明、产品合格证、纠偏记录。

七、食品从业人员健康管理

食品生产经营的从业人员是直接接触食品的人，其身体健康及卫生状况直接影响食品质量和安全。员工患病、有外伤或其他身体不适都可能会造成食品的微生物污染，因此必须加强食品行业从业人员的卫生培训和健康与卫生控制。

1. 食品从业人员的健康管理　我国《食品安全法》第四十五条规定："食品生产经营者应当建立并执行从业人员健康管理制度。患有国务院卫生行政部门规定的有碍食品安全疾病的人员，不得从事接触直接入口食品的工作。从事接触直接入口食品工作的食品生产经营人员应当每年进行健康检查，取得健康证明后方可上岗工作。"

为了预防传染病的传播和由于食品污染引起的食源性疾病，保证消费者的身体健康，法律规定了患有国务院卫生行政部门规定的有碍食品安全的疾病人员，禁止从事接触直接入口食品的工作。食品生产经营者建立并执行从业人员健康管理制度，是食品生产经营安全管理制度的重要内容之一，主要是为了防止食品生产经营从业人员因其所患疾病污染食品。食品从业人员的健康直接关系到广大消费者的健康。食品生产经营过程中很容易受到病原体的污染，从而成为食源性疾病，特别是肠道传染疾病的媒介。如果这些人患有传染病或者是带菌者，就容易通过被污染的食品造成传染病传播和流行，对消费者的身体健康造成威胁。因此，建立食品从业人员健康管理制度十分必要，这也是贯彻预防为主的重要措施。食品从业人员除应做好个人卫生外，食品生产经营者还要加强对食品从业人员健康的管理。

企业建立从业人员的健康管理制度可以从制度层面规范食品生产经营者的用人行为，对于不符合法定条件的从业人员一律不得安排其从事相关的食品生产经营活动。如果发现从事接触直接入口食品工作的人员中患有法律规定的不能从事接触直接入口食品工作的法定疾病的，食品生产经营者应当立即调换其工作。

食品生产经营中的从事接触直接入口食品生产经营的从业人员，其健康与否直接决定了所生产的食品是否安全。因此，生产经营者需要组织对上述人员的身体状况进行健康检查。应当每年进行健康检查，及时了解自己的身体健康情况。发现有法律禁止从事接触直接入口食品工作疾病的，应当及时向所在企业、单位申报。食品生产经营者发现患有有碍食品安全疾病的从业者，应当及时采取调整工作岗位、治疗等措施。健康证明是食品生产经营者经过健康体检后取得的书面证明文件。从事接触直接入口食品的食品生产经营从业人员必须取得健康证明后才能上岗。健康证明过期的，应当立即停止食品生产经营活动，待重新进行健康体检后，才能继续上岗。

因此，食品生产经营者应按照《食品安全法》的规定来执行从业人员健康管理制度，制订健康体检计划并建立员工健康档案。发现有患病症状的员工，应立即调离食品工作岗位，每日工作前对职工进行健康状况感官观察和手部外伤检查是非常必要的。这样可以将患有可疑病症的员工，视情况及时调离接触直接入口食品的食品生产经营。

促使员工保持个人卫生，注意加工过程手的清洁卫生至关重要。因为有些员工虽未表现出患病症状，但可能是某些病原体，如志贺氏菌、伤寒沙门菌的携带者。如这些员工在洗手或戴手套方面不严格，就可能会造成这些病原体的食源性传播。应加强对员工的教育培训，让其认识到疾病给食品卫生带来的危害，并主动向管理人员汇报自己的健康状况，杜绝隐患的发生。

2. 纠偏　将患有国务院卫生行政部门规定的有碍食品安全疾病的人员，调离接触直接入口食品的工作岗位直至痊愈。

3. 记录及证明 记录及证明包括健康证、食品从业人员的健康检查记录、每日卫生检查记录和出现不满意状况时的相应纠偏记录等。

八、有害动物的控制

害虫包括苍蝇、蟑螂、鸟类和啮齿类动物。它们都带有一定种类的病原体，会给食品带来致病性的污染。例如，苍蝇、蟑螂可传播沙门菌、葡萄球菌、产气荚膜杆菌、肉毒梭菌、志贺氏菌及其他致病菌。啮齿类动物可传播沙门菌、寄生虫。鸟类是多种病原菌的寄主，如沙门菌、李斯特菌。因此害虫防治是食品加工企业的重要工作内容。为达到对有害动物的控制，必须制订出一套有害动物预防和灭除计划，以及相对应的较为实用的有害动物控制审核检查表。

（一）防治计划

在全厂范围甚至包括厂址周边范围设计灭鼠分布图，进行防治。并制订详细的厂区环境清扫消毒规定，定期对厂区环境卫生进行清扫，特别注意不留卫生死角。灭鼠和消毒的防治重点为厕所、下脚料出口、垃圾箱周围和食堂。

（二）防治措施

清除害虫、老鼠滋生地；采用风幕、水幕、纱窗、黄色门帘、暗道、挡鼠板、反水弯等防止害虫、老鼠进入车间；厂区用杀虫剂，车间入口用灭蝇灯杀灭害虫；灭鼠可使用粘鼠胶、鼠笼，但不能用灭鼠药。

（三）监测

监测频率根据实际情况而定，严重时需列入 HACCP 计划中。

（四）纠偏

发现问题，立即消除或杀灭，进行纠偏。

（五）记录

记录包括虫害、鼠害的检查记录和纠正记录。

第三节　卫生标准操作程序的实例

本节以果蔬汁产品生产加工企业的 SSOP 计划和卫生控制记录为例介绍（中国国家认证认可监督委员会，2002）。

FDA 于 2001 年 1 月 18 日颁布的“果蔬汁 HACCP 法规—21CFR Part 120”已将 SSOP 列入其中，要求果蔬汁加工者必须制定和实施 SSOP，并要求监测加工过程中的卫生条件和程序，以符合“良好操作规范(GMP)—21CFR Part 110”的要求。同时，法规还要求对卫生监控和纠正程序进行记录。

现根据美国果蔬汁 HACCP 法规要求的 SSOP 8 项内容结合果蔬汁生产加工的实际，对果蔬汁生产加工过程中的卫生标准操作程序(SSOP)介绍如下。

一、加工用水的安全

(一)控制和监测

(1)加工厂内用水若取自可靠的城市供水系统，城市供水费单表明水源是安全的。每年应按国家饮用水标准全项对水质分析检测一次。

(2)加工厂用水若取自自备水源(如地下水等)，地下水水源应远离居民或其他有污染可能的区域 50m 以上，以防止地下水受到污染，每天须进行消毒，使其符合生活饮用水标准。每年榨季开工前或每年不少于两次全项目水质分析检测。

(3)储水压力罐应密封、安全，保证水源不受污染。对储水压力罐每年榨季开工前或每年不少于两次清洗、消毒。其程序为：清除杂物→水冲洗→200mg/L 次氯酸钠喷洒→水冲洗。

(4)由本厂质控部门每天进行一次余氯测定，余氯含量保持在 0.03～0.5mg/L。每周进行一次细菌总数、大肠菌群检测。

(5)加工厂的水系统应由被认可的承包商设计、安装和改装，不同用途的水管用标志加以区分，备有完备的供水网络图和污水排放管道分布图，以表明管道系统的安装正确性。应对加工车间水龙头进行编号。

(6)车间水龙头及固定进水装置应安装防虹吸装置。

(二)纠正措施

对上述的(1)～(2)项，城市供水系统、自备水系统发生故障、储水压力罐损坏或受污染时，企业应停止生产，判断何时发生故障或损坏，将本段时间内生产的产品进行安全评估，以保证食品的安全性，只有当水质符合国家饮用水质标准时，才可重新生产。

对于上述(一)中的(4)项，水质检验结果不合格时，质控部门应立即制订消毒处理方案，并进行连续监控，只有当水质符合国家饮用水质标准时，才可重新生产。

对于上述(一)中的(5)项，如有必要，应对输水管道系统采取纠正措施，并且只有当水质符合国家饮用水质标准时，才可重新生产。

对于上述(一)中的(6)项，不能使用未安装防虹吸装置的水龙头和固定进水装置(如有必要或装有软管的水龙头)。

(三)记录

对于上述(一)中的(1)、(2)项，应有城市供水费单和(或)水质检测报告、定期的卫生记录。

对于上述(一)中的(3)项，应有储水压力罐检查报告和定期的卫生记录。

对于上述(一)中的(4)项，应有水中余氯/细菌总数、大肠菌群检测记录。

对于上述(一)中的(5)项，应有供、排水管道系统检查报告和定期的卫生记录。

对于上述(一)中的(6)项，应有每日卫生控制记录。

二、果蔬汁接触面的状况和清洁

(一)控制和监测

1)生产设施和设备　车间内所有生产设备、管道及工器具均应采用不锈钢材料或食品级聚乙烯材料制造，完好无损且表面光滑无死角，车间地面、墙壁、果池内表面应平滑，易于清洗和消毒。卫生监督员应对上述设备及设施进行检查，以确定是否充分清洁。

监测频率：每月一次。

2)果蔬汁接触面的清洗、消毒

(1)换班间隙，应将设备上的黏附物冲洗处理干净。每生产加工 24h，须对所有管道设备进行一次清洗消毒。清洗的步骤是：先用 85℃的热水将设备、管道清洗干净，再用浓度为 1%～3%的热碱液清洗，最后用 85℃热水清洗。清洗后水检测 pH 为 7 左右。卫生监督员在使用消毒剂前应对其种类、剂量、浓度等进行检查，并负责检查是否进行了清洗和消毒。

监测频率：每班开工前。

(2)加工用工器具每 4h 清洗消毒一次。清洗消毒步骤：水洗→100mg/L 次氯酸钠溶液清洗→85℃热水清洗干净。卫生监督员负责检查消毒剂浓度及是否清洗和消毒过。

监测频率：每班开工前/每 4h 一次。

(3)脱胶罐、批次罐等每次开工前、排完料后，需用 85℃热水清洗消毒 20min 以上备用。卫生监督员负责检查是否清洗消毒。

监测频率：每次清洗消毒后。

(4)休息间隙，应用水冲洗地面、墙壁。每周对地面和墙壁进行一次清洗消毒。清洗消毒步骤是：水洗→400mg/L 的次氯酸钠溶液清洗→85℃热水清洗干净。卫生监督员负责检查消毒剂浓度和是否清洗与消毒。

监测频率：每班开工前。

3)员工应穿戴干净的工作服和工作鞋　捡果工序的工作人员还应穿戴干净的手套和防水围裙。企业管理人员在加工区也应穿戴干净的工作服和工作鞋。卫生监督员应监督员工手套的使用和工作服的清洁度。

监测频率：每班开工前。

(二)纠正措施

(1)彻底清洗与果蔬汁接触的设备和管道表面。

(2)调整清洗消毒液的浓度、温度和时间，对不干净的果蔬汁接触面进行清洗消毒。

(3)对可能成为果蔬汁潜在污染源的手套、工作服应进行清洗消毒或更换。

(三)记录

对上述(一)中的 1)项，要有定期卫生记录。

对上述(一)中的 2)和 3)项，均应有每日卫生控制记录。

三、防止交叉污染

（一）控制和监测

1）原料果蔬　不能夹杂大量泥土和异物，烂果率控制在 5%以下。原料果蔬的装运工具应卫生。原料验收人员负责检查原料果蔬及其装运工具的卫生。

监测频率：每次接收原料果蔬。

2）车间建筑设施　应完好，设备布局合理并保持良好。粗加工间、精加工间和包装间应相互隔离。原料、辅料、半成品、成品在加工、储存过程中要严格分开，防止交叉污染。

监测频率：每班开工前/生产、储存过程。

3）卫生监督员和工作人员　应接受安全卫生知识培训，企业管理人员应对新招聘的卫生监督员和工作人员进行上岗前的食品安全卫生知识和操作培训。

监测频率：雇佣新的卫生监督员或工作人员上岗前。

4）工作人员的操作　不得导致交叉污染（穿戴的工作服、帽和鞋，使用的手套，手的清洁，个人物品的存放，工作人员在车间的吃喝、串岗，工作鞋的消毒，工作服的清洗消毒等）。

⑴进入车间的工作人员须穿戴整齐洁净的工作衣、帽、鞋；不得戴首饰、手表等可能掉入果蔬汁、设备、包装容器中的物品；严禁染指甲和化妆。

⑵工作人员应戴经消毒处理的无害乳胶手套，如有必要应及时更换。

⑶开工前、每次离开工作台或污染后，工作人员都应清洗并消毒手或手套。

⑷与生产无关的个人物品不得带入生产车间内。

⑸工作人员不得在生产车间内吃零食、嚼口香糖、喝饮料和吸烟等。

⑹各工序的工作人员不得串岗。

⑺工作人员在进入加工车间之前，应在盛有 200mg/L 次氯酸钠消毒液的消毒池中对其工作鞋进行消毒。

⑻加工结束后，所有的工作衣、帽统一交卫生监督员进行清洗消毒。

⑼每天保证对更衣室及工作衣帽用紫外灯或臭氧发生器消毒 30min 以上。

⑽卫生监督员应及时认真监督每位工作人员的操作。

监测频率：每班开工前/每 4h 一次。

5）榨汁后的残渣等　应及时清除出生产车间。检出的腐烂果、杂质等应放置于具有明显标志的带盖容器内，并及时运出车间。该容器应用 200mg/L 的次氯酸钠溶液进行消毒并用水冲洗净后方可再次带入车间使用。卫生监督管理员负责监督检查残渣、腐烂果及杂质的清理情况和容器的卫生状况。

监测频率：每班开工前/每 4h 一次。

6）污水的排放　厂区排污系统应畅通、无淤积，并设有污水处理系统，污水排放符合环保要求。车间内地面应有一定的坡度并设明沟以利排水，明沟的侧面和底面应平滑且有一定弧度。车间内污水应从清洁度高的区域流向清洁度低的区域，工作台面的污水应集中收集通过管道直接排入下水道，防止溢溅，并有防止污水倒流的装置。卫生监督员检查污水排放情况。

监测频率：每班开工前/每 4h 一次。

7) 车间内不同清洁作业区所用工器具　应有明显不同的标志，避免混用。卫生监督员应检查是否正确使用。

监测频率：每班开工前/每 4h 一次。

(二) 纠正措施

针对上述(一)中的 1) 项，拒收带有过多泥土、异物及腐烂严重的原料果蔬。

针对上述(一)中的 2) 项，卫生监督员应对可能造成污染的情况加以纠正，并要评估果蔬汁的质量。

针对上述(一)中的 3) 项，新上岗的卫生监督员及员工应接受安全卫生知识培训和操作指导。

针对上述(一)中的 4) 项，工作人员在工作衣帽穿戴、发须防护、首饰佩戴、手套使用、手的清洗、个人物品带入车间、车间内有吃喝现象、进入车间时工作鞋的消毒等方面存在问题时，应对其及时予以纠正。

针对上述(一)中的 5) 项，清除残渣、腐烂果及杂质。重新清洗消毒容器。

针对上述(一)中的 6) 项，请维修人员对排水问题加以解决。

针对上述(一)中的 7) 项，卫生监督员及时纠正工器具混用问题。

(三) 记录

针对上述(一)中的 1) 项，应有原料验收记录。

针对上述(一)中的 2) 项，应有每日卫生控制记录。

针对上述(一)中的 3) 项，应有定期的卫生控制记录和人员培训记录。

针对上述(一)中的 4) ～7) 项，均应有每日卫生控制记录。

四、手的清洗、消毒及厕所设施的维护

(一) 控制和监测

(1) 卫生间应与更衣室、车间分开，其门不得正对车间门。卫生间应设有非手动门并应维护其设施的完整性。每天下班后须进行清洗和消毒。卫生监督员负责检查卫生间设施及卫生状况。

监测频率：每班开工前/生产过程每 4h 一次。

(2) 车间入口处、卫生间内及车间内须有洗手消毒设施。洗手设施包括：非手动式水龙头、皂液容器、50mg/L 的次氯酸钠消毒液和干手巾(最好为一次性)等，并有明显的标识。应在开工前、每次离开工作台后或被污染时清洗和消毒手。卫生监督员负责检查洗手消毒设施、消毒液的更换和浓度。

监测频率：每班开工前/生产过程每 4h 一次。

(二) 纠正措施

(1) 重新清洗消毒卫生间，必要时进行修补。

(2) 卫生监督员负责更换洗手消毒设施和更换、调配消毒剂。

（三）记录

针对上述（一）中的（1）和（2）项，均应有每日卫生控制记录。

五、防止污染物的危害

（一）控制和监测

（1）果蔬汁生产加工企业所用清洁剂、消毒剂和润滑剂应附有供货方的使用说明及质量合格证明，其质量应符合国家卫生标准，并须经质检部门验收合格后方可入库。卫生监督员负责检查包装物料的验收情况。

监测频率：每批清洁剂、消毒剂和润滑剂。

（2）与产品直接接触的包装材料必须提供供货方的质量合格证明，其质量应符合国家卫生标准，并须经质检部门验收合格后方可入库。卫生监督员负责检查包装物料的验收情况。

监测频率：每批包装材料。

（3）包装材料和清洁剂等应分别存放于加工包装区外的卫生清洁、干燥的库房内。内包装材料应上架存放，外包装材料存放处应下有垫板、上有无毒盖布，离墙堆放。卫生监督员负责检查。

监测频率：每天一次/每 4h 一次。

（4）灌装室内应安装臭氧发生器，必要时安装空气净化系统。于每次灌装前进行不低于半小时的灭菌。灌装间应通风良好，防止冷凝物污染产品及其包装材料。加工车间应使用安全性光照设备。卫生监督员负责检查。

监测频率：每班开工前。

（5）设备应维护良好，无松动、无破损、无丢失的金属件，卫生监督员负责检查设备情况。

监测频率：每班开工前。

（6）果汁灌装结束后应按不同品种、规格、批次加以标识，并尽快存放于 0～5℃的冷藏库内。冷藏库配有温度自动控制仪和记录仪，应保持清洁，定期消毒、除霜、除异味。卫生监督员负责检查冷藏库的温度及卫生情况。

监测频率：罐装结束/每天一次。

（7）生产用燃料（煤、柴油等）应存放在远离原料和成批果品果蔬汁的场所。卫生监督员检查。

监测频率：每天一次。

（8）车间应通风良好，不得有冷凝水。卫生监督员检查。

监测频率：生产中每 4h 一次。

（二）纠正措施

针对上述（一）中的（1）和（2）项，无合格证明的清洁剂、消毒剂、润滑剂和包装材料拒收。

针对上述（一）中的（3）项，存放不当的包装材料和清洁剂等应正确存放。

针对上述（一）中的（4）项，对可能造成产品污染的情况加以纠正并评估产品质量。

针对上述（一）中的（5）项，必要时进行设备维修。

针对上述(一)中的(6)项，对违反冷库管理及消毒规定的情况，应及时加以纠正。

针对上述(一)中的(7)项，生产用燃料(煤、柴油等)接近原料和成批果品果蔬汁时应及时纠正。

针对上述(一)中的(8)项，车间应通风流畅，集结有冷凝水时应加大排风换气。

(三)记录

针对上述(一)中的(1)和(2)项，应有清洁剂、消毒剂、润滑剂和包装材料验收记录。

针对上述(一)中的(3)～(8)项，均应有每日卫生控制记录。

六、有毒化合物的标记、储藏和使用

(一)控制和监测

(1)开工前、生产加工中使用的所有有毒化合物(清洗用的强酸强碱、生产中和实验室检测用的有关试剂等)必须有生产厂商提供的产品合格证明或含有其他必要的信息文件。

监测频率：每批有毒化合物。

(2)所有有毒化合物应在明显位置正确标记并注明生产厂商名、使用说明。贮存于加工和包装区外的单独库房内，须由专人保管，并不得与食品级的化学物品、润滑剂和包装材料共存于同一库房内。卫生监督员应检查其标签和仓库中的存放情况。

监测频率：每天一次。

(3)须严格按照说明及建议操作使用。由专人进行分装操作，应在分装瓶的明显位置正确标明本化学物的常用名，并不得将有毒化学物存放于可能污染原料、果蔬汁或包装材料的场所。卫生监督员负责检查标识和分装、配制情况。

监测频率：每次分装、配制、使用时。

(二)纠正措施

针对上述(一)中的(1)项，无产品合格证明等资料的有毒化合物拒收，资料不全的应先单独存放，直到获得所需资料方可接收。

针对上述(一)中的(2)项，标记或存放不当的应纠正。

针对上述(一)中的(3)项，未合理使用有毒化学物的工作人员应接受纪律处分或再培训，可能受到污染的果蔬汁应销毁，分装瓶标志不明显时应予以更正。

(三)记录

针对上述(一)中的(1)和(3)项，应有定期的卫生控制记录。

针对上述(一)中的(2)项，均应有每日卫生控制记录。

七、员工的健康

(一)控制和监测

(1)发现工作人员因健康可能导致果蔬汁污染时，应及时将可疑的健康问题汇报给企业管理人员。

(2)卫生监督员应检查工作人员有无可能污染果蔬汁的受感染的伤口。

监测频率：每天开工前/生产中每4h一次。

(3)从事果汁加工、检验及生产管理的人员，每年至少进行一次健康检查，必要时做临时健康检查，新招聘人员必须体检合格后方可上岗，企业应建立员工健康档案。

监测频率：每年一次/新招聘工作人员上岗前。

(二)纠正措施

(1)应将可能污染果蔬汁的患病工作人员调离原工作岗位或重新分配其不接触果蔬汁的工作。

(2)受伤者应调离原工作岗位或重新分给其不接触果蔬汁的工作。

(3)未及时体检的员工应进行体检，体检不合格的，调离原工作岗位或不许上岗。

(三)记录

针对上述(一)中的(1)和(2)项，均应有每日卫生控制记录。

针对上述(一)中的(3)项，应有定期卫生控制记录。

八、鼠、虫的灭除

(一)控制和监测

(1)加工车间、储存库、物料库入口应安装塑料胶帘或风幕；车间下水管道须装水封式地漏，排水沟须备有不锈钢防护罩，并在与外界相通的污水管道接口处安装铁纱网；车间的窗户、通(排)风口应安装有铁纱网；加工车间、储存库、物料库入口和通(排)风口应安装捕鼠设备。上述各设施必须完好，以防鼠、虫侵入。卫生监督员负责检查。

监测频率：每天开工前。

(2)厂区和车间地面不应存在可招引鼠、虫的垃圾、废料等污物。生产区大门应常关闭。卫生监督员负责检查有无鼠、虫的存在。卫生监督员应及时向企业管理人员报告虫、鼠害状况。

监测频率：每天开工前、生产中、生产结束后。

(3)生产加工企业应定期灭除老鼠和害虫。卫生监督员负责检查。

监测频率：每月一次。

(二)纠正措施

(1)完善防鼠、虫的设施。

(2)及时清理招引鼠、虫的污物。

(3)定期捕灭鼠、虫。

(三)记录

针对上述(一)中的(1)和(2)项，均应有每日卫生控制记录。

针对上述(一)中的(3)项，应有定期卫生控制记录。

九、环境卫生

(一)控制和监测

(1)厂区应无污染源、杂物，地面平整不积水。卫生监督员负责检查。
监测频率：每天一次。
(2)应保持车间、库房、果棚干净卫生。卫生监督员负责检查。
监测频率：每天一次。
(3)应定期清理打扫厂区环境卫生和清除厂区杂草。卫生监督员负责检查。
监测频率：每周一次。

(二)纠正措施

(1)及时清理污染源、杂物，整修地面。
(2)车间、库房、果棚发现污染物、异物时，及时清理。
(3)定期清理打扫厂区环境卫生和清除厂区杂草。

(三)记录

针对上述(一)中的(1)和(2)项，均应有每日卫生控制记录。
针对上述(一)中的(3)项，应有定期卫生控制记录。

十、检验检测卫生

(一)控制和监测

(1)各生产工序的检查监督人员所使用的采样器具、检测用具应干净卫生。
监测频率：每次。
(2)实验室应干净卫生，无污染源，不得存放与检验无关的物品。
监测频率：每天一次。

(二)纠正措施

针对上述(一)中的(1)项，使用前后及时发现及时清洗消毒。
针对上述(一)中的(2)项，及时清理。

(三)记录

针对上述(一)中的(1)和(2)项，均应有每日卫生控制记录。
每日卫生控制记录和定期卫生控制记录格式分别见表 8-1 和表 8-2。

表 8-1　每日卫生控制记录

公司名称：　　　　　　　　　　日期：

地　　址：　　　　　　　　　　班次：

控制内容		开工前	4h 后	8h 后	备注/纠正
一、加工用水的安全	水质余氯检测报告/微生物检测报告	**			
	水龙头及其固定进水装置有防虹吸装置	**			
二、食品接触面的状况	碱液浓度	**			
	设备能达到清洁消毒的目的	**			
	工器具的消毒液浓度能达到清洁消毒的目的	**	**	**	
	脱胶罐、批次罐清洁	**			
	地面、墙壁的消毒液浓度能达到清洁消毒的目的	**			
	接触食品的手套/工作服清洁卫生	**			
三、预防交叉污染	工厂建筑物维修良好	**			
	原料、辅料、半成品、成品严格分开	**			
	工人的操作不能导致交叉污染(穿戴工作服、帽和鞋、使用手套、手的清洁、个人物品的存放、吃喝、串岗、鞋消毒、工作服的清洗消毒等)	**	**	**	
	果渣、腐烂果及杂质的清除	**	**	**	
	盛装容器的卫生	**			
	厂区排污顺畅，无积水	**	**	**	
	车间地面排水充分，无溢溅，无倒流	**	**	**	
	各作业区工器具标志明显，无混用	**	**	**	
四、手的清洗消毒和卫生间设施维护	卫生间设施卫生状况良好	**	**	**	
	洗手消毒用消毒剂浓度	**	**	**	
	手清洗和消毒设施	**	**	**	
五、防止污染物的危害	包装材料、清洁剂等的存放	**	**	**	
	罐装间的冷凝物	**			
	加工车间光照设备的安全	**			
	设备状况良好，无松动，无破损	**			
	冷藏库的温度/卫生状况	**			
六、有毒化合物标记	有毒化合物的标签、存放	**			
	分装容器标签和分装操作程序正确	**			
七、员工健康	职工健康状况良好	**			
	职工无受到感染的伤口	**			
八、鼠、虫的灭除	加工车间防虫设施良好	**			
	工厂内无害虫	**			
九、环境卫生	厂区应无污染源、杂物，地面平整不积水	**			
	应保持车间、库房、果棚干净卫生	**			

续表

	控制内容	开工前	4h 后	8h 后	备注/纠正
十、检验检测卫生	各生产工序的检验监督人员所使用的采样器具、检测用具应干净卫生	* *			
	实验室应干净卫生，无污染源，不得存放与检验无关的物品	* *			

卫生监督员：　　审核：

表 8-2　定期卫生控制记录

公司名称：

地　　址：　　日期：

	项目	满意(S)	不满意(U)	备注/纠正
一、加工用水的安全	城市水费单和(或)水质检测报告(每年一次)			
	自备水源的水质检测报告(每年两次)			
	储水压力罐检查报告(每年两次)			
	供排水管道系统检查报告(安装、调整管道时)			
二、食品接触面的状况和清洁	车间生产设备、管道、工器具、地面、墙壁和果池内表面等食品接触面的状况(每月一次)			
三、防止交叉污染	卫生监督员、工人上岗前进行基本的卫生培训(雇佣时)			
四、防止污染物的危害	清洁剂、消毒剂、润滑剂须有质量合格证明方可接收(接收时)			
	包装材料须有质量合格证明方可接收(接收时)			
五、有毒化合物的标记	有害化合物须有产品合格证明或其他必要的信息文件方可接收(接收时)			
六、员工健康	从事加工、检验和生产管理人员的健康检查(上岗前/每年一次)			
七、害虫去除	害虫检查和捕杀报告(每月一次)			
八、环境卫生	清理打扫厂区环境卫生和清除厂区杂草(每周一次)			

卫生监督人：　　审核：

复习思考题

1. 卫生标准操作程序(SSOP)的 8 项基本内容有哪些?你是怎样认识的?
2. 卫生标准操作程序(SSOP)与 GMP、HACCP 体系有怎样的关系?
3. 食品加工过程中的直接和间接污染有哪些? 怎样通过卫生标准操作程序预防污染?
4. 结合某一类食品的加工过程，试制订该食品生产中可行的卫生标准操作程序。

第九章 食品良好操作规范

【本章提要】

本章介绍了食品质量管理体系中食品安全过程控制体系成员之一的良好操作规范，包括其起源，国内良好操作规范的现状和进展。重点介绍了我国的食品良好操作规范的内容、熟肉和乳制品良好操作规范认证标准。

【学习目标】

1.了解食品良好操作规范的基本理论和主要内容。

2.重点掌握不同食品企业制定和实施良好操作规范的程序及措施。

【主要概念和名词】

GMP、GMP 认证、召回制度

第一节 良好操作规范概述

良好操作规范(GMP)是一种特别注重在生产过程实施对食品卫生安全的管理的规范。简而言之，GMP 要求食品生产企业应具备良好的生产设备，合理的生产过程，完善的质量管理和严格的检测系统，确保最终产品符合相应的质量要求，根本目的是保障消费者健康。

一、GMP 的起源和现状

GMP 的产生来源于药品生产领域。1961 年，世界上发生了 20 世纪最严重的由于药物引发的灾难——“反应停”事件，经历了这一震惊全世界的重大事件后，人们深刻认识到仅以最终成品抽样分析检验结果作为依据的质量控制体系存在一定的缺陷，事实证明不能保证生产的药品都做到安全并符合质量要求。因此，美国于 1962 年修改了《联邦食品、药品和化妆品条例》，将药品质量管理和质量保证的概念制定为法定的要求。美国食品药品监督管理局(FDA)根据修改法的规定，制定了世界上第一部药品的 GMP，并于 1963 年通过美国国会第一次以法令的形式予以颁布。1967 年，WHO 在出版的《国际药典》(1976 年版)的附录中对其进行了收藏。

1969 年，美国食品药品监督管理局将实施 GMP 管理的观点引用到食品生产法规中。WHO 在 1969 年第 22 届世界卫生大会上，向各成员国首次推荐了 GMP；1975 年 WHO 向各成员国公布了实施 GMP 的指导方针。国际食品法典委员会(Codex Alimentarius Commission，CAC)制定的许多国际标准中都包含着 GMP 的内容，1985 年 CAC 制定了《食品卫生通用 GMP》。一些发达国家，如加拿大、澳大利亚、日本、英国等都相继借鉴了 GMP 的原则和管理模式，制定了不同类别食品企业的GMP，一些作为强制性的法律条文，一些作为指导性的卫生规范。食品 GMP 是在从原材料到成品的整个食品制造过程中，为了充分进行卫生和质量管理，排除可能产生的不卫生因素，确保食品的高质量而制定的管理措施，它同以产品抽样检查为中心的质量管理制度是不相同的，强调了食品生产条件的管理。

国际食品法典委员会(CAC)在食品加工良好操作规范的基础上制定了《食品卫生通则》(CAC/PCPI—1981)及 30 多种食品卫生实施法规，供各会员国政府在制定食品法规时作为参考。这些法规已经成为国际食品生产贸易的准则，对消除非关税壁垒和促进国际贸易起了很大的作用。加拿大政府制定本国的 GMP 和采纳一些国际组织的 GMP，鼓励本国食品企业自愿遵守，一些 GMP 的内容则被列入法律条文，要求强制执行。

日本政府各部门制定了《食品制造流程基准》《卫生规范》《卫生管理要领》等指导性条例，鼓励食品企业自愿遵守。涉及的食品有食用植物油、罐头食品、豆腐、腌制蔬菜、海苔、碳酸饮料、番茄、汉堡包、水产制品、味精、面包、酱油、冷食、饼干、通心粉、油炸食品、冰激凌等。

自 20 世纪 80 年代以来，我国已建立了食品企业卫生规范和良好操作规范，极大地提高了我国食品企业的整体生产水平和管理水平，推动了食品工业的发展。为适应我国参加 WTO 后的形式，我国加大制定和推广 GMP 的力度，积极采用国际组织制定的 GMP 准则。

(1)卫生部共颁布了 20 个国标 GMP，其中包括 1 个通用 GMP 和 19 个专用 GMP，作为强制性标准予以发布。“食品企业通用卫生规范(GB 14881—1994)”为通用 GMP，主要内容包括：主题内容与适应范围、引用标准、原材料采购、运输的卫生要求、工厂设计与设施的卫生要求、工厂的卫生管理、生产过程的卫生要求、卫生和质量检验的管理、成品贮存、运输的卫生要求、个人卫生与健康的要求。19 个专用 GMP 是罐头、白酒、啤酒、酱油、食醋、食用植物油、糕点、乳品、肉类加工、饮料、葡萄酒、果酒、黄酒、面粉、饮用天然矿泉水、巧克力、膨化食品、保健食品、速冻食品良好操作规范等。

(2)原国家商检局和国家质量监督检验检疫总局颁布的 GMP：1984 年由原国家商检局制定了类似 GMP 的卫生法规《出口食品厂、库最低卫生要求》，对出口食品生产企业提出了强制性的卫生要求。1994 年由原国家进出口商品检验局发布了《出口食品厂、库卫生》修改版，又陆续发布了 9 个专业卫生规范，构成了我国出口食品的 GMP 体系。国家质量监督检验检疫总局于 2002 年颁布了《出口食品企业卫生注册登记管理规定》，其中附件 2 相当于我国出口食品的 GMP，其主要内容共 19 条，其核心是卫生质量体系的建立和有效运行，内容包括基本卫生质量方针和目标组织机构及其职责；生产、加工卫生的要求；包装、贮存、运输卫生的要求；有毒有害物品的控制；检验的要求；保证卫生质量体系有效运行的要求。

(3)国家环保局发布的有机食品 GMP：国家环保局颁布的《有机(天然)食品生产和加工技术规范》，共有 8 个部分，即有机农业生产的环境；有机(天然)农产品生产技术规范；有机(天然)食品加工技术规范；有机(天然)食品贮藏技术规范；有机(天然)食品运输技术规范；有机(天然)食品销售技术规范；有机(天然)食品检测技术规范；有机农业转变技术规范等。

(4)农业部发布的 GMP：农业部颁布的 GMP 有《水产品加工质量管理规范》(SC/T 3009—1999)；绿色食品生产技术规程、无公害食品生产规程等。

二、GMP的基本理论

食品加工良好操作规范是一种具有专业特性的质量保证体系和制造业管理体系。政府以法规形式，对所有食品制定了一个通用的良好操作规范，所有企业在生产食品时都应自主地采用该操作规范。同时政府还针对各种主要类别的食品(如低酸性罐头食品)制定了一系列的GMP，各食品厂在生产该类食品时也应自主地遵守它的GMP。食品GMP要求食品加工的原料、加工的环境和设施、加工贮存的工艺和技术、加工的人员等的管理都符合良好操作规范，防止食品污染，减少事故发生，确保食品安全和稳定。

在编制某食品GMP时应包括以下格式和内容：主题内容及适用范围；术语；原料采购、运输和贮藏的卫生；工厂设计与设施的卫生要求；工厂卫生与健康；产品加工过程中的卫生；质量记录、成品贮藏、运输的卫生；卫生与质量检验管理等。

GMP的重点是制定操作规范和双重检验制度，确保食品生产过程的安全性；防止异物、有毒有害物质、微生物污染食品，防止出现人为事故；完善管理制度，加强标签、生产记录、报告档案记录的管理。

GMP中最关键最基本的内容是卫生标准操作程序(SSOP)。在1996年美国食品安全检验署(FSIS)发布的法规中特别强调肉禽类产品生产加工中应严格执行SSOP。SSOP强调预防食品生产车间、环境、人员，以及与食品接触的器具、设备中可能存在的危害及其防治措施。在编制食品SSOP时通常包括以下格式和内容：水的安全性、与食品接触表面的清洁卫生；防止交叉污染；洗手、手的消毒和卫生间设施；防止外来污染物造成的伪劣品；有毒化合物的处理、贮存和使用；职工的健康状况；昆虫与鼠类的扑灭与控制等内容。

由此可见，GMP和SSOP是开展生产危害分析与关键控制点(HACCP)的基础。GMP和SSOP在内容上有许多相同之处。

三、推广和实施GMP的意义

世界的实践证明，GMP能有效地提高食品行业的整体素质，确保食品的卫生质量，保障消费者的利益。GMP要求食品企业必须具备良好的生产设备，科学合理的生产工艺，完善先进的检测手段，高水平的人员素质，严格的管理体系和制度。因此，食品企业在推广和实施GMP的过程中必然要对原有的落后的生产工艺、设备进行改造，对操作人员、管理人员和领导干部进行重新培训，无疑对食品企业的整体素质的提高有极大的推动作用。食品加工良好操作规范充分体现了保障消费者权利的概念，保证食品安全也就是保障消费者的安全利益。有明确的GMP标志，保障了消费者的认知权利和选择权利。同时该制度提供了消费者申诉意见的途径，保障了消费者表达意见的权利。推广和实施GMP在国际食品贸易中是必备条件，因此实施GMP能提高食品产品在全球贸易的竞争力。实施GMP也有利于政府和行业对食品企业的监管，强制性和指导性GMP中确定的操作规程和要求可以作为评价、考核食品企业的科学标准。

四、GMP的主要内容

食品的种类很多，情况很复杂，本章只能介绍所有食品企业都应遵照的通用的食品加工良好操作规范。各类食品企业还应根据实际情况分别执行各自的加工良好操作规范，或参照执行相近的良好操作规范。在执行政府和行业的良好操作规范时，企业应根据企业的实际情况，进一步细化、具体化、数量化，使之更具有可操作性和可考核性。

食品良好操作规范的主要内容包括：食品工厂设计和设施的加工良好操作规范，食品原材料采购、运输和贮藏的良好操作规范，食品生产过程的良好操作规范，食品检验的良好操作规范，食品工厂的组织和制度，食品生产经营人员个人卫生的良好操作规范等。

第二节　国外良好操作规范相关内容

GMP 原来较多地应用于制药工业，现在许多国家将其用于食品工业，制定出了相应的GMP 法规。美国最早将 GMP 用于工业生产，1969 年 FDA 发布了《食品制造、加工、包装和保存的良好生产规范》，简称 GMP 或 FGMP 基本法，并陆续发布各类食品的 GMP。目前，美国已立法强制实施的食品 GMP，在世界范围内的不少发达国家和发展中国家均得到认可并采纳。1969 年，世界卫生组织向全世界推荐 GMP。1972 年，欧洲共同体 14 个成员国公布了GMP 总则。日本、英国、新加坡和很多工业先进国家积极引进食品 GMP，日本厚生省于 1975 年开始制定各类食品卫生规范。

一、国际食品法典委员会的《食品卫生通则》

CAC 的《食品卫生通则》共有 13 卷，包括 237 个食品产品标准，41 个卫生或技术规范，185 种评价的农药，2374 个农药残留限量，25 个污染物准则，1005 种食品添加剂，54 种兽药规定。重要的 GMP 有《食品卫生通则》[CAC/RCP1—1969，Rev. 3(1997)]、《危害分析与关键控制点(HACCP)系统应用导则》[Annex to CAC/RCP1—1969，Rev. 3(1997)]、《水果蔬菜罐头的卫生操作规范》(CAC/RCP8—1969)、《速冻食品加工和处理的操作规程》(CAC/RCP8—1976)、《加工肉禽制品操作规程和导则》[CAC/RCP13—1976，Rev. 1(1985)]、《国际乳粉卫生操作推荐规程》(CAC/RCP31—1983)、《无菌加工和低酸包装食品卫生操作规程》(CAC/RCP40—1993)、《国际食品贸易的道德规程》[CAC/RCP20—1979，Rev. 1(1985)]等。

二、美　　国

在美国已将 GMP 批准为法规，代号为 21CFR part 110，此法规适用于所有食品，作为食品的生产、包装、储藏卫生品质管理体制的技术基础，具有法律上的强制性。

21CFR part 110 包括以下内容。A 部分——总则：110.3 定义；110.5 现行的良好操作规范；110.10 人员；110.19 例外情况。B 部分——建筑物和设施：110.30 厂房和场地；110.35 卫生操作；110.37 卫生设施及控制。C 部分——设备：110.40 设备和工具。D 部分(本节预留作将来补充)。E 部分——生产和加工控制：110.80 加工和控制；110.93 仓贮与销售。F 部分(本节预留作将来补充)。G 部分——缺陷行动水平：110.110 食品中对人体无害或不可避免的缺陷。

21CFR part 110 的内容要点如下。

(1) 110.10 人员。①疾病控制：经体检或监督人员观察发现，凡患有或可能患有有碍食品生产卫生的人员不得进入车间。②清洁卫生：加工人员讲究卫生；穿着清洁、卫生的工作服、发网、帽子等；进入车间或手弄脏后要洗手、消毒；不将私人用品存放在加工区；不佩戴不稳定的饰物，不化妆；禁止在加工区内吃东西、吸烟、喝饮料等。③接受食品卫生、安全培训。

(2) 110.30 厂房和场地。①场地：食品厂四周的场地必须保持良好的状态，防止食品受污染。例如，场地清扫，杂草、害虫滋生地清除，垃圾处理，排水畅通。②厂房结构与设计：a.面积与生产能力相适应；b.能够采取适当的预防措施防止外来污染物的潜在危害；c.结构合理，地板、墙面、天花板易于清扫，保持清洁和维修良好状况；d.人员卫生区、加工区照明充足，采用安全灯具；e.车间装有足够的通风或控制设备，防止冷凝水下滴污染食品；f.必要之处设置虫害防治设施。

(3) 110.35 卫生操作。①一般保养：工厂建筑物、固定装置及其他有形设施必须在卫生条件下进行保养，并保持良好状态，防止食品污染。用于清洁、消毒、杀灭虫害的有毒物质应有供应商担保或证明书，必须遵守地方政府机构指定的有关使用或存放这些产品的一切有关法规。②虫害控制：食品厂的任何区域均不得存在任何动物或害虫。③食品接触面的卫生：所有食品接触面都必须尽可能经常地进行清洁。使用消毒剂必须量足、有效且安全。经清洗干净的可移动设备及工器具存放适当地方，防止受到污染。

(4) 110.37 卫生设施和管理。①供水：供水满足预期的作业使用要求，水源充足，水质安全、卫生。②输水设施：输水设施的尺寸、设计及安装得当，维护良好，能将充足的水送到全厂需要用水的地方。确保排放废水或污水的管道系统不回流，不造成交叉污染。厂里污水、废水排放畅通。③污水处理：排污系统适当。④卫生间设施：足够的、方便进出的卫生设施，设有自动关闭的门，门不能开向食品车间，保持卫生，设施处于良好状况下。⑤洗手设施：洗手设施充足而方便，厂内的每个地方都提供洗手和消毒设施，非手动水龙头，并提供适当温度的流动水，且设有标识牌。

(5) 110.40 设备和工器具。工厂的所有设备和用具，其设计、采用的材料和制作工艺，必须便于充分的清洗和适当的维护。使用时不会造成润滑剂、燃料、金属碎片、污水或其他等污染。接触食品表面的接缝必须平滑，维护得当。凡是用来储放和放置食品的冷藏、冷冻库都必须装上能准确表明室内温度的温度计、自动测量装置及温度自动记录仪和自动报警系统。

(6) 110.80 加工和控制。食品的进料、检查、运输、分选、预制、加工、包装及储存等所有作业都必须严格按照卫生要求进行，确保食品适合人们使用。

(7) 110.93 仓贮与销售。食品成品的储存、运输防止污染。食品和包装材料不变质。

三、加　拿　大

加拿大的基础计划内容相当于 GMP 的内容。基础计划的定义：食品加工企业采取基本的控制步骤或等效程序，在良好的环境条件下，生产安全卫生的食品。在食品企业要实施 HACCP 时，第一步是检查和验证现有的程序是否符合基础计划的所有要求，是否所有必需的控制管理和文件(如文本性计划、负责的人员和监控记录)都已经存在。评估基础计划是否符合要求，一要监控计划的有效性，二要适度保持所要求的记录。

基础计划包括 6 个方面：①厂房，外部环境、建筑、卫生设施、水/汽/冰的质量管理；②运输和储藏，食品运输工具、温度控制、原辅料、非食用化学物质和成品的储存；③设备，一般设备设计、设备安装、设备维护和校准；④人员、培训、卫生和健康要求；⑤卫生和虫害控制，卫生计划、虫害控制程序；⑥回收，回收程序、分发记录。

四、欧 盟

欧共体理事会、欧盟委员会发布了一系列食品生产、进口和投放市场的卫生规范和要求，用以约束其成员国，并且保护欧盟食品贸易。

1. 欧盟食品卫生规范和要求的分类 ①对疾病实施控制的规定；②对农、兽残实施控制的规定；③对食品生产、投放市场的卫生规定；④对检验实施控制的规定；⑤对第三国食品准入的控制规定；⑥对出口国当局卫生证书的规定。

2. 欧共体理事会发布的涉及 GMP 的代表性指令 《水产品生产和投放市场的卫生条件》(91/493/EEC)是欧共体理事会发布的涉及 GMP 的代表性指令。

1）*厂库和设备的一般条件* ①设计和布局不使产品受污染，污染区和清洁区分离；②足够的面积；③地面易清洁、消毒，便于排水；④地面光滑易清洁、耐用、不透水；⑤顶面为易清洁材料；⑥门、窗材料易清洁；⑦通风良好；⑧照明充足；⑨数量充足的非手动洗手水龙头、消毒手设备及一次性毛巾；⑩具有清洁厂区、设备、工器具的设施。

2）*卫生条件* ①车间必须保持清洁、维护良好，不污染产品；②系统地清除厂库内虫害；③洗涤剂、消毒剂等类物质必须经主管当局批准后使用，并存放在专用的柜内，不会造成对生产的污染；④工作区的加工设备、工器具专用。

3）*工作人员卫生条件* ①工作人员穿戴合适、洁净的工作服、帽等；②加工人员每次工作恢复前洗手；③加工和贮存库内禁止吸烟、吐痰、吃喝东西；④雇员必须提供一份健康证明书，证明其可从事食品加工。

4）*加工卫生条件* ①规定了新鲜产品、冷冻产品、鲜冻产品、加工产品、罐藏、烟熏、软体贝类等产品必须达到的卫生条件；②包装须在良好的卫生条件下进行，包装材料符合所有卫生规定，包装材料不得重复使用，包装物存放于加工区以外的库房内，并予以防尘、防污染的保护；③发送产品标记清晰；④储存和运输期间符合规定温度，冷冻品在–18℃及以下，不允许超过 3℃的短时升温；⑤产品不能与可能将其污染或影响卫生的其他产品共同贮存运输；⑥运输工具必须被彻底清洁和消毒。

5）*生产条件的卫生监控* ①感官检查是否符合供人类食用的要求；②寄生虫检查，明显感染了寄生虫的水产品不得投入市场；③化学检验；④挥发性盐基氮(TVB-N)和三甲胺(TMA-N)；⑤组胺；⑥重金属与有机氯化合物；⑦微生物检验。

第三节 国内良好操作规范的相关内容

食品 GMP 的实施，首先为食品生产过程提供了一整套必须遵循的组合标准，使食品生产经营人员认识到食品生产的特殊性，由此产生积极的工作态度，激发他们对食品质量高度负责的精神，消除生产上的不良习惯，使食品生产企业对原料、辅料、包装材料的要求更为严格；其次有助于食品生产企业采用新技术、新设备，从而保证食品质量；再次为卫生行政部门、食品卫生监督员提供监督检查的依据；最后为建立国际食品标准提供基础以便于食品的国际贸易。因此，在我国食品行业实施食品 GMP 具有非常重要的意义。食品 GMP 既是食品制造规范，又是制造食品所必须遵循的技术标准。GMP 是发达国家食品质量管理的先进方法和成功经验，也是保证食品卫生质量的关键。

我国食品企业质量管理规范的制定开始于20世纪80年代中期，这些规范分为4类，即出口食品企业GMP、食品生产卫生规范、有机食品GMP和农业部颁发的GMP。从1988年开始，我国先后颁布了多个食品企业卫生规范。重点对厂房、设备、设施和企业自身卫生管理等方面提出了卫生要求，以促进我国食品卫生状况的改善，预防和控制各种有害因素对食品的污染。1998年，卫生部颁布了《保健食品良好生产规范》(GB 17405—1998)和《膨化食品良好生产规范》(GB 17404—1998)，这是我国首批颁布的食品GMP强制性标准。同以往的“卫生规范”相比，最为突出的特点是增加了品质管理的内容，对企业人员素质及资格也提出了具体要求，对工厂硬件和生产过程管理及自身卫生管理的要求更加具体、全面、严格。

一、食品工厂设计和设施的良好操作规范

《食品安全法》规定，食品生产经营应符合食品安全标准，并符合下列要求：具有与生产经营的食品品种、数量相适应的食品原料处理和食品加工、包装、贮存等场所，保持该场所环境整洁，并与有毒、有害场所及其他污染源保持规定的距离；具有与生产经营的食品品种、数量相适应的生产经营设备或设施，有相应的消毒、更衣、盥洗、采光、照明、通风、防腐、防尘、防蝇、防鼠、防虫、洗涤，以及处理废水、存放垃圾和废弃物的设备或者设施。2013年对GB 14881—1994进行了修订，并于2013年5月24日发布了《食品安全国家标准 食品生产通用卫生规范》(GB 14881—2013)，从2014年6月1日开始实行。该规范对于食品企业卫生管理和指导食品工厂设计及建设具有重要的意义。

(一)食品工厂厂址的选择

(1)防止厂区因周围环境的污染而造成企业污染，厂区周围不得有粉尘、烟雾、有害气体、放射性物质和其他扩散性污染物，不得有垃圾场、污水处理厂、废渣场等。

(2)防止企业污水和废弃物对居民区的污染，应设有污水和废弃物处理设施。

(3)要建立必要的卫生防护带，如屠宰场距居民区的最小防护带不得少于500m，酿造厂、酱菜厂、乳品厂等不得少于300m。

(4)有利于经处理的污水和废弃物的排出。

(5)要有足够、良好的水源，能承载较高的动力负荷。

(6)要有足够可利用的面积和较适宜的地形，以满足工厂总体平面合理的布局和今后扩建发展的要求。

(7)厂区应通风、采光良好、空气清新。

(8)交通要方便，便于物质的运输和职工的上下班。

(二)对食品工厂环境条件的要求

1)对食品工厂建筑设施的要求

(1)建筑物和构筑物的设置与分布应符合食品生产工艺的要求，保证生产过程的连续性，使作业线最短，生产最方便。

(2)厂房应按照生产工艺流程及所要求的清洁级别进行合理布局，同一厂房和邻近厂房进行的各项操作不得相互干扰。做到人流、物流分开，原料、半成品、成品及废品分开，生

食品和熟食品分开，杜绝生产过程中的交叉污染。

(3) 三区(生产区、生活区和厂前区)的布局应合理，生活区(宿舍、食堂、浴室、托儿所)应位于生产区的上风向，厂前区(传达室、化验室、医务室、运动场等)应与生产区分开，锅炉房等产尘的设施应在工厂的下风端。

(4) 厂区建筑物之间的距离应符合防火、采光、通风、交通运输的需要。

(5) 生产车间的附属设施应齐全，如更衣间、消毒间、卫生间、流动水洗手间等。

(6) 厂区应设有一定面积的绿化带，起到滞尘、净化空气和美化环境的作用。

(7) 给排水系统管道的布局要合理，生活用水与生产用水应分系统独立供应。

(8) 废弃物存放设施应远离生产和生活区，应加盖存放，尽快处理。

2) 对食品加工设备、工具和管道的要求

(1) 在选材上，凡直接接触食品原料或成品的设备、工具或管道应无毒、无味、耐腐蚀、耐高温、不变形、不吸水，要求质材坚硬、耐磨、抗冲击、不易破碎，常用的材质有不锈钢、铝合金、玻璃、搪瓷、天然橡胶、塑料等。

(2) 在结构方面，要求食品生产设备、工具和管道要表面光滑、无死角、无间隙、不易积垢、便于拆洗消毒。

(3) 在布局上，生产设备应根据工艺要求合理定位，工序之间衔接要紧凑，设备传动部分应安装有防水、防尘罩。管线的安装尽量少拐弯，少交叉。

(4) 在卫生管理制度上，要定期检查、定期消毒、定期疏通，设备应实行轮班检修制度。

3) 对食品加工建筑物的要求　食品工厂厂房的高度应能满足工艺、卫生要求，以及设备安装、维护、保养的要求，车间的工作空间必须便于设备的安装与维护。存放、搬运食品时，避免食品与墙体、地面和工作人员的接触而造成食品的污染。生产车间的地面应不渗水、不吸水、无毒、防滑。有特别腐蚀性的车间地板，要做特殊处理。地面应平整、无裂缝、稍高于运输通道和道路路面，便于冲洗、清扫和消毒。仓库地面要考虑防潮，加隔水材料。屋面应不积水、不渗漏、隔热，天花板应不吸水、耐温，具有适当的坡度，利于冷凝水的排除。在水蒸气、油烟和热量较集中的车间，屋顶应根据需要开天窗排风。天花板最低高度应在 2.4m 以上。墙壁要用浅色、不吸水、耐清洗、无毒的材料覆盖。在离地面 1.5～2.0m 的墙壁上应用白色瓷砖或其他防腐蚀、耐热、不透水的材料设置墙裙。墙壁表面应光滑平整、不脱落、不吸附，墙壁与地面的交界面要呈弧形，便于清洗，防止积垢。防护门要求能两面开，自动关闭。门窗的设计不能与邻近车间的排气口直接对齐或毗邻。车间的外出门应有适当的控制，必须设有备用门。车间内通道应人流和物流分开，通道要畅通，尽量少拐弯。车间的空气要清洁，要求有适当的通风，可采用自然通风和机械通风，尽量要求自然通风。对一些特别食品要求对车间空气进行净化，尤其是生产保健食品的车间必须按照工艺和产品质量的要求达到不同的清洁程度。食品生产车间的清洁级别可参考药品生产 GMP 要求(表 9-1)。生产车间应有充足的自然光和人工照明，亮度一般不能低于 300lx，应备有应急照明设备。对于经常开启的门窗或天窗应安装纱门、纱窗等，防止灰尘和其他污染物进入车间。

4) 对食品工厂卫生设施的要求　在车间的进口处和车间内的适当地方应设置洗手设备，大约每 10 人 1 个水龙头，并在洗手设备旁边设有干手设备，如热风、消毒干毛巾。对一些特别的车间，工作人员应带有手套。食品从业人员应勤剪指甲，必要时用来苏水或乙醇对手进行消毒。在饮料、冷食等卫生要求较高的生产车间的入口应设有消毒池，一般设在通向车间的门口处。消毒池壁内侧与墙体呈45°坡形，池底设有排水口，池深15～20cm，大小应以工作人员必须通过消毒池才能进入车间为宜。食品从业人员在进入车间时必须在更衣室换上清洁的隔离服，戴上帽子，以防头发上的尘埃及脱落的头发污染食品。更衣室应设在便于工作人员进入车间的位置，应有必要的更衣通风设施，并安装紫外线灯。为保持食品从业人员的个人卫生，食品工厂设置淋浴器是十分必要的，淋浴器龙头按每班工作人员计，每20～25人设置一个。食品工厂厕所的位置、卫生条件直接影响食品的卫生质量，应予以高度重视。厂区厕所应设置在生产车间的下风侧，应距生产车间25m以外，车间的厕所应设置在车间外，其入口不能与车间的入口直接相对，一般设在淋浴室旁边的专用房内。便池应为水冲式，其数量应与生产人员人数相匹配。厕所应装有洗手设施和排臭装置，并备有洗手液或消毒液，厕所的排水管道应与车间分开，厕所应定期进行蚊蝇消灭处理，厕所每天每班清洗消毒。

表9-1　厂房的洁净级别

洁净级别	尘粒数/(个/m^3)		活微生物数/(个/m^3)
	≥0.5μm	≥5μm	
100级	≤3 500	0	≤5
10 000级	≤350 000	≤2 000	≤100
100 000级	≤3 500 000	≤20 000	≤500

5）*对水源的要求*　水源的选择应考虑用水量和水质两个方面。水量必须满足生产的需要，用水量包括生产用水和非生产用水。生产用水主要指需要添加到产品中的水量，非生产用水包括冷却水、消防用水、清洁用水、日常生活用水等。不同食品对水质和卫生的要求不一样，一般说来，自来水是符合卫生要求的，但自来水源多是地表水，容易受季节变换的影响，水质不稳定，如水源是地下水则不会受季节性变化的影响。对一些水质要求较高的食品，如饮料、啤酒、汽水、超纯水等，需要进行特殊的水处理，使之达到各自的用水标准。食品生产用水的净化消毒方法请参看有关资料。

GB 5749—2006《生活饮用水卫生标准》标准规定了生活饮用水水质卫生要求、生活饮用水水源水质卫生要求、集中式供水单位卫生要求、二次供水卫生要求、涉及生活饮用水卫生安全产品卫生要求、水质监测和水质检验方法。适用于城乡各类集中式供水的生活饮用水，也适用于分散式供水的生活饮用水。

二、食品原材料采购、运输和贮藏的良好操作规范

食品加工所用原材料的质量是决定食品最终产品质量的主要因素。食品加工的原材料一般分为主要原材料和辅助材料，其中主要原材料来源于种植、畜产和水产的水果、蔬菜、粮油、畜肉、乳品、蛋品、鱼贝类等，辅助材料有香辛料、调味料、食品添加剂等。这些原材料大多数是动、植物体生产出来的，在种植、饲养、收获、运输、贮藏等过程中都会受到很多有害因素的影响而改变食物的安全性，如微生物和寄生虫的感染。一般说来，食品加工者都不是直接的原材料生产者，而是通过购买的方式获得加工所需的原材料，进而对其进行运输和贮藏。因此，食品加工者必须从原材料采购、运输和贮藏环节着手加强卫生管理。

（一）采购

对食品原材料采购的卫生要求主要包括对采购人员的要求，对采购原料质量的要求。

1）采购人员的要求　采购人员应熟悉本企业所用各种食品原料、食品添加剂、食品包装材料的品种、卫生标准和安全管理办法，清楚各种原材料可能存在或容易发生的卫生问题。采购的原材料必须验收合格后才能入库，按品种分批存放。食品原材料的采购应根据企业食品加工和贮藏能力有计划地进行，防止一次性采购过多，造成原料积压、变质。

2）采购原材料的要求　《食品安全法》第五十条规定：食品生产者采购食品原料、食品添加剂、食品相关产品，应当查验供货者的许可证和产品合格证明；对无法提供合格证明的食品原料，应当按照食品安全标准进行检验；不得采购或者使用不符合食品安全标准的食品原料、食品添加剂、食品相关产品。

食品生产企业应当建立食品原料、食品添加剂、食品相关产品进货查验记录制度，如实记录食品原料、食品添加剂、食品相关产品的名称、规格、数量、生产日期或者生产批号、保质期、进货日期，以及供货者的名称、地址、联系方式等内容，并保存相关凭证。记录和凭证保存期限不得少于产品保质期满后 6 个月；没有明确保质期的，保存期限不得少于两年。

通常食品原材料的卫生标准检查由以下 4 个部分组成。

⑴感官检查：感官质量是食品重要的质量指标，而且检查简单易行，结果可靠。例如，鲜肉新鲜时为鲜红色，有光泽、肉表面干燥、具有鲜肉特有的香气。水果蔬菜新鲜时有生物功能，随新鲜度的下降，生物功能下降，色、香、味、形发生变化，变色退色、失重、萎蔫，香气降低。水产品新鲜时体表光亮，形体饱满，眼球充血，腮鲜红，肉体有弹性；新鲜度下降时体表光泽消失，腹部鼓起，体表发黏，肛门有异物流出，产生异味。

⑵化学检查：食品原材料在质量发生劣变时都伴随有其中的某些化学成分的变化，所以常常通过测定特定的化学成分来了解食品原材料的卫生质量。水果蔬菜类原材料可测定叶绿素、维生素 C、可溶性氮等指标。动物性食品可测定酸度、氨态氮、挥发性盐基氮、组胺等。

⑶微生物学检查：食品可因某些微生物的污染而使其新鲜度下降甚至变质，主要指标有细菌总数、大肠杆菌群、致病菌等。当然有些食品原材料的主要检查对象有所不同，如花生常常要检测黄曲霉。

⑷食品原材料中有毒物质的检测：有些食品原材料在种植、养殖、采收、加工、运输、销售和贮藏等环节中，往往会受到一些工业污染物、农药、致病菌及毒素产生菌的污染。在采购时，应充分估计到这种可能性，进行相关的化学或微生物学检测，排除被污染的可能性。

（二）运输

食品在运输时，特别是运输散装的食品原材料时，严禁与非食品物资，如农药、化肥、有毒气体等同时运输，也不得使用未经清洗的运输过上述物资的运输工具。食品原材料的运输工具应要求专用，如做不到专用，应在使用前彻底清洗干净，确保运输工具不会污染被运输的食品物资。

运输食品原材料的工具最好设置篷盖，防止运输过程中由于雨淋、日晒等造成原材料的污染或变质。不同的食品原材料应依其特性选择不同的运输工具。运输小麦、大米、油料等干性食品原材料时可用普通常温运输工具。运载水果蔬菜等生鲜植物原材料时应分隔放置，避免挤压撞伤而腐烂。气温较高时，应采用冷藏车，气温较低时应采取一定的保温措施，以防冻伤。运载肉、鱼等易腐烂食品原材料时，应用冷藏车，冷藏车应全程开启制冷系统。

运载活畜、活禽时应分层设置铁笼，通风透气，长途运输时应供给足够的饲料和饮水。装卸应轻拿轻放，严禁摔打，对液态材料还应注意放置方向，切勿倒置。运输动物时还应注意保护动物福利。

（三）贮藏

食品企业必须创造一定的条件，采取合理的方法来贮藏食品原材料，确保其卫生安全。对食品原材料贮藏的卫生要求主要有以下几点。

1）贮藏设施　不同原材料分批分空间贮藏，同一库内贮藏的原材料应不会相互影响其风味，不同物理形态的原材料也要尽量分隔放置。贮藏不易过于拥挤，物资之间保持一定距离，便于进出库搬运操作，利于通风。食品原材料贮藏设施的要求依食品的种类不同而不同，原材料的性质是决定贮藏设施卫生条件的主要因素。对于容易腐烂变质的肉、鱼等原材料，应采取低温冷藏；对于容易腐烂、失水的水果蔬菜原材料应有保鲜仓库，依品种或材料特性的不同采取冷藏或气调贮藏等。对于油料、面粉、大米等干燥原材料贮藏设施要具有防潮功能。

2）贮藏作业　贮藏设施的安全卫生制度要健全，应有专人负责，职责明确，原料入库前要严格按有关的卫生标准验收合格后方能入库，并建立入库登记制度，做到同一物资先入先出，防止原料长时间积压。应当按照保证食品安全的要求贮存食品。库房要定期检查、定期清扫、消毒，及时清理变质或者超过保质期的食品。贮藏温度对许多食品原材料来说是至关重要的，贮藏温度的合适与否会直接影响原材料的卫生质量，温度过高会造成原材料萎蔫，有害化学反应加速，微生物增殖迅速。温度过低又可能导致原材料发生冻伤或冷害。控制温度相对稳定也非常重要，贮藏温度的大幅度变化，往往会带来贮藏原材料品质的劣化。

三、食品生产过程的良好操作规范

食品生产过程就是原料到成品的过程，根据食品加工方式不同或成品要求的不同，食品原料要经过各种不同的加工工艺，如清洗、去皮、干燥、冷冻、热处理、切割、发酵、分级等，加工好的食物经包装后就形成成品。由于食品的加工需要经过多个环节，这些环节可能会对食品造成污染，因此要求食品生产的整个过程要处于良好的卫生状态，尽量减少加工过程中食品的污染。因此必须了解不同食品生产加工工艺过程中可能造成食品污染的物质来源，指定相对应的生产过程卫生管理制度，提出必要的卫生要求，才可能较好地防止食品在加工过程中造成污染。

以下讲解 4 种食品生产过程的良好操作规范。

（一）食品干制

食品的干制程度以达到水分活度低于 0.6 为宜，若以水分含量表示则奶粉应小于 8%，全蛋粉应小于 10%，面粉应小于 12%，脱水蔬菜有的应小于 6%（如南瓜），有的应小于 7.5%（如胡萝卜和花椰菜)，有的应小于 12%(如黄花菜和香菇)。干制后的食品应密闭包装，贮藏环境的相对湿度应小于 70%。干制之前，食品应进行烫漂杀青，70℃维持 1～3min，或用 0.13%的亚硫酸盐溶液进行处理。干制应尽可能采用热风干制、真空干制或冷冻干制，最好不要使用晒干、阴干等方法。

(二)食品罐制

原料要精心挑选，杜绝使用已腐烂或变质的原料，进行彻底整理和清洗，去掉不可食部分。对原料的杀青处理一定要充足，保证食品不会因为杀青不彻底而导致营养成分损失和风味变劣。罐制的排气、杀菌、封口一定要严格按照工艺条件进行，排气时罐中心温度一定要达到相应规定的标准，杀菌也要彻底。成品的贮藏环境要求保持一定的温度和湿度，不宜过高。

(三)食品冷藏

冷冻之前食品要经过一定的处理，如杀青、预冷等。冷冻所用的冷水和冰必须符合饮用水的标准。使用的制冷剂绝对不能有泄漏。冷冻一定要彻底，也就是食品的中心温度一定要达到冷冻所需要的温度要求。冷冻成品在加工后的贮藏和销售过程中要保持相应的温度要求。

(四)食品辐射

被辐照的食品一定是完好无腐烂的，不允许将腐烂的食物进行辐照保藏。严格按照工艺确定的辐照剂量进行操作。辐照的食物一般在辐照前要求有一定的包装，防止因辐照导致的食品质量的劣化。辐照加工后的食物要有一定的标记，不允许重复进行辐照。

四、食品检验的良好操作规范

《食品安全法》第五十一条规定：食品生产企业应当建立食品出厂检验记录制度，查验出厂食品的检验合格证和安全状况，如实记录食品的名称、规格、数量、生产日期或者生产批号、保质期、检验合格证号、销售日期，以及购货者的名称、地址、联系方式等内容，并保存相关凭证。记录和凭证保存期限应当符合本法第五十条第二款的规定。第五十二条也规定：食品、食品添加剂、食品相关产品的生产者，应当按照食品安全标准对所生产的食品、食品添加剂、食品相关产品进行检验，检验合格后方可出厂或者销售。第八十九条还规定：食品生产企业可以自行对所生产的食品进行检验，也可以委托符合本法规定的食品检验机构进行检验。

因此，食品生产经营企业应成立相应的质量检验部门，严格把关，有效预防、监督和保证出厂产品的质量，促进食品安全和质量的不断提高。

企业食品检验机构的职责如下。

(1)贯彻落实《食品安全法》、《产品质量法》和国家、企业相关的食品安全和质量规定，严格执行有关标准和法规，保证出厂产品符合标准。

(2)对产品进行有效的检验，检验的依据是技术标准。根据检验结果独立而公正地实行安全质量否决权。

(3)负责企业相关产品企业标准的制定，并研究详细可行的产品检验计划，报国家有关部门批准。

(4)负责新产品开发、研制和设计过程中的安全和质量的审查和鉴定工作。

(5)负责不合格产品的处理、标示和保管。

(6)对食品卫生和质量检验人员进行培训和考核，提高他们的业务素质。

(7)对全体职工进行食品安全法规和质量法规的宣传和教育，增强食品卫生和质量意识。

按生产的流程可将食品卫生和质量检验分为原料检验、过程检验和成品检验。原料检验是对进入加工环节的原料进行检验，保证原料以绝对好的状态进入加工。过程检验是在加工的各个环节对中间的半成品或制品进行检验，及时剔除生产中出现的不合格产品，将损耗降低到最低限度。成品检验是食品卫生和质量检验的最后环节，包括对成品外观检查、理化检验、微生物检验、标签和包装检验等。食品生产企业应当建立食品出厂检验记录制度，查验出厂食品的检验合格证和安全状况，并如实记录食品的名称、规格、数量、生产日期、生产批号、检验合格证号、购货者名称及联系方式、销售日期等内容。食品出厂检验记录应当真实，保存期限不得少于2年。食品出厂检验，应当按照有关检验规定保留样品。

五、食品生产经营企业的组织和制度

《食品安全法》第四十四条规定：食品生产经营企业应当建立健全食品安全管理制度，对职工进行食品安全知识培训，加强食品检验工作，依法从事生产经营活动。食品生产经营企业的主要负责人应当落实企业食品安全管理制度，对本企业的食品安全工作全面负责。食品生产经营企业应当配备食品安全管理人员，加强对其培训和考核。经考核不具备食品安全管理能力的，不得上岗。食品药品监督管理部门应当对企业食品安全管理人员随机进行监督抽查考核并公布考核情况。监督抽查考核不得收取费用。

(一)食品安全管理机构和制度

食品生产经营企业应成立专门的食品安全管理机构，由企业主要负责人分管食品安全工作，把食品安全的管理工作始终贯彻于整个食品的生产环境和各个环节。食品安全管理机构的主要职责如下。

(1)贯彻执行食品安全法规，包括《食品安全法》及有关的良好操作规范、相关的食品卫生标准等，切实保证食品生产过程的安全控制，坚决杜绝违反食品法规的生产操作和破坏食品安全的行为，发现和组织解决本企业的质量问题和安全卫生问题。

(2)制定和完善本企业的各项安全管理制度，组织质量和安全管理小组开展经常性的活动，开展定期食品安全大检查。

(3)对本企业人员进行食品卫生法规知识的培训和宣传，开展健康教育。培训对象除了管理人员和生产人员以外，还应包括企业主、后勤人员等。培训内容除了技术以外，还应有伦理道德、社会责任等。

(4)执行国家食品召回制度。发现生产的食品不符合食品安全标准，应立即下令停止生产，召回已经上市销售的食品，立即控制局面，积极进行抢救和补救措施，并向有关责任人及时汇报，协助调查。

（二）食品生产设施的安全管理制度

在食品生产中一切生产设施应有良好的卫生状态，整齐清洁、不污染食品。对于一些大型基建设施，如各种机械设备、装置、给排水系统等应按规定使用、清洗和保养，发生污染应及时处理。主要生产设备每年至少应进行一次大的维修和保养。

对于在食品生产过程中与食品直接接触的机械、管道、传送带、容器、用具、餐具等应用洗涤剂进行清洗，并用卫生安全的消毒剂进行灭菌消毒处理。

食品生产的卫生设施应齐全，如洗手间、消毒池、更衣室、淋浴室、厕所、用具消毒室等，这些卫生设施的设立数量和位置应符合一般的原则要求，工作服也是保证食品卫生质量的一个卫生设施，工厂应为每个工作人员提供2～3套工作服，并派专人对工作服进行定期的清洗消毒工作。

（三）食品召回制度

《食品安全法》第六十三条规定：国家建立食品召回制度。食品生产者发现其生产的食品不符合食品安全标准或者有证据证明可能危害人体健康的，应当立即停止生产，召回已经上市销售的食品，通知相关生产经营者和消费者，并记录召回和通知情况。食品经营者发现其经营的食品有前款规定情形的，应当立即停止经营，通知相关生产经营者和消费者，并记录停止经营和通知的情况。食品生产者认为应当召回的，应当立即召回。由于食品经营者的原因造成其经营的食品有前款规定情形的，食品经营者应当召回。食品生产经营者应当对召回的食品采取无害化处理、销毁等措施，防止其再次流入市场。但是，对因标签、标志或者说明书不符合食品安全标准而被召回的食品，食品生产者在采取补救措施且能保证食品安全的情况下可以继续销售；销售时应当向消费者明示补救措施。食品生产经营者应当将食品召回和处理情况向所在地县级人民政府食品药品监督管理部门报告；需要对召回的食品进行无害化处理、销毁的，应当提前报告时间、地点。食品药品监督管理部门认为必要的，可以实施现场监督。食品生产经营者未依照本条规定召回或者停止经营的，县级以上人民政府食品药品监督管理部门可以责令其召回或者停止经营。

（四）食品有害物的管理制度

食品有害物包括有害生物和有害的化学物质两大类。老鼠、苍蝇、蟑螂等对食品生产具有极大的危害，被这些生物污染了的食品上带有大量细菌、病毒和寄生虫，食品带有难闻的气味，食品质量严重降低或损失，因此对此类生物应严加控制。在食品生产场所使用的杀虫剂、洗涤剂、消毒剂包装应完全、密闭不泄露，在贮藏此类物品的地方应明确标示“有毒有害物”字样，并专柜贮藏，专人管理，使用时应严格按照其使用量和使用方法操作，使用人员应了解这些物质的性质和质量情况。食品生产场所使用的杀虫剂、洗涤剂、消毒剂应经省级卫生行政部门批准。

（五）食品生产废弃物的管理制度

食品生产的废弃物主要是指食品生产过程中形成的废气、废水和废渣，废弃物处理不当或处理不及时会造成食品的污染或环境的污染。对食品生产过程中形成的废水和废物的排放应严格按照国家有关“三废”排放的规定进行，积极采用三废治理技术，尽量减少废物排放量，对产生的废物要经过合理的处理后方可排放。

六、食品生产经营人员个人卫生的良好操作规范

（一）对食品生产经营人员个人卫生的要求

《食品安全法》第三十三条的（八）款规定：食品生产经营人员应当保持个人卫生，生产经营食品时，应当将手洗净，穿戴清洁的工作衣、帽等；销售无包装的直接入口食品时，应当使用无毒、清洁的容器、售货工具和设备。

具体来讲，食品生产经营人员的个人卫生应从以下几方面进行要求。

1）保持双手清洁　在工作之前、大小便之后、接触不干净的生产工具之后、处理了废弃物之后必须洗手，洗手时要求使用肥皂，用流水清洗，必要时用乙醇或漂白粉消毒，洗完后将手烘干或用餐巾纸或消毒毛巾擦干，指甲要经常修剪，保持清洁。

2）保持衣帽整洁　进入车间必须穿戴整洁的工作服、帽、鞋等，防止头发、头屑等污染食品。工作服要求每天清洗更换，不能穿戴工作服进入废弃物处理车间和厕所。

3）培养良好的个人卫生习惯　食品从业人员应勤剪指甲、勤洗澡、勤理发，不要用手经常接触鼻部、头发和擦嘴，不随地吐痰；不戴手表、戒指、手镯、项链、耳环。进入车间不宜化浓艳妆、涂指甲油、喷香水。上班前不准酗酒，工作时不得吸烟、饮酒、吃零食。生产车间中不得带入和存放个人日常生活用品。进入车间的非生产性人员也应完全遵守上述要求。

（二）对食品生产人员健康的要求

我国《食品安全法》第四十五条规定：食品生产经营者应当建立并执行从业人员健康管理制度。患有国务院卫生行政部门规定的有碍食品安全疾病的人员，不得从事接触直接入口食品的工作。从事接触直接入口食品工作的食品生产经营人员应当每年进行健康检查，取得健康证明后方可上岗工作。

为防止食品造成食物中毒、传染病等各种疾病，食品生产经营企业应对职工进行严格的健康检查，开展健康宣传，早发现早处置。患有《食品安全法》规定不得从事接触直接入口食品工作的疾病的从业人员，食品生产经营者应当将其调整到其他不影响食品安全的工作岗位。在不接触直接入口食品的人员中如发现传染病或带菌者，也应当进行管理，加强治疗。要建立一人一卡的健康检查档案，以便全面掌握食品从业人员的健康状况。

承担健康检查的医疗机构必须是经当地卫生行政部门认可的单位，在指定范围内进行健康检查工作。检查的内容主要是有无有碍食品卫生的疾病的既往史、现病史。检查的重点是病毒性肝炎、伤寒、痢疾、活动性肺结核、化脓性或渗出性皮肤病。检查的项目必须包括肝脾触诊、皮肤检查、肠道带菌检查、胸部透视、肝功能等。其他有碍食品卫生的疾病主要有流涎症状、肛漏、腹泻、皮屑症患者等。

七、国内外良好操作规范所包含内容的对比

国内外 GMP 所包含内容的对比见表 9-2。

表 9-2　国内外 GMP 所包含内容的对比

基本内容编号	国家标准类卫生规范	出口食品企业卫生要求及卫生注册规范	美国的 GMP 法规
1	原材料采购、运输、储藏的卫生	卫生质量管理	人员
2	工厂设计与设施的卫生	厂区环境卫生	厂房和场地
3	工厂的卫生管理	车间及设备设施卫生	卫生操作
4	个人卫生与健康的要求	原料、辅料及加工卫生用水	卫生设施与管理
5	加工过程中的卫生	加工检验人员卫生	设备和工器具
6	成品储藏、运输卫生	加工卫生	加工和控制
7	卫生与质量检验管理	包装、储存、运输卫生	仓储和销售
8		卫生检验管理	

通过对国内外各类 GMP 内容的对比，可以看出，我国的《出口食品厂、库卫生要求》及出口食品加工企业卫生注册规范与其他的 GMP 在内容、法律效率方面是基本一致的。

但美国的 GMP 比我国的《出口饮料加工企业注册卫生规范》还多强调了以下几点。①人员：用于处理食品的手套应处于完整无损、清洁卫生的状态，手套应用非渗透的材料；不将私人用品存放在加工区；禁止在加工区内吃东西、吸烟、喝饮料等。②厂房和场地：天花板、支架和管道上滴下的水滴或冷凝物不会污染食品、食品接触面或食品包装材料。③卫生操作：用于清洗和消毒作业的清洗剂和消毒剂不能带有不良微生物，而且在现场的使用条件下必须是绝对安全的；有毒化学品应合理标识、存放和使用；食品厂的任何区域均不得存在任何动物或害虫，经证明不能形成污染的看门狗除外；食品厂用于生产的不与食品接触的设备的表面也应当尽量经常清洗，以防止食品受到污染；一次性用品(如一次性用具、纸杯、纸巾)应合理存放、处理、分发、使用和弃置；在使用条件下，消毒剂必须量足而且安全；合理存放已清洗的可移动的设备及用品。④卫生设施和管理：供水设施要防止虹吸或水倒流；卫生间安装能自动关闭的门；洗手消毒处有明显、易懂的标识。⑤设备和工器具：不与食品接触的设备必须结构合理，便于保持清洁卫生。

第四节　食品良好操作规范的认证

食品良好操作规范是一种自主性的质量保证制度，为了提高消费者对食品良好操作规范的认知和信赖，一些国家和地区开展了食品良好操作规范的自愿认证工作。自 20 世纪 80 年代以来，我国开展了食品企业卫生规范和良好操作规范的认证。食品 GMP 认证的食品有饮料、冷饮、面粉、糖果、茶叶、面条、食用油、罐装食品、水产制品、肉制品等。

食品 GMP 认证工作程序包括申请、资料审查、现场评审、产品检验、签约、授证、追踪考核等步骤。食品企业应递交申请书。申请书包括产品类别、名称、成分规格、包装形式、质量、性能，并附公司注册登记影印件、工厂厂房配置图、机械设备配置图、技术人员学历证书和培训证书等。

食品企业还应提供质量管理标准书、制造作业标准书、卫生管理标准书、顾客投诉处理办法和成品回收制度等技术文件。质量管理标准书的内容包括质量管理机构的组成和职责、原材料的规格和质量验收标准、过程质量管理标准和控制图、成品规格及出厂抽样标准、检验控制点和检验方法、异常处理办法、食品添加剂管理办法、员工教育训练计划和实施记录、食品良好操作规范考核制度和记录、仪器校验管理办法等。制造作业标准书的内容包括产品加工流程图、作业标准、机械操作及维护制度、配方材料标准、仓储标准和管理办法、运输标准和管理办法等。卫生管理标准书的内容包括环境卫生管理标准、人员卫生管理标准、厂房设施卫生管理标准、机械设备卫生管理标准、清洁和消毒用品管理标准。

食品 GMP 认证编号由 9 位数组成，1～2 号代表产品的类别，3～5 号代表工厂编号，6～9 号代表产品编号。

一、熟肉制品良好操作规范认证标准

肉与肉制品生产企业除应符合食品厂良好操作规范一般卫生要求(见本章第三节)外，还应符合以下特殊要求。

1. 人员与资格

(1) 熟肉制品生产企业应具有与所生产的熟肉制品相适应的具有相关专业知识的技术人员和具有生产及组织能力的管理人员。技术人员的比例不低于职工总数的 5%。

(2) 主管技术的企业负责人受过食品加工专门培训，具有熟肉制品生产及质量、卫生管理的经验。

(3) 熟肉制品生产和卫生质量控制部门的负责人是专职技术人员，应具有与所从事专业相应的大专以上学历或受过专门培训，能够按规范的要求组织生产或进行卫生质量控制，有能力对熟肉制品生产和卫生质量控制中出现的实际问题作出正确判断和处理。

(4) 熟肉制品生产企业有专职的卫生质量控制人员，卫生质量控制人员应当受过专门培训。

(5) 采购人员掌握鉴别原料是否符合质量、卫生要求的知识和技能。

(6) 生产人员上岗前经过卫生法规教育及相应技术培训，具备符合相应要求的生产操作能力。

(7) 各类人员应具备做好个人卫生的能力。

(8) 工厂应建立各类人员卫生、技术培训及考核档案。

2. 设备与设施

(1) 接触肉品的设备、工器具和容器应使用无毒、无气味、不吸水、耐腐蚀、经得起反复清洗与消毒的材料制作；其表面平滑、无凹坑和裂缝。接触生肉、半成品、成品的设备、工器具和容器应标志明显，分开使用。

(2) 固定设备的安装位置应便于清洗、消毒；设备之间和设备与墙壁之间应有 0.5m 以上的距离，以满足加工过程中的使用及进行设备维修、卫生清洁时的需要。

(3) 不同产品应根据工艺技术要求采用符合卫生要求和满足产品制作要求的设备。肉制品的搅拌、灌肠、内包装宜采用机械操作。

(4) 车间和工厂有专用盛装废弃物的容器，并选用金属或其他不渗水的材料制作。各种不同的容器有明显的标志。

(5) 双重锅、杀菌锅等压力容器的设计、安装、操作和保养符合国家规定的压力容器安全标准。杀菌设备应具备温度、时间的指示装置。

(6) 工厂应具备原料库、成品库及相应的冷藏、冷冻库房。库房的建筑应避免产品受到日光直射和雨淋，具有防鼠、防蝇、防尘土、防潮湿等设施。

(7) 冷库设有冷藏库（0～10℃）、冷冻库（-18℃以下）；所有冷库（包括冷冻库和冷藏库）安装温度自动记录仪或温度湿度计。

(8) 工厂应具备原料和成品的装运车辆和容器、设备。根据原料和产品特点应具备运输过程中的冷藏和保温手段。

(9) 应有供技术人员和卫生质量控制人员使用的现场检测设备。这些设备至少包括：中心温度计、有效氯检测用具、pH 计、温度湿度计。

3. 生产过程

1) 原料、辅料的卫生要求

(1) 用于加工熟肉制品的原料肉经兽医检验合格，分别符合 GB 2707—2005、GB 2710—1996 及其他有关国家标准的规定，宜使用经过实施 GB 12694—1990 的企业生产的肉类原料，不得采购和使用未经兽医检验、未盖兽医卫生检验印戳、未开检疫证明的肉，也不得采购和使用虽有印戳、证明，但不符合卫生和质量要求的原料肉。

(2) 原料、辅料在接收或正式入库前必须经过对其卫生、质量的审查，对产品生产日期、来源、卫生和品质、卫生检验结果等项目进行登记验收后，方可入库。未经卫生行政部门许可不得使用条件可食肉进行熟肉制品加工。

(3) 加工用水的水源要求安全卫生。使用城市公共用水，水质应符合国家饮用水标准。使用自备水源，在投产前应对水源和水质进行评估，确保不存在对水源造成污染的因素，保证所采取的清洗消毒措施使水质符合饮用水标准。

(4) 食品添加剂应按照 GB 2760—2012 规定的品种使用，禁止超范围、超标准使用食品添加剂。

2) 原料的贮存

(1) 用于原料贮存的冷库、常温库应经常保持清洁、卫生。肉品贮存应按入库的先后批次、生产日期分别存放，并做到包装物品与非包装物品分开，原料肉与杂物分开。清库时应做好清洁或消毒工作，但不得使用农药或其他有毒物质杀虫、消毒。

(2) 冻肉、禽类原料应贮藏在-18℃以下的冷冻间内，同一库内不得贮藏相互影响风味的原料。冻肉、禽类原料在冷库贮存时在垫板上分类堆放，并与墙壁、顶棚、排管有一定间距。

(3) 原料的入库和使用应本着先进先出的原则，贮藏过程中随时检查，防止风干、氧化、变质。肉品在贮存过程中，应采取保质措施，并切实做好质量检查与质量预报工作，及时处理有变质征兆的产品。

(4) 使用的鲜肉应吊挂在通风良好、无污染源、室温 0～4℃的专用库内。

(5) 包装材料存放在通风、干燥、无尘土、无污染源的仓库内。

3) 加工

(1) 工厂根据产品特点制订配方、工艺规程、岗位和设备操作责任制及卫生消毒制度。严格控制可能造成产品污染的环节和因素。应确定加工过程中各环节的温度和加工时间，缩短不必要的肉品滞留时间。

(2) 重要设备的使用和维修保养应用熟练工人操作，在使用前应检查是否达到应当有的清洁和正常状态。重要加工设备应定期维护并制订运转不良时的纠偏措施。

(3) 加工过程中应严格按各岗位工艺规程进行操作，各工序加工好的半成品要及时转移，防止不合理的堆叠和污染。各工序所使用的工具、容器不应给所加工的食品带来污染。

(4)各工序的设计应遵循防止微生物大量生长繁殖的原则，宜遵循的一般情况如下：冷藏食品的中心温度应在0～7℃；冷冻食品应在–18℃以下；杀菌温度应达到中心温度70℃以上；保温贮存肉品中心温度应保持60℃以上；肉品腌制间的室温应控制在2～4℃。

(5)加工人员应具备卫生操作的习惯，规范、有序地进行加工、操作，随时清理自身岗位及其周围的污染物和废弃物，在加工过程中，不得使原料、半成品、成品直接接触地面和相互混杂，也不得有其他对产品造成污染或对产品产生不良影响的行为。

(6)食品添加剂的使用应保证分布均匀，并制订保证腌制、搅拌效果的控制措施。

(7)使用非动物肠衣必须符合相应包装材料的卫生要求。

(8)熏制各类产品应使用低松脂的硬木(木屑)。

(9)加工好的肉制品应摊开凉透，不得堆积、摞压，并尽量缩短存放时间。

(10)各种熟产品的加工均不得在露天进行。

4. 包装

(1)包装熟肉制品前操作间应进行清洁、消毒处理，并对人员卫生、设备运转情况进行检查。

(2)各种包装材料符合国家卫生标准和卫生管理办法的规定。

(3)包装材料在使用前应按有关原料投产规定由卫生管理人员检查认可。

(4)定型包装产品的外包装贴有符合GB 7718—2011规定的标签；非定型包装的产品应以适当方式标明产品的保质期限、保存方法和使用方法，以及生产者名称和所在地址。

5. 贮藏

(1)无外包装的熟肉制品限时存放在专用成品库中。如需冷藏贮存则应包装严密，不得与生肉、半成品混放。

(2)各种腌、腊、熏制品按品种采取相应的贮存方法。一般吊挂在通风、干燥的库房中，咸肉堆放在专用的台面或垫架上，如夏季贮存或需延长贮存期应在0～10℃温度下贮存。

6. 运输

(1)运送熟肉制品应采用加盖的专用容器，并使用专用防尘冷藏或保温车运输。

(2)不同加工方式的产品分不同容器盛装；肉制品、内脏制品不得直接或间接接触。

(3)所有运输车辆用后应立即清洗，容器应进行清洗、消毒处理。不得使用未经清洗的车辆和未经消毒的容器运输熟肉制品。

(4)应采用不影响产品卫生品质和包装的妥善方式装卸产品。

二、乳制品良好操作规范认证标准

乳制品生产企业除应符合食品厂良好操作规范一般卫生要求(见本章第三节)以外，还应符合以下特殊要求。

(一)厂房与布局

车间应包括生产车间和辅助车间，生产车间包括收乳间、原料预处理车间、加工制作车间、半成品贮存及成品包装车间等。辅助车间应包括检验室、辅料仓库、材料仓库、成品仓库、更衣室及洗手消毒室、厕所和其他为生产服务所设置的必需场所。

（二）人员与资格

(1)生产管理、品质管理、卫生管理负责人应具备大专以上相关专业学历或中专相关专业学历，并具备4年以上直接或相关管理经验。

(2)生产负责人应具有相应的加工技术、经验与卫生知识。

(3)负责品质管理的人员应具有发现、鉴别各生产环节、制品中不良状况的能力，并能胜任工作。

(4)食品检验人员应为大专以上相关专业学历，或者中专学校毕业从事食品检验工作两年以上或经省级以上(包括省级)行政主管部门认可的权威技术部门专业培训后取得相关专业检验资格者。

(5)工厂应有足够的品质管理及检验人员，能做到每批产品均检验。

(6)专职卫生管理人员应具备卫生或相关专业大专以上学历或同等学力；兼职卫生管理人员应具备卫生或相关专业中专以上学历或同等学力。

（三）设施与设备

(1)排列应有序，使生产作业顺畅进行并避免引起交叉污染，各个设备的性能应能相互配合。

(2)用于测定、控制或记录的测量器和记录仪，应能充分发挥其功能且必须准确，并定期校正。

(3)用于食品、清洁食品接触面或设备的压缩空气及其他气体应经过过滤净化处理，以防止造成间接污染。

(4)收乳及储乳设备应包括计量设备、乳桶和奶槽车等贮乳设备及洗涤杀菌设备、过滤器或净乳机、冷却设备、有绝热层的储乳罐、原料乳检验设备、制冷设备等。

(5)预处理设备应包括混合调配设备(原料调配罐、标准化调配罐)、均质机、过滤器或净乳机、热交换器(杀菌器)等。

(6)鲜乳及再制乳加工设备应包括预处理设备、乳液储存设备、洗瓶机及装瓶机(限于玻璃瓶)(或自动纸器包装机或塑料薄膜包装机)、日期打(喷)印机、清洗设备成品冷藏库等。

(7)发酵乳加工设备应包括预处理设备、菌种培养设备、搅拌器(混合机)、发酵液储存罐、发酵液稀释罐、洗瓶机(限于玻璃瓶)、检瓶机(限于玻璃瓶)、灌装机、日期打(喷)印机、培养室、冷藏库等。

(8)炼乳加工设备应包括预处理设备、浓缩设备、空罐清洗消毒设备、包装机、高压灭菌机、冷却设备、结晶设备(甜炼乳)等。

(9)乳粉加工设备应包括预处理设备、浓缩设备、喷雾干燥系统、粉体冷却设备(流化床)、筛粉机、乳粉储槽(或其他贮粉设备)、添加物混合设备、空罐杀菌机、乳粉包装机等。

(10)奶油加工设备应包括原料乳储罐、奶油分离机、杀菌剂、稀奶油储罐、酪乳储罐、奶油泵、奶油包装机及根据实际生产增加相应设备，如稀奶油成熟罐、连续奶油加工机等。

(11)干酪生产设备应包括预处理设备、干酪槽(或凝乳槽)、干酪盐水槽、压滤槽车干酪加热成型机、发酵室、熔化锅、切割机、包装机等。

(12)清洗消毒设备和乳管路宜采用就地清洗(CIP)系统。CIP设备应包括清洗液储罐、喷洗头、清洗液输送泵及管路管件、程序控制装置等。

(13)其他乳制品的加工应有必要的专业生产设备。

(14)工厂内的所有物料贮存设备，如贮奶缸、配料缸等均应装有顶盖，生产和原料包装材料贮存区以外应有指定的存放设备备件的备品架，并易于保持清洁干燥，以便各种工具使用后能及时放回指定位置。

(15)应依原材料、半成品及产品检验的需要配置适当的检验仪器、设备。

必要的基本设备包括分析天平(精确度为万分之一)，乳制品专用 pH 计，乳比重计，脂肪测定用离心分离机(或脂肪测定仪)，微生物检验设备，蛋白质测定设备，实验台及实验架，试剂柜，通风橱，供水及洗涤设备，电热、恒温及干燥设备，杂质板过滤机，放大镜，显微镜，紫外线灯(254nm)等。

专业检验设备宜包括灰化炉(炼乳、奶粉)、黏度计(炼乳)、残存氧测定器(乳粉)、手持折光仪、分光光度计等。

(16)应依据原辅料、材料、半成品、成品等性质的不同分设储存场所，必要时应设有冷(冻)藏库。冷(冻)藏库应装设可正确指示库内温度的温度计、温度测定器或温度自动记录仪，并应装设自动控制器或可警示温度异常变动的自动报警器。

(17)工厂应有足够的供风设备，以保证干燥、输送、冷却和吹扫等工序的正常用风。关键工序和接触乳制品表面的压缩空气应采取措施滤除油分、水分、灰尘、微生物、昆虫和其他杂物。

(四)生产过程

1. 原料奶质量控制

(1)选择合格的供应商，确定原料来源；收奶站或牧场原料奶应贮存于 5℃以下，4h 内专车送往工厂。

(2)原料奶进厂检验。奶车来后，必须立即取样不能拖延时间。取样时必须有检验员亲自查看取样。一车有两罐奶的，必须分别取样、分别检验、分别记录，以确定样品的真实性。

取样后立即检验，对原料乳应做如下的卫生检查：感官检查、脂肪、蛋白质、酸度、杂质度、乳糖、干物质。异常乳检测指标：淀粉、无机盐、亚硝酸盐、糖、盐、抗生素。

(3)按原料奶收购质量标准判定原料合格与否，合格即时收购，不合格即时拒收。

2. 辅料质量控制

(1)检验员对辅料按批号进行抽样检查，要核对原辅料的包装、标识、保质期等。

(2)检验员根据样品进行以下检验。

样品外观特征：颜色、颗粒大小、滋气味、组织状态、色泽、冲调性、异物等。理化和微生物指标的检验合格证。

(3)按辅料收购质量标准判定辅料合格与否，不合格的拒收。

3. 包装材料质量控制

(1)对包装材料进行以下检验：核对包装材料的包装、标识，按批号抽取检样；核对包材的规格，称量计算单位膜的重量；检验包装材料的印刷图案是否规整、清晰；气味是否正常，不能有刺激性气味；检查避光性，要求良好；检查膜的薄厚均匀度与光滑平整度。

(2)按包装材料收购质量标准判定合格与否，不合格拒收。

(3)每日由现场品控人员作微生物涂抹。

(4)由车间机手及时反馈膜的质量稳定情况。

4. 生产过程控制

1)前处理、预杀菌、冷却(APV)工艺操作程序

(1)安全地打开总电源、水泵，保证电源不被损坏，水泵正常运转。

(2)启动分离机，保持10min，使设备运转稳定。

(3)在85℃的条件下，对原料奶进行预杀菌30min，原料流经换热器冷却到4℃。

(4)正确连接管道，原奶进行标准化处理。

(5)准备开始生产。

(6)顶水140s。

(7)正确接换管道、分奶。

(8)生产结束前水顶奶155s。

(9)拆除管道、检查通路。

(10)在线清洗程序(CIP)：冲水500s→碱循环1800s(碱液1.5%～2%、85℃)→冲水→酸循环1200s(酸液1.0%～1.5%、65℃)→冲水。

(11)CIP结束，清洗地面、擦拭机器。

(12)关闭离合器，关闭电源。

2)标准化配料工艺操作程序

(1)检查管道，确保管路通畅。

(2)根据生产量调一定的原奶于配料罐中。

(3)化验标准化前的原料奶理化指标，根据生产的品种，计算应添加的原辅料比例，通知配料人员进行操作。

(4)标准化配料：按配方和工艺要求进行标准化配料。

(5)回料：将所配样品搅拌均匀。

(6)化验标准化后奶的理化指标，若达到要求可投入生产，若未达到要求，需重复以上的操作。

(7)写生产转续单及配料单转到生产环节中。

3)超高温(UHT)杀菌工艺操作程序

(1)给管路预杀菌。

(2)正确连接管道，进料。

(3)预热。

(4)均质：均质压力为15～20MPa，均质温度为50～60℃。

(5)超高温灭菌：140℃，3s。

(6)冷却18℃。

(7)灌装。

(8)成品。

4)灌装工艺操作程序

(1)严格执行空气灭菌机操作规程。

(2)预杀菌时严格按照规定设定各种温度、时间和压力值。

(3)灌装前仔细检查管路连接、压缩空气和蒸汽的供应路线、设备的固定和状态等，并

将机器内部的防护液排出，润滑所有的润滑点，检查油量。

(4)将压力调到规定值，打开灌装机开关和所有的安全开关，检查所有的蒸汽和预杀菌温度控制器是否调到121℃，检查封口温度控制器温度是否达到要求。

(5)在设备中将包装材料装好。

(6)检查色带，装上正确的日期印头。

(7)定位光眼。

(8)在生产过程中时刻注意机器各种状态是否正常，成品是否有跑膜、进过氧化氢、日期不清等不正常现象，如有，及时纠正。

(9)日常注意定期维护清洗机器，及时更换易损零件和补充过氧化氢，调整机器为最佳状态以便生产。

5)包装工艺操作程序

(1)接收包装材料领料通知单。

(2)领取包装材料，填写相关手续单。

(3)外包装纸箱准确计数，要与生产量相符。

(4)纸箱成型粘贴，摆放整齐，备生产之用，保证不损坏。

(5)正确打印生产日期，保证与成品喷码日期一致。

(6)产品装箱时动作规范，保证卫生，不损坏产品。

(7)产品成箱计件，装盘入库。

6)CIP 工艺操作程序

(1)生产中间清洗：每生产6h，杀菌机清洗一次。

碱洗→水洗→酸洗→水洗(142℃，3min，碱1.8%～2.5%，酸0.8%～1.5%)。

(2)最终清洗：杀菌机与灌装机同时清洗。

水洗→碱洗→水洗→酸洗→水洗(80℃，2h，碱1.8%～2.5%，酸0.8%～1.5%)。

5. 设备、设施管理程序

1)登记　对验收合格的设施进行编号，登记在“设备台账”或设备档案上。

2)设备的使用和维护　①制订相应的设备管理制度，对员工进行操作、保养方面的培训，定期对设备的使用、保养、卫生情况进行监督检查。②设备使用车间的员工经过培训后，熟练掌握设备的结构、性能、使用方法，达到“应知、应会”。③操作人员按操作规程检查设备，加注润滑油，保持设备整齐、清洁、润滑，做到安全卫生生产，确保产品质量。④生产部维修人员按生产要求对设备进行日常修理、更换或修复易损件，使设备达到完好标准要求。⑤操作人员应对设备(含生产和动力设备)进行防护。发现故障和异常情况，可直接通知生产部派人修理，维修人员做好维修记录。⑥动力车间负责水、电、汽的供给。锅炉工按《锅炉房操作规程》安全操作，并做好记录。电工按《电工操作规程》操作，并认真定期巡查电器设备，发现隐患及时排除，并做好记录。

复习思考题

1. 简述实施食品GMP的意义。
2. 简述国内外GMP所包含内容的区别。
3. 试在假期协助一个食品企业建立GMP。

第十章 7S 管理

【本章提要】

本章对 7S 管理的多个方面进行了阐述，包括整理、整顿、清扫、清洁、素养、安全和节约等内容。并介绍了 7S 管理在食品企业的执行和一些要点情况。

【学习目标】

掌握 7S 的主要内容；理解并学会其在食品企业上的应用；了解 7S 的发展历程和其应用要点。

【主要概念和名词】

整理、整顿、清扫、清洁、素养、安全、节约、5S、7S

第一节 7S 概 述

一、7S 的 内 涵

所谓 7S，是指企业对生产现场中各生产要素（主要是物质的要素）所处的状态进行不断的整理、整顿和清扫等活动。7S 是在 5S 的基础上发展而来的。

5S 是指在生产现场，企业对机器、人员、材料和方法等生产要素进行有效管理的一种方法，具体内容包括整理、整顿、清扫、清洁和素养 5 个环节。

5S 来自于日语罗马拼音 seiri（整理）、seiton（整顿）、seiso（清扫）、seiketsu（清洁）和 shitsuke（素养），因为这 5 个单词的首字母都是“S”，所以简称为“5S”。其具体的含义如表 10-1 所示。

表 10-1 5S 具体含义一览表

5S 项目	日语罗马拼音	示例
整理	seiri	倒掉垃圾，将长期不用的东西放入仓库
整顿	seiton	在 30s 内找到要找的东西
清扫	seiso	谁使用，谁负责清洁（管理）
清洁	seiketsu	使工作品、设备保持干净整洁
素养	shitsuke	严格遵守标准，打造团队精神

（1）整理：所谓整理，就是将混乱的状态调整到井然有序的状态。因此，在工作场所里不必配备没有用处的东西。

(2)整顿：整顿比整理更深入，是对整理后的现场做好定位、标识等工作。整顿的主要目的是为了在必要的时候，员工能迅速找到需要的东西。

(3)清扫：所谓清扫，就是清除工作场所内的垃圾和异物等。

(4)清洁：清洁就是使工作场所保持整洁的状态。

(5)素养：所谓素养，是指员工在仪表和礼仪两个方面都做得很好，能严格遵守企业推行的 5S 规定，并自觉养成良好的习惯。素养是“5S”的核心，是企业开展各项活动的前提。

根据企业进一步发展的需要，在 5S 的基础上增加了“节约”(save)及“安全”(safety)这两个要素，从而形成了“7S”。7S 本质上就是从“5S”衍生出来的一种强化版的工厂管理模式。

(1)安全：安全是指为了使生产劳动在符合安全要求的物质条件和工作秩序下进行，防止伤亡事故、设备事故及各种灾害的发生，保证劳动者的安全健康和生产、劳动的正常进行而采取的各种措施及从事的一切活动。

(2)节约：节约就是要减少浪费，降低成本。

二、7 个 S 之间的关系

整理、整顿、清扫、清洁、安全、节约、素养，这 7 个“S”并不是各自独立、互不相关的。它们之间是一种相辅相成、缺一不可的关系。整理是整顿的基础，整顿又巩固了整理工作，清扫则显现了整理和整顿的效果；通过清洁和素养，企业形成了一个整体的改善氛围；安全和节约能保证以上成果的实现。

企业实行 7S 的目的在于通过消除浪费现象和推行持续改善，使企业的管理处于理想的水平。通过整理、整顿、清扫、清洁、安全、节约和素养这 7 个“S”的综合推进，最终达到企业的经营管理目标。

三、7S 管理的作用

7S 管理是企业各项管理工作的基础活动，通过提高员工的职业素养，不但提升了企业素质，而且使员工本人受益终生。

1)提升企业形象　整齐、清洁的工作环境，不仅能使企业员工的士气得到激励，还能增强顾客的满意度，从而吸引更多的顾客与企业进行合作。

2)提升员工归属感　在干净、整洁的环境中工作，员工的成就感可以得到一定程度的满足，而 7S 的要求是不断改善，因而可以增强员工进行改善的意愿，使员工更愿意为 7S 工作现场付出爱心和耐心，进而培养“企业就是家”的感情。

3)减少浪费，缩短交货期　7S 管理可以明显减少人员、时间和场所的浪费，降低生产成本。

4)保障安全　7S 管理的实施，可以使工作场所宽敞明亮，通道通畅，各项安全措施落到实处，同时，7S 活动的长期实施，可以培养工作人员认真负责的工作态度，同时也会减少安全事故的发生。

5)提升效率　优雅的工作环境、良好的工作氛围及有素养的工作伙伴，都可以让员工心情舒畅，更有利于发挥员工的工作潜力。

6)保障品质　实施 7S 管理是为了消除企业中的不良现象，防止工作人员马虎行事，使产品品质得到可靠的保障。例如，生产数码相机的厂家，对工作环境的要求非常苛刻，空气中若混入灰尘就会造成数码相机品质下降。

四、7S 管理的定位

（一）影响工作结果的三个因素

1）管理体系　管理体系是企业提高管理水平并获得良好效果的总纲。没有科学的管理体系，就缺乏系统性思考，而管理体系的正常运作，需要良好的品质文化和人的能力作保证。

2）品质文化　众所周知，ISO 9000 质量管理体系好，卓越绩效模式更好、更先进，但如果员工连最基本的规定和制度都做不到，即使先进的管理体系也会形同虚设。

3）人的能力　企业员工的素质和能力对工作效果影响很大，即使有了完善的管理体系、品质文化，如果员工缺乏所需的控制力、执行力、竞争力等能力，工作绩效也等于一张白纸。

（二）7S 管理两种代表性观点

鉴于以上因素的影响，对 7S 管理定位争论有以下两种代表性观点。

1）文化差异论　欧美文化是一种契约文化，依次强调法、理、情，而中国文化依次强调情、理、法，导致源自欧美的一些管理体系在中国不太适用，如 ISO 9000 质量管理体系对不合格产品的处理要求很严格：不合格产品是如何产生的、采取了什么措施、怎样防止同样的问题再次发生等都要有详细的记录。但很多国内企业为了省事，将不合格产品的记录全部变成合格来应付外部审查，认为 7S 只是打扫卫生，清洁环境，很难内化到管理体系和内核中去。

2）管理意识论　另外一种观点认为：ISO 9000 在很多中国企业的推行并没有取得成功，其原因并不在于 ISO 9000 本身，而在于推行 ISO 9000 的企业的管理人员没有真正意识到 ISO 9000 是什么，在推行过程中往往流于形式。如 ISO 9000 管理体系要求制作管理标准，但不是把所有的标准乱贴乱放，哪里都是各种标准，而是要求把标准放到轻易拿到的地方摆放整齐，供员工随时阅读。因此，7S 管理是品质、文化及人的现场管理，是能力提升的基础。

（三）7S 管理的定位

1）7S 是企业管理的基础　7S 管理活动的推行，是从企业日常工作的清理、清扫开始，从作业现场的整理、整顿上做起，从培养企业员工自觉、积极参与管理工作的认识、思想观念转变和提高抓起，逐渐形成一支工作过程简而精、行动统一、高素质的职工队伍。因此 7S 管理具有重要的基础作用。

2）7S 管理是提高品质文化的基础　7S 管理能培养员工认真对待每一件小事的习惯；7S 管理培养员工按规矩办事的良好习惯，减少不规范作业；7S 管理方法简单易行，同时能够降低成本、减少差错，提高效率。

五、制订 7S 目标的原则

7S 目标的原则是 SMART 原则，即 specific、measurable、achievement of attainable、reality 和 timetable 的原则。

1) specific　specific 即明确性、具体性，目标要明确且可操作。

2) measurable　measurable 即可测量性，目标必须具体，用一定的数量指标来量化。如"追求卓越，创造一流"相比"零库存，零缺点"，可测量性就差一些。

3) achievement of attainable　achievement of attainable 即达成性、适当性，因为脱离实际的过高目标会让人失去信心与斗志，等于没有目标。

4) reality　reality 即现实性，目标必须具有现实性，不可过高，也不可过低。

5) timetable　timetable 即时间性，目标必须有时间的限制，从何时开始，到何时结束，即一个目标需要花多长时间、多长周期完成。

六、7S 推进步骤

(一) 建立 7S 推行机构，成立 7S 活动推行委员会，并明确组织职责

1) 建立推行组织的必要性　计划的制订、执行都需要通过人和组织来实现，目标的实现依赖于组织是否强有力，因此，7S 的推行需要一个专门组织作为核心力量来推动。

2) 推行组织的职责　①设定 7S 的方针和目标；②确定 7S 推进方案、方法；③制订推进计划及策划推进活动；④实施 7S 培训；⑤制订 7S 考核评价标准；⑥建立 7S 监督检查体系。

3) 建立推行组织的注意事项　一是管理层次不宜过多，3～4 层即可。二是明确责任，艺术性地发挥权限：①公司生产经理及总经理办公室主任是 7S 推进小组负责人；②总经理办公室是归口管理部门，主持日常工作；③公司各部门(或车间)必须指派一位员工为现场管理(联络)员；④各部门领导是本部门 7S 推进的第一责任人。

(二) 确立推进方针、目标及口号

1) 7S 方针　规范、保持、自律、提高。

制订 7S 方针时，要注意以下几点。①与企业宗旨相适宜；②抓住重点，同时表达信心和决心；③全员理解；④及时检讨并加以修订。

2) 7S 目标　对内，营造一个整洁、优美、有序、高效的工作环境；对外，树立良好的企业形象，成为让客户感动的企业。

3) 7S 口号　全员参与、全情投入、精益求精、持续改进。

宣传策划，包括标语、倡议书、板报、有奖竞赛、有奖征文等。

例如，某公司的清洁口号是：戴手套作业，不随地吐痰，不乱扔垃圾，把掉下来的物品捡起来放好。

(三) 制订标准，使之标准化

确立 7S 的规章制度和相关标准，张榜公布并广泛宣传。

1) 标准化的定义　把目前最好的实施方法通过书面化形成以后工作的参照即标准。标准必须是书面材料，而且可以重复使用。标准形成一项制度，就是标准化。

2) 标准化的要求　简化、统一化、通用化和系列化。

3) 标准化的步骤　制订标准—执行标准—修订完善标准。

4) 标准的分类

(1)按照作用对象分：程序类标准(规定工作方法的标准，如作业指导)和规范类标准(规定工作结果的标准，如标准成本、产品规格等)。

(2)按照生产要素分：人员、设备、材料、方法、环境等方面的标准。

5)标准化的作用　降低成本；减少变化；便利性；累计技术；明确责任。

(四)制订 7S 推行计划

7S 推行计划包括推行目的、推行时间、推行范围、推行方式等。

(五)7S 试点实施

7S 试点实施时要重点做好以下几点。

(1)培训学习。选择恰当的导入期，由管理者动员全体人员积极学习。

(2)选定样板区。对公司整个现场进行诊断，选定一个样板区。

(3)实施改善。集中精锐力量，对样板区进行现场改善，对改善前后的状况进行对比。

(4)效果确认，经验交流。总结经验，克服缺点，让其他部门进行参观学习。

(六)检查评比

(1)制订评比检查表。制订一个详尽的检查表，设立检查项目、内容及应达到的标准。每一个项目均须定期或不定期检查，对检查出的问题加以控制。通过检查，能准确掌握过程的进度、质量、效率等，并能及时发现过程中存在的异常问题，采取纠正措施，使问题得到及时的解决、处理，同时每月对各部门 7S 检查情况进行排名。

(2)制订奖惩制度。在每月经营分析会上，对取得第一名的部门(车间)授予本月“7S 优胜部门”、“7S 优胜车间”称号，发放流动红旗；将综合考核成绩与工资挂钩；对达不到要求的部门(车间)进行处罚，以鞭策后进；将各车间(班组)的实际成绩及时在公司公告栏(或目视板、网站)上进行公布。

(3)现场巡查。填写 7S 改善通知单(表 10-2)。

表 10-2　7S 改善通知单

日期：　年　月　日	区域：	人员：
类型：　初发　再发	级别：严重　一般	
问题点及现场描述：		
改善期限：	责任人：	

(4)由总经理颁发锦旗。所颁发锦旗于下月经营分析管理会前收回。

(5)连续两个季度获得第一名的部门(车间或班组)，作为年终评选优秀部门、车间及班组的条件之一。

(6)所颁发锦旗必须悬挂于指定位置。

(七)总结并持续改进

(1)改善方法的探究。例如，如果地面很脏，就要提出一系列问题：地为什么会脏？为什么没有人打扫？谁负责打扫？实行一问到底的制度。

(2) 坚持贯彻到底的方法——五现主义。所谓五现主义，即“现场”、“现物”、“现实”、“原则”、“原理”。因为 5 个词在日语中开头都读“GEN”(类似中文发音的“现”)，故称五现主义。

第二节 7S 的执行

一、整 理

(一) 整理的含义

整理就是将必需品与非必需品区分开，必需品摆在指定位置挂牌明示，实行目标管理，不要的物品则要坚决处理掉，在岗位上不要放置必需品以外的物品。这些被处理掉的物品包括原材料、半成品和成品、设备仪器、工模夹具、管理文件、表册单据等。

(二) 整理的要点

1) 区分必需品与非必需品　必需品是经常必须使用的物品，如果没有它，就必须购入替代品，否则会影响工作。非必需品常包括两种：使用周期较长的物品(一个月、三个月甚至半年用一次)；对目前工作无任何作用的物品(包括非必需品和不能用的物品)。

2) 整理时要注意以下几点

(1) 对每件物品都要看看是否必要，是否非这样放置不可。

(2) 要区分对待马上要用的、暂时不用的、长期不用的物品。

(3) 即便是必需品，也要适量；将必需品的数量降低到最低程度。

(4) 可有可无的物品，应坚决处理掉，决不手软。“整理”强调使用价值，而不是原值。

(5) 非必需品是指在这个地方不需要的东西，在别的地方或许有用，并不是“完全无用”的意思，应寻找它合适的位置。

(6) 当场地不够时，不要先考虑增加场所，要整理现有的场地。

二、整 顿

(一) 整顿的含义

整顿是指把需要的事、物加以定量和定位。除必需物品放在能够立即取到的位置外，一切乱堆乱放的行为均应受到现场管理者的追究。这种整顿对每个部门都同样重要，其实也就是研究怎样才能提高效率。它研究怎样才可以立即取得物品，以及如何将使用完的物品立即放回原位。任意存放物品并不会让你的工作速度加快，反而使你的寻找时间加倍。整顿时，必须思考分析怎样拿取物品更快，并让大家都能理解这套程序，遵照执行。达到的效果如下。

(1) 寻找的时间减少为零。

(2) 有异常(如丢失、损坏)能马上发现。

(3) 其他人员也能明白要求和做法，即其他人员也能迅速找到物品并能放回原处。

(4)不同的人去做，结果是一样的。

(二)整顿的三要素

1)场所

(1)物品的放置场所原则上要100%设定，物品的保管要做到“定点、定容、定量”。

(2)场所的区分，通常通过不同颜色的油漆和胶带加以明确。如黄色表示通道；白色表示半成品；绿色表示合格品；红色表示不合格品。

2)方法　要符合容易拿取的原则。

3)标识　考虑标识位置和方向的合理性；全企业应统一标识；表示方法的多样性，可以使用图表、颜色等多种方式。

(1)通道占用率标准要求。

厂区主干道宽度：车辆双向行驶的道路的宽度大于或等于 5m，单向行驶的道路的宽度大于或等于 3m(应有单向行驶的标志)。进入厂区应有限速牌、指示牌和警示牌。直向行驶限速 10～20km/h，转弯处限速 5km/h，进入车间限速 3km/h。

车间安全通道：通行汽车通道的宽度大于或等于 3m，通行电瓶车、铲车通道的宽度大于或等于 1.8m，通行手推车、三轮车通道的宽度大于或等于 1.5m，通行小手推车通道的宽度大于或等于 1.2m，一般人行道的宽度大于或等于 1m。

通道的一般要求：通道路面应平整、无台阶、无坑沟。

利用主干道一侧堆放产品或停置车辆的应有画线标志，通行部分宽度必须保持大于或等于 5m。不得在转弯处或通道两侧堆放物品或停置车辆。

道路土建施工应有警示牌或护栏，夜间要有红灯警示。

安全通道应画出醒目标志，交叉处、转弯处应画圆弧形或半圆弧形标线。如果进入车间的大门一边是办公室(有很多进出的门)，另一边是车间，在靠车间这边画一条线即可，大门口两侧不用再画线。

不能画线的车间以车间的中心轴为准，两边各 0.75m 判定。

(2)车间设备布局标准要求。

大、中、小型设备划分的规定如下。

车床按加工直径(φ)大小划分：大型车床 $\varphi \geq 1000$mm，中型车床 600mm$\leq \varphi <$1000mm，小型车床 $\varphi <$600mm。

钻床按钻孔直径大小划分：大型钻床 $\varphi \geq 70$mm，中型钻床 35mm$\leq \varphi <$70mm，小型钻床 $\varphi <$35mm。

其他设备按占地面积划分：大型设备占地面积$\geq 12m^2$，中型设备 $6m^2 \leq$占地面积$<12m^2$，小型设备占地面积$<6m^2$。

大、中、小型设备间距、设备与墙柱间距和操作空间的规定如下。

设备间距(以活动机件达到的最大范围计算)：大型设备(各运输线)大于或等于 2m，中型设备大于或等于 1m，小型设备大于或等于 0.7m。大小设备同时存在时，设备间距、操作空间均按大型设备计算。

设备与墙、柱间距(以活动机件达到的最大范围计算)：大型设备大于或等于 0.9m，中型设备大于或等于 0.8m，小型设备大于或等于 0.7m。与墙、柱之间的操作位应按最大距离计算：大型设备大于或等于1.1m，中型设备大于或等于0.8m，小型设备大于或等于0.7m，在不影响操作的前提下允许放工具箱。

操作空间(设备间距除外)：大型设备大于或等于1.1m，中型设备大于或等于0.7m，小型设备大于或等于0.6m。

高于2m的运输线应有牢固的防护罩(网)；低于2m的运输线的起落段两侧应加设护栏，护栏高不小于1.05m。

(3)车间物料堆放标准要求。

一般以生产班组、工作间或者一条生产线作为考核点，必须做到下列4条，其中一条不合格者就判定该点不合格。

物料摆放整齐，平稳可靠。应做到物料分类、分区摆放(如摆放在指定的画线或低护栏内)。小件产品应有集装箱，加工物品与墙或机床轴平行摆放。钢材库的钢材靠通道一侧应放整齐。平稳可靠是指堆垛不得有倾斜，不得有晃动。滑动物件要有支架或稳固措施。圆筒产品、工件滚动面不得面向安全通道。

工、模、夹、具存放应符合安全技术要求。应有固定的架子或工具箱柜摆放上述物品。各种量具等不得放在车床活动面、导轨上，钢丝绳要上架。夹的重心向下摆放，做到安全稳妥、防止坠落和倒塌伤人。

物料摆放不得妨碍操作。对产品坯料加工件要做到限量存放，白班存放量为正常用量的1.5倍，夜班存放量为正常用量的2.5倍，中间库存放一周的使用量，经常活动地带应有$0.6m^2$的空间。

工件、物料摆放不得超高。在垛底与垛高之比为1∶2的前提下，垛高不得超过2m。大砂箱堆垛不超过3.5m。泡沫塑料类物料堆垛高度建议参照大砂箱高度。堆垛间距要合理，便于吊装，并要满足消防通道要求。

(4)生产区域地面状态标准要求。

人行道、车行道的宽度符合规定要求(与安全通道宽度标准一样)；在生产区域内所设置的坑、壕、池应加盖或有护栏。坑：深大于0.5m，脚能踩进去的均称坑，无规定面积的要求；壕：深大于或等于0.2m，宽大于或等于0.1m；池：指深大于0.8m或地上边沿高大于0.8m，存放液体的。凡在厂房内搭建平顶房，并利用平顶作堆场的，或者利用厂房屋顶作场地的，应有足够的承重强度和防护栏杆；及时清除工业垃圾、废油、废水及废物。工业垃圾面积不得超过$1m^2$(指当天生产中所产生的)；地面平坦，无绊脚物。地面平坦指地面高低差不超过5cm。绊脚物指埋于地下凸出地面2cm以上的管、线、螺钉等非浮放物品。

(三)整顿的三定原则

1)定点　即定位，就是根据物品的使用频率和使用便利性决定物品所应放置的场所。

2)定容　考虑用什么容器和颜色标识。

3)定量　确定保留在工作场所及其附近的物品的数量。

三、清　扫

1)清扫的含义　清扫就是将工作场所、环境、仪器设备、材料、工具等上的灰尘、污垢、碎屑、泥沙等脏东西清扫擦拭干净，创造一个一尘不染的环境；当设备出现异常时及时进行修理，使之恢复正常状态；将不需要的东西清除出去或标示出来放在仓库中。企业所有人员都应一起来进行这项工作。

2) 清扫的要点　①发现脏污问题。②清扫从地面到墙板、天花板的所有物品。③彻底修理机器工具。④杜绝污染源。

3) 清扫的注意事项　①责任化。最好能分配每个人应负责清洁的区域。分配区域时必须绝对清楚地划清界限，不能留下没有人负责的区域。②标准化。每个区域的清扫标准应明确。

四、清　洁

(1) 清洁的含义：清洁是在“整理”、“整顿”、“清扫”之后的日常维持活动，即形成制度和习惯。每位员工要随时确认自己的工作区域内有无不良现象，如有，则立即改正。在每天下班前实行全员参加的清洁作业，使整个环境随时都维持良好状态。

(2) 清洁的注意事项：①领导的言传身教、制度监督非常重要，要坚持定期检查。②清洁的关键在于形成制度化、标准化，使之变成一种习惯。

(3) 进行文件资料的 7S 管理。

(4) 推进清洁的步骤：①对推进组织进行培训或教育。②整理、区分工作区的必需品和非必需品。③向作业者进行确认、说明。④撤走各个岗位的非必需品。⑤整顿、规定必需品的摆放场所。⑥规定摆放的方法。⑦进行标识。⑧将放置和识别的方法对作业者进行说明。⑨清扫并在地板上画出曲线，明确责任区或责任人。

(5) 7S 自检表包括内容如下。①通道作业区分为：没有划分；有划分；画线感觉还可以；画线清楚，地面进行过清扫；通道及作业区感觉很舒畅。②地面情况：有油或水；有油迹或水迹，显得不干净；地面不是很平；经常清理，没有脏物；地面干净亮丽。③办公室、作业台、椅子、架子、会议室的情况：很脏乱；偶尔清理；虽有清理，但还是显得脏乱；自己感觉很好；任何人都会觉得很舒服。④洗手台、厕所等：容器或设备脏乱；破坏未修补；有清理，但还有异味；经常清理，没异味；干净亮丽，还进行过装饰。⑤储物室：阴暗潮湿；虽阴湿，但可通风；照明不足；照明适度，通风好，感觉清爽；干干净净，整整齐齐，感觉很舒服。

评分标准：从前往后分数分别为 0 分、1 分、2 分、3 分、4 分；统计得分并计算总分。

说明：15～20 分为较好；12～15 分为一般；12 分以下，黄牌警告。

五、素　养

(一) 素养的含义

素养就是培养全体员工良好的工作习惯、组织纪律和敬业精神。每一位员工都应该自觉养成遵守规章制度、工作纪律的习惯，努力创造一个具有良好氛围的工作场所。如果绝大多数员工能够将以上要求付诸实践的话，个别员工就会抛弃坏的习惯，向好的方面发展。

(二) 素养的要点

(1) 学习、理解并努力遵守规章制度，使它成为每个人应具备的一种修养。

(2) 领导者的热情帮助与被领导者的努力自律是非常重要的。

(3)需要人们有更高的合作奉献精神和职业道德。

(4)互相信任，管理公开化、透明化。 ，

(5)勇于自我检讨反省，为他人着想，为他人服务。

六、安 全

(1)安全的含义：通过制度和具体措施提升安全管理水平，防止灾害的发生。

(2)构筑安全企业的6个方面：①全面推行7S管理，将整理、整顿和清扫贯穿企业生产的始终。②做好安全隐患识别。③做好标识。标识可以起到警告、指示、禁止、提示的作用，如“严禁烟火!”。④定期制订消除隐患的改善计划。⑤建立安全巡视制度。⑥细化班组管理。

七、节 约

1)节约的含义 所谓节约是指在产品的投入过程尽可能地少投入，同时并不影响产品质量和数量的产出。

2)实行节约的必要性和重要性

(1)我国经济发展模式改变的要求。我国经济发展模式已由“又快又好”向“又好又快”转变，要求经济发展由粗放型向集约型转变，而资源是稀缺的，因此，只有减少投入——节约，才能实现。

(2)国家“十三五规划”建议书提出“全面节约和高效利用资源。坚持节约优先，树立节约集约循环利用的资源观。强化约束性指标管理，实行能源和水资源消耗、建设用地等总量和强度双控行动。实施全民节能行动计划，提高节能、节水、节地、节材、节矿标准，开展能效、水效领跑者引领行动；实行最严格的水资源管理制度，以水定产、以水定城，建设节水型社会。合理制定水价，编制节水规划，实施雨洪资源利用、再生水利用、海水淡化工程，建设国家地下水监测系统，开展地下水超采区综合治理。坚持最严格的节约用地制度，调整建设用地结构，降低工业用地比例，推进城镇低效用地再开发和工矿废弃地复垦，严格控制农村集体建设用地规模。探索实行耕地轮作休耕制度试点；建立健全用能权、用水权、排污权、碳排放权初始分配制度，创新有偿使用、预算管理、投融资机制，培育和发展交易市场。推行合同能源管理和合同节水管理；倡导合理消费，力戒奢侈浪费，制止奢靡之风。在生产、流通、仓储、消费各环节落实全面节约。管住公款消费，深入开展反过度包装、反食品浪费、反过度消费行动，推动形成勤俭节约的社会风尚。”

第三节 7S在食品企业的执行

一、食品企业推行7S管理的指导思想

1)食品企业推行7S的必要性 “民以食为天”，近年全球爆发的一些关于食品安全的事故，如欧洲疯牛病和口蹄疫、日本“雪印花”牛奶污染、比利时二噁英“毒鸡”案、美国的金黄葡萄球菌和李斯特菌中毒、日本的“O157”事件及最近的禽流感等，给人们敲响了警钟，“食以安为先”的提出与“民以食为天”并列，成为各国政府和企业及消费者关注的焦点。

为了保证食品安全，各国都制定了法律法规和相关标准，并采用各种控制措施，如GMP、

SSOP、ISO9000 和 HACCP 体系等，是对食品生产环境和食品安全的要求和控制手段，而 7S 则是实现这些要求、保证这些控制手段得以实施的方法和途径。

整理、整顿配合标识管理，可以保证化学药品和食品添加剂的有效管理，防止非预期的使用；清扫、清点和素养，可以有效控制和预防物理危害，如防止玻璃破碎，及时发现和处理设备上松动的螺丝等预脱落物；清扫、清洁则可以保证高效、清洁、卫生、安全的生产环境，防止交叉污染的发生；素养则是培养员工卫生、认真的良好习惯；节约能够降低损耗，节约成本；安全可以杜绝各种事故及其隐患。这样 GMP、SSOP 和 HACCP 中的相关要求和控制措施就能被自觉执行，保证控制措施的有效性。

搞好现场管理。保证整齐清洁卫生的工作环境，同时通过规范员工的行为来改变员工的工作态度，使之成为习惯，塑造认真、负责、合作的优秀企业团队，是减少浪费、提高生产效率及保证食品安全和质量的基础工程。

2）推行 7S 的指导思想　推行 7S 应经历 3 个阶段：形式化—行事化—习惯化。通过强制规范员工的行为，改变一个员工的工作态度，让他成为习惯，到了习惯化之后，一切事情就会变得顺理成章。

一个企业通过推进 7S 活动，就可以有效地将品质、成本、交期、服务、技术、管理等六大要素都达到最佳的状态，最终能实现企业的竞争方针与目标。

二、食品企业推行 7S 管理的要点

1. 食品企业推行 7S 的步骤　食品企业推行 7S 的步骤比较多，主要步骤有：①成立 7S 推动小组；②制订 7S 推动计划、目标及时间表；③实施宣传策划，开展全员培训；④按照计划时间检查；⑤将检查中的不良点通过各种方式公示；⑥依照检查结果实施奖惩；⑦PDCA 循环推动，持之以恒。

企业在实施 7S 活动时，最重要的是要坚持。实施时不一定要完全按照 7 个项目实施。有的企业依自身特性加入配合企业文化背景的其他项目。在食品企业，推行 7S 可配合进行食品安全知识的培训，产品质量月等活动，以加强各种管理的有机结合。

2. 7S 推进的八大要诀　在推行 7S 过程之前，很多食品企业推行的是 5S，通过不断的归纳总结，有人提出了推进 5S 的八大要诀，经过多年的运行实践，证明了这 8 个要诀是一个非常系统的方法，同样适合 7S，很多企业在推动 7S 时都用这 8 个要诀来教育所有的员工。

1）要诀一：全员参与，其乐无穷

(1) 7S 的推动要做到企业上下全体一致，全员参与。

(2) 从上到下各级领导要做到密切配合。

(3) 基层小组活动，是其中的一个环节。

因为推行 7S 的一个环节就是一个部门。比如在某个车间，车间主管就应该告知员工整理、整顿、清扫的重要性，然后具体地指导每一位员工如何进行整理、整顿、清扫。每个人知道怎么做之后，要让大家逐渐地养成一种习惯。对于推行 7S 活动来说，部门中的每一个人都有责任，每一个责任都要环环相扣，同时部门之间也应该如此，紧密联系，环环相扣。

2）要诀二：培养 7S 的大环境

(1) 7S 的推动，不要秘密行动，也不必加班加点来做，要全员认同，融入日常工作中。

7S 是一个非常简单的工作，只要大家知道整理、整顿、清扫，然后再进一步地提出方案，

如何让大家做得更好，就叫清洁。

(2) 充分地利用各种宣传手段，对员工进行意识灌输。

让每个员工都能明白 7S 推动可以提升企业形象、提高品质，是替公司节约成本的一项最好的活动，也是企业迈向成功的重要途径。所以 7S 的一些口号、标语和宣传栏要让每个人都了解，7S 是非常简单但又每时每刻都要做好的一项工作。

3) 要诀三：领导的作用

(1) 跟任何体系一样，领导的作用是推行 7S 的基础条件，领导必须亲自挂帅，以身作则。

(2) 除以身作则外，还要交代每一个部门的负责人要高度重视、大力推动。

(3) 积极发动大家参与讨论，集思广益。

4) 要诀四：要彻底理解 7S 精神

(1) 用平和、客气的语气说话，正确地对待 7S 的要求。

(2) 7S 推进要培训到位，让每个员工都毫无疑问地去执行。

(3) 在实行过程中，全员参与，并充分利用标杆作用，组织参观学习效果显著的 7S 的样板场所；但标杆必须是动态的，防止静态的标杆起反作用。

5) 要诀五：立竿见影的方法

(1) 整理的推进过程可以采取红牌作战的方法，也就是针对问题点，采用亮红灯、亮红牌的具体方法，判断基准要明确。

(2) 整顿可以使用看板管理的方法，把形式和内容展示出来，让大家都能一目了然。

6) 要诀六：领导要检查现场

(1) 检查过程中要指出哪里做得好，哪里做得还不够，不能搞平衡、照顾面子等。

(2) 检查完毕，要召开现场会议，将问题点指定专人及时地跟踪解决。

(3) 确认问题点的改进进度，责任人要细心研究改进方法，持续改进。

7) 要诀七：上下一心，彻底推进　领导要保持严谨、果敢的工作作风，确立 5S 推进的相关要求和方式，全员参与、上下一心。全公司展开红牌作战，谁做错了就给予指正，做得好的要表彰奖励。

8) 要诀八：以 7S 作为改善的桥梁　通过推行 7S 来达到降低成本，提升产品质量，提升企业形象的目的，在实际推行过程中，很多企业都发生过下面的现象："一紧二松，三垮台，四重来"的现象，所以推行 7S 贵在坚持。

同时，在实施 7S 管理的过程中，不可避免地要面临许多阻力，主要是来自员工由于不理解而产生的抵触情绪。因而，管理层的重视和教育培训工作十分必要。在此基础上，制订详细的试行计划，确定示范部门，取得经验后再逐步推广，无疑是明智之举。7S 管理是食品企业的 SSOP、GMP、PDCA 循环及 ISO9000 等管理方法的基础。7S 管理立竿见影的管理效果，有助于员工树立信心，提升士气，进而有利于其他管理方法的推行。当然，没有一劳永逸的管理方法。只有企业管理层和全体员工脚踏实地、持之以恒地做好 7S 的每一方面，使 7S 理念牢牢扎根于每个人的心里时，它才能真正成为企业生存和导入其他管理方法的基础。

复习思考题

1. 根据实例阐述 7S 在食品企业的具体应用情况。
2. 7S 管理在食品企业具有什么作用，对产品和企业的发展具有哪些作用？

第十一章 食品安全控制体系 HACCP

【本章提要】

本章主要介绍了 HACCP 的产生及发展的情况；重点讲述了 HACCP 的基本原理、HACCP 计划的制订与实施的过程等内容；随后对 HACCP、SSOP、GMP 之间的关系进行了介绍；接着对 HACCP 体系在食品企业建立等相关情况进行了简要的概括；然后对 HACCP 体系的认证过程进行了详细的阐述；最后以“冷冻海鳗片的加工”及“调味即食笋的生产”为例介绍了 HACCP 在食品生产中的实际应用。

【学习目标】

了解 HACCP 的产生及发展的情况；理解 HACCP 的基本原理；掌握 HACCP 计划的制订与实施的过程，特别是掌握如何进行危害分析、确定关键控制点等内容；明确 HACCP、SSOP、GMP 之间的关系；了解 HACCP 体系在食品企业建立的意义等相关情况；掌握 HACCP 体系的认证过程；熟悉 HACCP 在食品生产中的应用实例，并能在实际中加以应用。

【主要概念和名词】

HACCP、HACCP 计划、危害分析、关键控制点、监控、关键控制点判断树、内部审核、外部审核

第一节 HACCP 的产生及发展

一、HACCP 的定义

HACCP 就是 hazard analysis and critical control point 的首字母缩写词，称为“危害分析与关键控制点”系统控制体系，是一个识别和监测及其预防可能导致食品危害的体系。其中，危害分析是指分析食品原料种(养)植(殖)、食品生产加工、销售及食用等一系列过程中各个步骤的危害因素及危害程度；在此分析的基础上，确定在以上过程中能有效地预防、减轻或消除各种危害的关键控制点，并在关键控制点加以严格控制，这种控制能使其中可能发生的危害得到预防、减少或消除，从而保证食品的安全。国际食品法典委员会(CAC)对 HACCP 的定义为：一个确定、评估和控制那些重要的食品安全危害的一种系统。

HACCP 体系以良好操作规范(GMP)、卫生标准操作程序(SSOP)为基础，最终实现全程质量控制，确保产品的安全性。要保证食品安全就必须从源头开始，HACCP 可以最大限度地减少食品安全危害，使其降至可接受水平并可持续改进，有效提高食品企业的质量控制水平。

二、HACCP 的产生

HACCP 是 20 世纪 60 年代由皮尔斯伯(Pillsbury)公司联合美国国家航空航天局(NASA)和美国一家军方实验室(Natick 地区)共同制定的，体系建立的初衷是为太空作业的宇航员提供食品安全方面的保障，以保证实施美国空间计划时所使用的食品 100%不含微生物病原菌。

随后，1971 年 Pillsbury 公司公开提出了 HACCP 的原理，立即被美国食品药品监督管理局(FDA)接受，并决定在低酸性罐头食品生产中应用。FDA 于 1974 年公布了将 HACCP 原理引入低酸性罐头食品的 GMP，这是有关食品生产的联邦法规中首先采用 HACCP 原理的，也是国际上首部有关 HACCP 的文法。

三、HACCP 的发展与应用

(一)HACCP 在国外的发展与应用

1) 美国　美国是最早应用 HACCP 体系的国家。1985 年美国国家科学院(NAS)正式向政府推荐 HACCP 体系。1988 年成立了美国微生物标准咨询委员会(NACMCF)，NACMCF 分别于 1989 年和 1992 年进一步提出和更新了 HACCP 原理。1991 年，美国食品安全检验署(FSIS)提出了《HACCP 评价程序》。1993 年，FAO/WHO 食品法典委员会批准了《HACCP 体系应用准则》。1994 年，FSIS 公布了《冷冻食品 HACCP 一般规则》。1995 年，FDA 颁布实施了《水产品管理条例》(21CFR123)，并且对进口美国的水产品企业强制要求实施 HACCP 体系，否则其产品不能进入美国市场。

1997 年 6 月，FAO/WHO 食品法典委员会(CAC)发布了《HACCP 体系及其应用指南》，使 HACCP 真正成为国际性的食品生产管理体系和标准。在美国和欧盟一些发达国家，政府已经在食品行业中强制要求建立和实施 HACCP 体系并要求向其出口的食品企业也须满足相同的法规要求，HACCP 已成为国际自由贸易的“绿色通行证”。

1998 年 1 月 26 日，美国农业部建立了肉和家禽生产企业的 HACCP 体系，将几项法规整合起来，包括微生物执行标准、微生物检验程序，以及强制性的标准安全操作程序，核心是“强制性 HACCP”。每一家工厂都要建立并执行 HACCP 体系，以确保生产的每一个产品的安全性(Stafko，2008)。

2001 年 1 月 19 日，FDA 颁布最终法规——《加工、进口果蔬汁的安全卫生措施》(21CFR Part 120)，要求果蔬汁的加工者和进口商执行 HACCP 法规，该法规 2002 年 1 月 22 日生效，对中型、小型企业则分别在 2003 年 1 月 21 日和 2004 年 1 月 20 日生效。

2) 其他国家　HACCP 已经成为国际上共同认可的食品安全保证体系，欧盟、加拿大、日本、俄罗斯等国都在推广和采纳 HACCP 体系，HACCP 体系也得到了一些新的发展。

欧盟于 1993 年对水产品的卫生管理实行新制度，逐步实施 HACCP 体系。欧盟于 1994 年 5 月 20 日作出决议“应用欧共体理事会指令 91/493/EEC 对水产品作自我卫生检查的规定”，即 94/356/EC 指令。该指令要求水产品加工企业必须实施“自我校查”，以确保或证实水产品的安全；并明确提出 HACCP 体系的要求。2003 年欧盟作出规定，从 2004 年起要求食品出口商先取得 GMP 和 HACCP 的认证，才能准许其产品进入欧盟市场。

加拿大的渔业海洋部自 1992 年推行水产食品的登录制度，规定申请登录的必备条件为水产品工厂应实施以 HACCP 为基础的品质管理计划。关于乳肉卫生方面，自 1996 年起推动屠宰场、食肉制品、乳制品等的 HACCP 管理制度。2000 年 1 月，加拿大食品检验局通知全国凡接受联邦机构检查的肉禽类加工企业应开始考虑执行 HACCP 检查制度。

1998 年，日本对食品卫生法（No.233，1947 年）进行了修订并实施。在这次修正中，HACCP 被引入到牛奶和其制品中，以及肉类制品中，然后又被应用到其他制品中。

2001 年 2 月 23 日，俄罗斯国家标准委员会发布了《以 HACCP 原则为基础的食品质量管理一般要求》国家标准。

非洲一些国家也对 HACCP 体系的建立与实施进行了积极的研究。尼日利亚的一些食品研究机构，在熟鸡制品的生产过程中建立与实施了 HACCP 体系，消灭或减少了熟鸡制品中存在的沙门菌数量，从而减少了沙门菌中毒事件的发生。

近年来，HACCP 体系也得到了不断的发展与补充。韩国的 K. Ryu 等认为 HACCP 体系确实为食品工业带来了一些好处，但 HACCP 的原则在应用中还存在一些困难，错误的危害分析将会导致整个 HACCP 计划的失败。他们在 HACCP 计划的危害分析阶段采用新的 SBTPD（simple beta and triangular probability distributions）分析方法，对可能的风险水平进行计算，这将能提高 HACCP 计划保证食品安全的有效性。

（二）HACCP 在国内的发展与应用

HACCP 体系在 1988 年引入我国，发展迅速，得到了企业、政府和消费者的认可。

1990 年 3 月国家进出口商品检验局针对出口食品出现的问题，对水产品、肉类、禽类和低酸性罐头食品在内的 10 种出口食品采用 HACCP 原理进行研究，这是 HACCP 在中国首次运用。

1991 年，在全国第四届少数民族传统体育运动会中运用 HACCP 对运动员饮食进行监督。

1997 年 12 月 18 日，美国水产品法规正式实施。我国出口到美国的水产加工企业积极建立 HACCP 体系，当年就有 139 家食品企业全面实施了 HACCP 计划。

从 2001 年开始，根据国务院的授权，HACCP 体系的认证认可工作由中国国家认证认可监督管理委员会（简称认监委）负责，从此全面实施 HACCP 体系有了组织保障。

2002 年 3 月 20 日认监委发布第 3 号公告《食品生产企业危害分析与关键控制点管理体系认证管理规定》。2002 年教育部、卫生部发出《关于加强学校食品卫生安全的紧急通知》，HACCP 体系应用于北京、上海等大中城市的学生营养餐厅。

2005 年我国食品企业中通过 HACCP 认证的企业数为 2846 家。

2008 年 HACCP 体系在北京奥运会食品安全监控工作中的成功运用，有效保证了奥运食品的安全。

我国《食品安全法》第四十八条规定：国家鼓励食品生产企业经营符合良好操作规范的要求，实施危害分析与关键控制点体系，提高食品安全管理水平。

第二节 HACCP 的基本原理

一、HACCP 的常用术语

（一）HACCP

HACCP 就是 hazard analysis and critical control point 的首字母缩写词，被称为“危害分析

与关键控制点”系统控制体系，是一个识别和监测及其预防可能导致食品危害的体系。

（二）HACCP 计划

HACCP 计划指根据 HACCP 的基本原理制订的一整套文件，用以确保食品加工各环节中与食品安全有重要关系的危害得到控制。

（三）危害

危害指会产生潜在的危害人体健康的生物、化学或物理因素或状态。

（四）危害分析

危害分析是指分析食品原料种（养）植（殖）、食品生产加工、销售及食用等一系列过程中各个步骤的危害因素及危害程度，以便决定哪些危害是显著危害，应该被列入 HACCP 计划中。

（五）显著危害

显著危害指可能发生并且可能对消费者导致不可接受的危害，或有发生的可能性和严重性。

（六）控制（动词）

采取一切必要措施，确保与 HACCP 计划所制订的安全指标一致。

（七）控制（名词）

遵循正确的方法并达到安全指标的状态。

（八）控制措施

控制措施是用以防止或消除食品安全危害或将其降低到可接受的水平所采取的任何措施和活动。

（九）控制点

控制点是指能用生物的、化学的、物理的因素实施控制的任何点、步骤或过程。

（十）关键控制点

关键控制点是指可运用控制措施，并有效防止或消除食品安全危害或降低到可接受水平的步骤或工序。

（十一）关键限值

关键限值是将可接受水平与不可接受水平区分开的判定指标，是关键控制点的预防性措施必须达到的标准。

（十二）操作限值

操作限值指比关键限值更严格的，由操作者用来减少风险的标准。

（十三）监控

为了确定 CCP 是否处于控制之中，进行的一系列有计划的观察或测量。

（十四）纠偏措施

纠偏措施是针对关键控制点（CCP）的监控结果显示失控时所采取的措施。

（十五）偏差

偏差是指不符合关键限值标准。

（十六）流程图

流程图指对某个具体食品的所有加工步骤进行的连续性描述。

（十七）关键控制点判断树

关键控制点判断树是用来确定一个控制点是否是 CCP 的一系列问题的组图。

（十八）验证

除监控外，用以确定 HACCP 计划是否正确实施所采用的方法、程序、测试和其他评估方法。

二、HACCP 的基本原理

（一）危害分析

危害分析是 HACCP 的基础，是针对某一产品的具体加工过程而言，不同产品的危害分析不同。危害分析是指分析食品生产的各个环节中实际上存在哪些危害，这些危害是否是显著危害，同时制订出相应的预防措施，最后确定是否是关键控制点。判断一个危害是否是显著危害，通常情况有两个判据：一是它极有可能发生（可能性）；二是它一旦发生，就可能对消费者导致不可接受的健康风险（严重性）。通常情况根据经验、流行病学数据、客户投诉及技术资料的信息来评估危害的可能性，用政府部门、权威研究机构向社会公布的风险分析资料、信息来判断危害的严重性。一般而言，HACCP 中所指的危害仅限于对食品安全造成的危害。

（二）确定关键控制点

关键控制点是指可进行控制的一个操作环节，通过对该环节的控制，从而预防、消除某一食品安全危害或将其降低到可接受水平。关键控制点具有特异性，会随着生产工艺、加工地区、配方、厂房条件、加工设备等因素的变化而变化。关键控制点分为两种：一种是可以预防或消除危害的措施，如高温消毒；另一种是不能完全消除危害，但可将其降低到可接受水平的措施，如冷藏。

（三）确定关键控制点的关键限值

关键限值是保证关键控制点受控的措施必须达到的标准，是确保食品安全的界限，如温度、湿度、时间、细菌总数等。必须对每个关键控制点规定一个或多个关键限值，并保证其有效性，以确保危害被防止、消除和降低到可接受水平。关键限值应当符合实际，操作性强，过松，则无法保证食品的安全；过严，在没有影响食品安全的情况下，就要采取纠偏措施。

（四）建立关键控制点的监控程序

监控是评估关键控制点是否处于控制之中，而对控制参数所进行的一系列有计划的观察或测量，并且要有详细的记录。要尽可能采取连续式的物理和化学监测方式，如果监控是不连续的，为保证关键控制点处于受控状态，必须设定一定的监控频率或数量。

（五）确定纠偏措施

纠偏措施是指监控过程中，发现关键控制点与控制标准不符，关键限值偏离时所采取的措施。尽管 HACCP 体系设置的初衷是防止食品安全出现偏差，但在实际的食品生产中，几乎不可能避免偏差的出现。因此，需要预先编制好纠偏计划，对产生偏差的食品进行适当的处理，确定和改正出现偏差的原因，确保关键控制点再次受控，并保留好纠偏措施的记录。

（六）建立验证程序

建立验证程序就是建立验证 HACCP 体系是否按照 HACCP 计划运转的程序。因为经过危害分析、实施关键控制点监控、确定纠偏措施并保留纠偏记录，并不能保证食品的安全性，还要有验证程序，来保证 HACCP 体系的有效性。验证程序主要包括 3 个方面内容：验证各个关键控制点是否都是按 HACCP 计划严格执行的；验证 HACCP 计划的全面性和有效性；验证 HACCP 体系是否处于正常、有效的状态。根据实际验证的机构不同，可分为企业自我验证、第三方认证和政府管理机构验证等。

（七）建立并保持记录和文件化程序

在 HACCP 体系的全过程中，必须要有相应的记录。HACCP 体系记录一般应包括以下内容：危害分析的概要；HACCP 计划；关键控制点监控的记录；纠偏措施的记录；验证活动的记录。准确的记录保持是一个成功的 HACCP 计划的重要组成部分。

第三节 HACCP 计划的制订与实施

HACCP 体系不是一个孤立的体系，HACCP 计划的制订和实施必须以现行的良好操作规范（GMP）和卫生标准操作程序（SSOP）为基础，只有这样才能保证 HACCP 体系的完整性，使

HACCP 体系有效地运行。

在制订 HACCP 计划前，要争取得到公司领导层的大力支持，包括人力、物力、财力和时间等方面的支持。只有这样，才能有效地实施 HACCP 计划，才能达到最大限度地预防和控制食品安全的目的。否则，没有领导层的理解和支持，特别是最高管理层的重视，在企业中很难有效地实施 HACCP 体系。

同时，教育和培训工作对于一个成功 HACCP 计划的制订与实施也是非常重要的。从事培训的人员应熟悉现行的良好操作规范（GMP）和可接受的卫生标准操作程序（SSOP）的内容，并熟练掌握 HACCP 计划制订与实施的方法。首先，HACCP 小组成员应接受培训；其次，各级管理者应掌握和理解 HACCP 计划的原理和作用，严格执行 HACCP 计划；再次，普通员工也应该接受培训。各级培训的目的是：让所有员工都了解 HACCP 计划的内容，能够按照计划要求参加各环节的生产活动。

另外，实施 HACCP 体系的企业要对于所生产的产品建立召回制度，因为企业虽然建立了 HACCP 体系，但不安全因素有时在生产中仍然不可避免。召回制度的目的是在发生食品安全问题时，有企业标志的产品能尽快从市场回收并进入调查程序，帮助企业确定产生问题的根本原因，从而最大限度地降低食品安全危害。召回制度的关键是建立产品标识，产品标识的内容一般包括：产品描述、级别、规格、配料、生产日期、包装、最佳食用期或保质期、标准代号、批号、生产商和生产地址等。

HACCP 体系在不同国家的模式不同，即使在同一国家，因为管理部门及所生产产品等的不同，所制订与实施的 HACCP 计划也不大相同。但 HACCP 体系所采用的七大原理相同，所以在实际的使用中，只要制订出的 HACCP 计划以七大原理为基础，并为 HACCP 计划的顺利实施提供各种条件即可。一般来说，食品企业制订 HACCP 计划和实施具体操作时通过 12 个步骤来实现，前 5 个步骤是 HACCP 的准备步骤，接下来的 8 个步骤是 HACCP 计划制订与实施的具体步骤，下面进行详细介绍。

一、建立 HACCP 计划的准备步骤

步骤 1：成立HACCP小组

一个水平较高的 HACCP 小组应由具有不同专业知识的人员组成，主要包括：熟悉引起食品安全问题的生物、化学或物理原因的质量控制专家，如微生物学专家或食品安全专家等；熟悉食品生产工艺的工艺专家，如生产管理者、部门经理等；熟悉食品生产设备的食品设备专家，如工程师、设备维修人员；其他人员，如外来专家顾问、销售专家等。

HACCP 小组人员的选择是建立 HACCP 计划的关键因素。建议企业建立 HACCP 小组时，应考虑小组成员能否正确地将专业知识与 HACCP 原则的应用技能融合起来，是否具有足够的经验，是否有团队合作精神，以及是否有足够的管理与领导能力，并且保证 HACCP 小组有充足时间来履行其职责，发挥其在食品安全管理中的重要作用。

HACCP 小组一般可由 5～7 名成员组成，其中 1 名熟知 HACCP 技术和具有表达组织能力的人为组长，1 位负责开会时作记录的秘书，中高层管理人员和部门经理也是 HACCP 小组理想的成员。

HACCP 小组的任务是：收集资料；制订 HACCP 计划，并进行修改和验证；对 HACCP 计划的实施进行监督；保证 HACCP 计划的每个环节顺利地执行。

步骤 2：描述产品

为了对生产中的每个产品制订 HACCP 计划，HACCP 小组要对所研究的产品(包括原料和半成品)的名称及其特性进行全面的描述，主要包括：①产品名称；②产品主要原料(各种原辅料的名称、特点)；③产品主要成分(蛋白质、脂肪、可溶性固形物等)；④食品的加工方式(包括产品加热、冷冻或杀菌等的主要参数)；⑤包装形式(如塑料真空包装、外套纸盒等)；⑥销售和贮存方式(温度和湿度的要求等)；⑦保质期(保质期、保存期、货架期)。

步骤 3：确定产品预期用途及消费者

产品的消费者将如何使用该产品及其针对的消费人群，将直接影响下一步的危害分析结果。

HACCP 小组要充分了解消费者将会如何食用他们的产品(生食、即食、加热食用等)，可能会出现哪些错误的食用方法，会给消费者的健康带来什么样的后果。因为用途不同，相应的危害分析结果和控制方法也不相同；HACCP 小组应确定其最终消费者，是针对一般人群还是针对特殊人群，特别要关注敏感和易受伤害的特殊消费人群，如婴儿、孕妇、老人、体弱者、免疫功能不健全者，因为针对的人群不同，也会影响危害分析结果和控制方法。

步骤 4：编制产品生产流程图

食品生产的工艺流程图是进行危害分析的前提条件，也是 HACCP 小组的一项基础工作。流程图没有统一的模式，但要包括食品生产过程的每一道工序，从原料选择、加工到销售和消费者使用，在流程图中都要按顺序清晰地标明出来，不得遗漏。生产流程图要能详细反映各个细节，由 HACCP 小组成员绘制。详尽完整的生产流程图有助于 HACCP 小组了解生产过程，进行危害分析。一份完整的生产流程图主要包括以下内容：①所使用的所有原辅料组分、包装材料的组成和贮存条件及相关的微生物、化学及物理的数据；②工艺步骤次序；③厂区的布置情况；④设备类型和设计情况；⑤人员路线；⑥交叉污染路线；⑦隔离区域；⑧生产过程中的温度、湿度的变化数据；⑨生产过程中清洁和消毒操作步骤的有效性；⑩液体和固体的流动条件；⑪产品返工或再利用的情况；⑫环境卫生与人员的卫生习惯；⑬产品的贮存与销售条件；⑭消费者使用说明。

步骤 5：现场验证流程图

编制出的产品生产流程图的每一步骤，必须在加工现场被验证。流程图的精确性对危害分析的准确性和完整性是非常关键的。如果某一生产步骤被疏忽将有可能导致遗漏显著的安全危害。如果有误，HACCP 小组要对原流程图偏离的地方加以修改，并特别关注是否有配方调整、设备变更、加工工序或操作控制条件的改变。通过现场验证，将能发现生产中的实际问题，保证流程图的准确性和适用性。

二、HACCP 计划的制订与实施

通过上述的准备步骤，HACCP 小组对产品的生产情况有了详细的了解，接下来就是制订与实施具体的 HACCP 计划。

步骤 6：进行危害分析

在对流程图进行现场确认后，按食品生产的流程图，HACCP 小组要列出各工艺步骤可能会发生的所有危害，也就是进行危害分析。这些危害主要有以下 3 种。

(1)生物性危害：由微生物本身及其代谢过程和代谢产物对食品原料、生产加工过程和成品造成的污染，如细菌性危害、真菌性危害、微生物所产毒素的危害、病毒、寄生虫、昆虫及人为因素。

(2)化学性危害：指有毒的化学物质，如杀虫剂、化学清洗剂、农药残留、兽药残留、激素、化学添加剂、有毒金属、包装材料等。

(3)物理性危害：指在食品整个流程图中对安全有影响的物理因素，如杂质、玻璃、金属、毛发等。

在这些危害中，物理性危害通过严格的卫生管理是可以消除的。在危害中尤其要重视生物性危害，不能允许致病菌的存在和增殖及毒素的产生，其次是要重视化学性危害。

在对危害进行分析后，针对食品生产过程中每一个危害都要有对应的、有效的预防措施。这些措施和办法可以排除或减少危害出现，使其达到可接受水平，保证食品的安全。

进行危害分析可采用建立危害分析表的方法，危害分析表见表 11-1。首先将生产流程图的每一步按顺序都填写在第一列当中；在第二列中列出每一加工步骤的生物性、化学性及物理性危害；分析第二列中的危害是否为显著危害，将分析结果填写在第三列中；将对第三列中判断的是否显著危害提出科学的依据填入第四列中；第五列填写显著危害的预防措施；第六列在实施下一步骤后完成。

表 11-1　危害分析表

企业名称：　　食品描述：
企业地址：　　贮存和销售条件：
危害分析人：　　用途和消费人群：
日期：

工艺步骤	确定在这步需要控制的潜在危害	潜在的危害是显著的吗	对第三列的判断提出根据	防止显著危害的预防措施	这步是关键控制点吗

步骤 7：确定关键控制点

列出 HACCP 计划表后（表 11-2），就可进行下一步的关键控制点的操作。关键控制点(CCP)是指可运用控制措施，并有效防止或消除食品安全危害或降低到可接受水平的步骤或工序。CCP 的数量取决于产品或生产工艺的复杂性、性质和研究范围等。

表 11-2　HACCP 计划表

关键控制点	显著危害	预防措施的关键限值	监控				纠偏措施	记录	验证
			内容	方法	频率	人员			

对关键控制点的确定一般借助于关键控制点判断树，但是 CCP 判断树并不是唯一的工具，见图 11-1。流程图的每一步骤按照顺序都要利用判断树进行判断，不能遗漏每一具体的操作步骤，否则会造成 HACCP 计划的失败。在使用关键控制点判断树时，一旦确定这一加工步骤存在显著危害，要按照判断树中问题的顺序依次回答每一问题，确定本步是否为关键控制点；若这一加工步骤不存在显著危害，则本步不是关键控制点。将判断的结果填入危害分析表第六列中，完成危害分析表。

应用 CCP 判断树应该注意的是：并非有一定危害就设关键控制点。在确定 CCP 时，问题 5 的功能很重要，它允许前面的某工序存在某种程度的危害，只要该危害经过以后的步骤能被消除或被降低至可接受的水平，则前面工序可不作为关键控制点来考虑。CCP 须设在最佳、最有效的控制点。其次判断树的应用是有局限性的，如不适于肉食类的宰前、宰后检验，不能认为宰后肉品检验合格就可以取消宰前检疫；又如不能将已污染严重的原料经过高压杀菌等手段处理后供人畜禽食用。因此在使用判断树时，要根据专业知识与有关法规来辅助判断和说明。判断树不能代替专业知识。

判断树中所使用的问题如下。

问题 1：这一加工步骤是否存在显著危害？

问题 2：对确定的显著危害，在本步和随后的步骤中是否有预防措施？

问题 3：采取的措施能否将本步的显著危害消除或降低到可接受的水平？

问题 4：危害是否能超过可接受水平或增加到不可接受水平？

问题 5：后面的加工步骤能否消除危害或将危害降低到可接受的水平？

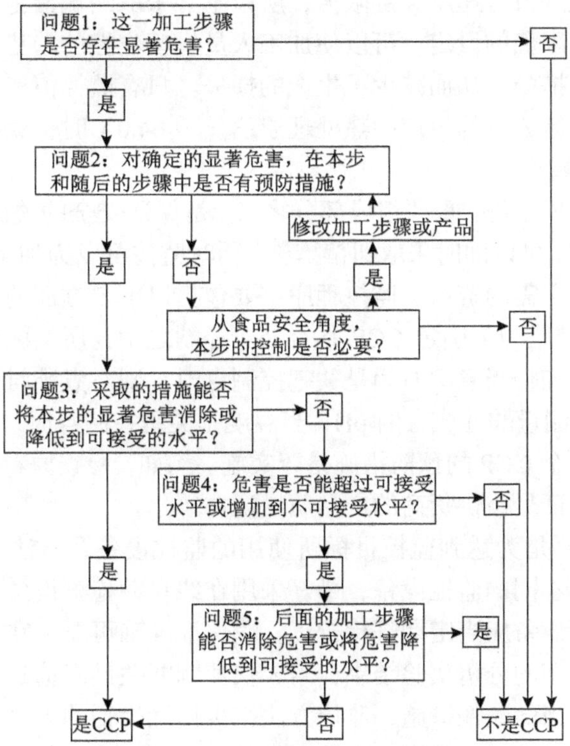

图 11-1　HACCP 关键控制点判断树

步骤 8：确定关键限值

对每一确定的关键控制点都必须建立关键限值，确保有效地控制已识别的所有显著危害。每一个关键控制点要有一项或多项控制措施，每一项控制措施要有一个或多个关键限值。

关键限值的确定要有足够的科学依据，可参考有关法规、标准、文献、专家建议和实验结果等，如政府食品卫生管理指南、国家食品卫生标准、杂志文章、食品专业教科书、食品科学专家和研究结论等。关键限值的确定还应有一定的适宜性，如果过严，即使没有发生影响到食品安全危害的情况，也要采取纠偏行动，这样就会导致生产效率下降和产品的损失；如果过松，就会使产生不安全产品的可能性增加。

关键限值选取的主要原则是：可控制且直观、快速、准确、方便和可连续监测。一般不用微生物指标，因为微生物指标一般费时费力，需要大量样品而且结果不稳定；多考虑用温度、时间、比重(密度)、流速、重量(质量)、厚度等物理指标，或 pH、盐度、有效氮等化学参数。

在实际的生产过程中，只设立关键限值不利于生产的控制。这是因为一旦监控发现加工偏离了关键限值就要采取纠偏措施。纠偏措施不但要查找和消除产生纠偏的原因，防止偏离再次发生，还要隔离发生纠偏时所生产的产品，并对这些产品的安全性进行评估。所以在生产中人们一般在关键限值内设立操作限值，操作限值是比关键限值更严格的限度。例如，在冰激凌的生产中，热处理杀死致病菌的关键限值为 65.6℃、30min，为了确保不出问题，操作限值可定为 68.5℃、30min。当监控值违反操作限值时，如在冰激凌的生产中热处理温度显示 66.0℃，这时需要进行加工调整，消除发生偏离操作限值的原因，使加工重新回到操作限值；因为此时监控值并没有违反关键限值，所以不必采取纠偏措施，并不涉及相关生产产品的处理。也就是操作限值的设定，可以使加工人员发现失控的趋势，并及时进行调整，避免加工失控而采取纠偏措施，从而减少了生产的损失。只有监控值违反了监控限值时，才采取纠偏措施。例如，在冰激凌的生产中热处理温度显示 64.0℃时，就要采取纠偏措施。

步骤 9：建立监控程序

监控程序是 HACCP 计划的重要组成部分之一，是保证安全的关键措施。通过监控程序，当加工过程出现偏差时，可以即时采取纠偏措施；同时监控可以为加工控制提供书面的文件，为后面的验证程序提供必需的资料。监控程序主要包括以下 5 方面的内容。

(1) 监控内容：监控是为了确定 CCP 是否处于控制之中，所实施的一系列预定控制参数所作的观察或测量。例如，当煮沸时间是关键控制点时，则对煮沸时间进行测定；当酸化是食品生产的关键时，则测量酸性成分的 pH；当温度是关键控制点时，对温度进行测定。监控内容也可以包括检查一个 CCP 的预防措施是否实施。例如，检查原料产地的许可证；原料包装容器上的标志及注册证号；供货商的产品质量证书等。

(2) 监控方法：主要是为达到监控目标所使用的监控设备及方法。在检测设备方面，针对不同的监控对象选择不同的监控设备，最好采用在线自动检测设备与系统，如自动温度记录仪、计时器等。产品设备应当定期进行校正，以保证准确可靠。在监控方法方面，由于生产中没有时间等待长时间的分析实验结果，需要快速判断关键限值是否发生了偏离，并必须在产品销售之前采取适当的纠偏措施，监控方法很少用微生物的方法进行监控，通常采用物理和化学的测量手段，如时间、温度、水分含量等。通过这些参数可以与微生物的控制联系起来，如在规定的温度和时间下加工食品能够杀死其中的微生物等病原体，从而达到微生物的指标要求，保证产品的安全性。

(3) 监控频率：有了适宜的监测方法并不能保证监控的有效性，还需要有一定的监控频率。监控有连续和间断两种情况，尽量采取连续监控，如采用金属探测器对产品进行除杂的连续监控。但是一个能连续记录监控值的监控仪器本身并不能对危害进行控制，还需要安排专门人员定期观察连续的监控记录，必要时采取纠偏措施。检查必须及时进行以确保不正常产品在出厂前被分离出来，检查间隔的时间长短将直接影响到返工和产品损失的数量。当实施非连续监控时，应尽量缩短监控的时间间隔，因为间隔监控的时间间隔将直接影响到纠偏时处理的产品的数量，非连续监控的频率需要根据生产加工的知识和经验来确定。

(4) 监控人员：监控人员的选择与 HACCP 计划是否得到贯彻实施关系重大。监控人员最好是产品生产的现场人员，这样更便于发现异常情况；同时现场人员参与到 HACCP 计划中，也有利于 HACCP 计划的理解和执行。监控人员可以是：流水线上工人、设备操作工、监督人员、维修人员、品管人员等。监控人员必须懂得所有 HACCP 的全部内容及其含义原理；充分理解 CCP 监控的重要性；在监控的方便岗位上作业；能够对监控活动提供准确的报告；在关键限值产生偏离时，能及时采取纠偏措施。

(5) 监控记录：在监控的同时，监控人员必须及时记录监控结果，可为将来分析食品安全原因提供直接的数据，同时做好数据档案保管。所有与关键控制点监控有关的记录和文件必须由监控人员签字。另外，在监控程序中最好安排专人负责审核监控记录，并在审核记录上签字，以便能及时发现问题，保证监控的有效性。监控记录可以用来证明产品是在 HACCP 计划要求的条件下进行的，从而保证了食品的安全性，同时为验证程序提供资料。

步骤 10：建立纠偏措施

当关键控制点的关键限值发生偏离时，就要采取纠偏措施。

纠偏措施包括两方面内容。

(1) 使关键控制点恢复到关键限值的措施。首先应认真分析监控记录，进行调查研究，确定发生偏离的原因，采取措施以确保类似原因不再出现，防止偏离再次发生。必要时，调整加工工艺或修改 HACCP 计划。

(2) 对关键控制点发生偏离时期所生产的食品进行妥善处理的措施。首先对这些产品进行隔离，然后根据专家的评估或物理的、化学的及微生物的检测，判断这些食品中存在食品安全危害的程度。如产品不构成危害，则解除隔离，正常销售；如存在严重危害，但通过再加工可以消除危害，则可进行再加工；如存在严重危害，并且再加工不可以消除危害，则进行销毁处理。

HACCP 计划应包含一份独立的文件，其中所有的偏离和相应纠正措施要以一定的格式记录进去，由进行纠偏措施的人员签字，并由复查人员进行复核签字。纠偏措施过程应记录的内容包括：①产品描述、隔离或扣留的产品数量；②偏离描述；③所采取的纠偏行动（包括失控产品的处理）；④纠偏行动的负责人姓名及复查人员姓名。

步骤 11：建立验证（审核）措施

验证的目的是确认 HACCP 计划是否有效，以及是否被正确执行。它有助于证明整个体系对保证食品的安全性真正起到作用，而且还可确定 HACCP 计划是否需要修改和再确认。一般来说，验证程序主要包括：HACCP 计划的确认，对 CCP 的验证，对 HACCP 系统的验证，执法机构强制性验证。

(1) HACCP 计划的确认：HACCP 计划的确认通常应该在 HACCP 计划实施前进行，是指通过收集 HACCP 计划的各个部分的信息资料，包括产品说明、工艺流程图、危害分析、工艺流程图及危害分析、CCP 的确定、监控程序、纠偏措施程序、记录保存程序等方面，以评价 HACCP 计划的有效性。另外，在一些因素产生变化时，如原料、加工工艺、产品用途发生改变，或生产线中有新变化等，也需要再次执行确认程序。

(2) 对 CCP 的验证：目的是确保关键控制点受控，以控制食品的安全。对 CCP 验证的主要内容包括：监控设备的校准，一般应该以一种能确保测量准确度的频率进行验证；校准记录的复查，要审查校准日期是否符合规定的频率要求，所用的校准方法是否正确；针对性的取样检测，一般可对关键控制点中监控结果不理想的点进行取样，以验证关键控制点控制的有效性；CCP 记录的复查，主要检查监控记录和纠偏措施记录，来验证 HACCP 计划是否被有效实施。

(3) 对 HACCP 系统的验证：系统的验证频率一般一年至少一次。当产品工艺过程进行调整时，应随时对系统进行全面验证。HACCP 系统的验证主要包括对最终产品的微生物检测和审核两部分。对 HACCP 计划来说，微生物检测虽然不是日常监控的有效方法，但最终产品的微生物检测可以用来确定整个操作是否处于受控状态。对 HACCP 系统的审核可分为内部审核和外部审核。内部审核有时称第一方审核，主要用于内部目的，用于企业改进自身的 HACCP 体系，提高自身的安全控制水平。外部审核包括通常所说的“第二方审核”和“第三方审核”。第二方审核指由组织的相关方(如顾客)或由其他人员以相关方的名义进行的审核。第三方审核即 HACCP 认证，由独立于供求双方之外的认证机构进行，这类组织对受审核方的 HACCP 体系提供符合要求的认证或注册。

(4) 执法机构强制性验证(政府机构验证)：目的是确定 HACCP 计划是否被贯彻执行，以及记录是否被合理地保存。主要包括：对 HACCP 计划和任何修改的复查；CCP 监控记录的复查；纠偏措施记录的复查；验证记录的复查；操作的现场检查。HACCP 计划可能含有专利方面的信息，因此执法机构必须予以保护。

各地出入境检验检疫机构负责所辖区域内企业 HACCP 管理体系的验证工作，并根据国外食品卫生管理机构的要求，出具 HACCP 验证证书。管理机构在下列情形之一进行验证工作：按照管理机构年度验证抽查计划；国家主管部门下达检查任务；出口食品法定检验检疫时发现安全卫生质量问题；国外对出口的食品安全卫生质量提出投诉索赔；国外要求管理机构出具出口食品生产企业有效实施 HACCP 体系的证明；发现其他情况认为有必要进行核查。

最后形成验证报告，主要内容可以包括：①HACCP 计划表的确认；②CCP 的直接监测资料；③监测仪器校正及正常运作的记录；④纠偏措施及纠偏记录；⑤CCP 在控制下的样品分析资料(有物理、化学、微生物或感官品评的)；⑥HACCP 计划修正后的再确认；⑦控制点监测操作人员的培训记录等。

步骤 12：建立记录保存程序

HACCP 程序应文件化，文件和记录的保存应符合操作种类和规范。文件记录同样也提供了一个监控手段，有助于及时发现问题和准确分析与解决问题。

主要需要保存的文件有：HACCP 小组会上报告及总结；HACCP 计划和支持性文件；产品描述；食品用途及消费者的情况；生产流程图；危害分析表；关键控制点的相关记录；监控方法及记录；由操作者签名和审核者签名的监控记录；纠偏措施的记录；验证活动的记录；

培训记录；审核记录；修改记录等。所有的 HACCP 记录归档后妥善保管，一般保留 2 年。

第四节 HACCP、SSOP、GMP 之间的关系

GMP 是英文 good manufacturing practice 的缩写，即良好操作规范（或称作“优良制造标准”），是一种特别注重在生产过程中实施的对产品质量与卫生安全的自主性管理制度。

GMP 起源于药品生产质量管理的需要。1963 年，美国国会通过了美国坦布尔大学 6 名教授编写制定的世界上第一部 GMP。1969 年，FDA 将 GMP 的观点引用到食品的生产法规中，制定了《食品制造、加工、包装与贮藏的现行良好操作规范》，即现行食品 GMP。它的重点是：确认食品生产过程的安全性；防止异物、毒物、有害微生物污染食品；双重检验制度，防止出现人为的过失；标签管理制度；建立完善的生产记录、报告存档的管理制度。按照 GMP 的要求，我国卫生部针对不同食品的加工要求，制定了一系列生产规范，如罐头厂卫生规范、白酒厂卫生规范、啤酒厂卫生规范等；后又针对出口企业制定了专业的卫生规范。

SSOP 是卫生标准操作程序（sanitation standard operating procedures）的简称。它是食品加工企业为了保证达到所规定的要求，确保加工过程中消除不良的人为因素，使其加工的食品符合卫生要求而制定的指导食品生产加工过程中如何实施清洗、消毒和卫生保持的作业指导文件。SSOP 计划的主要内容为：用于接触食品水的安全；食品接触面的卫生状况；防止发生交叉污染；手的清洗消毒设施及卫生间设施的维护；保护食品、食品包装材料和食品接触面免受外来杂质的污染；有毒化学物质的正确标志、贮存和使用；职工健康状况的控制；害虫的控制。

一、GMP 与 SSOP 的关系

SSOP 是根据 GMP 中的有关卫生方面的要求而制定的卫生标准操作程序，是 GMP 中卫生方面的要求的具体化。食品企业首先必须遵守 GMP 规定，然后再建立并有效实施 SSOP。食品企业如果只建立了包含 8 个主要卫生方面的 SSOP 及其对应的 GMP 条款，而不遵守其余的 GMP 条款，所生产的产品是不允许上市销售的。GMP 是政府卫生部门用法规性、强制性标准形式发布的，是食品企业必须达到的卫生要求；SSOP 是指导性文件，不带有政府强制性。

二、SSOP 与 HACCP 的关系

一方面，SSOP 是制订和实施 HACCP 的基础和前提条件，建立 HACCP 必须提前制订和实施 SSOP，所以食品企业只建立 HACCP 而不制订和实施 SSOP 是不允许的，可能会造成严重的食品安全事故。因为 SSOP 是维护卫生状况的程序，与整个加工区域有关；HACCP 的监测与控制是建立在危害分析基础上的，大多是针对 SSOP 或后续的加工步骤无法消除或降低的危害而进行的。另一方面，在食品安全问题的控制上，特别是在危害分析与关键控制点的控制上，HACCP 比 SSOP 具有明显的优势。通过 8 个主要卫生方面 SSOP 的制订和实施可以在一定程度上保证食品的安全性，但 HACCP 中危害分析与关键控制点的相关内容将为食品安全提供更为有力的保障。

需要指出的是，有时某种危害究竟是用关键控制点控制，还是用卫生标准操作程序控制，

并没有严格的区分，有的同一个危害可能由二者共同控制，如由 HACCP 控制病原微生物的杀灭，由 SSOP 控制病源微生物的二次污染。

三、三者的关系

GMP、SSOP 是制订和实施 HACCP 的基础和前提条件，也就是说，如果食品企业达不到 GMP 法规的要求或没有制订并实施有效的、具有可操作性的 SSOP，则无法实施 HACCP。GMP 是整个食品安全控制体系的基础；SSOP 是根据 GMP 中的有关卫生方面的要求制订的卫生标准操作程序；HACCP 则是控制食品安全的关键程序。

GMP、SSOP 和 HACCP 的关系可用图 11-2 来表示。

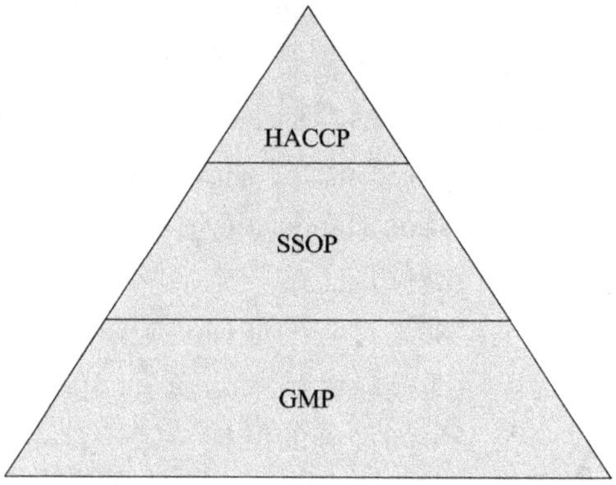

图 11-2　GMP、SSOP 和 HACCP 的关系

第五节　HACCP 体系在食品企业的建立

一、食品企业建立 HACCP 体系的益处

HACCP 体系的建立与实施已有十余年了，各方面的证据表明这是保证食品安全十分有效的一项措施，2008 年，在美国农业部建立肉和家禽生产企业的 HACCP 体系十周年之际所进行的一项调查中，4 名企业主要投资人从不同方面对 HACCP 体系实施 10 年的效果进行了肯定，HACCP 体系目前在世界范围内获得广泛认可，建立 HACCP 体系的益处主要有以下几个。

（一）对食品安全危害具有预防性

对最终产品进行抽样检测以确定产品是否合格的方法往往只能做一些事后补救工作，而 HACCP 体系却能通过对食品链中关键控制点监控和采取相应的纠偏措施。也就是建立 HACCP 体系后，将安全保证的重点由传统的对最终产品的检验转移到对工艺过程及原料质量进行控制。这样可以防止系统崩溃，避免生产出不合格产品而造成巨大损失。

（二）提高企业的声誉，提高消费者的信心

HACCP 体系得到了国际学术界的认定，同时它的有效性在生产实践中得到了验证，因

此它的应用不仅可以增加人们对产品的信心，还可提高产品在消费者心中的可信度，保证产品的市场占有率，对促进社会经济的良性发展具有重要意义。

(三)对食品安全危害的控制具有科学性、全面性

HACCP 系统是一种全面、系统化的控制方法，它以科学为基础，对食品生产中的每个环节的危害风险(危害发生的可能性和严重性)进行鉴定,能有效识别出各种可能发生的危害,包括来自生物、物理和化学方面的危害，并在有科学依据的基础上采取预防性措施。

(四)建立 HACCP 体系后，企业获得的收益大

建立 HACCP 体系后不仅可获得直接收益，还可获得间接收益。它提供了一种最理想的食品安全监测和控制手段，能使有限的人力和物力发挥最大的作用，所得到的收益很多是无法用数字直接表现和度量的，因为它所带来的结果将是产品质量的提高、销售量的增加、市场占有率的猛增，这就致使企业用较低的投入带来较高的产出，极大增加其效益。

(五)便于企业与国际接轨

HACCP 体系作为控制食源性疾患最为有效的措施已经成为世界许多国家和地区对于农产品、水产品、食品工业生产的强制性实施体系。因此，HACCP 体系的建立与实施能促进出口，消除贸易壁垒。

(六)改变政府部门的监管方式

对于政府部门，HACCP 的实施将改变传统的食品监管方式，使政府从被动的市场抽检变为主动地参与企业食品安全体系的建立，促进企业更积极地实施安全控制的手段，并将政府对食品安全的监管，从产品终端延伸到生产过程。

二、食品企业建立与实施 HACCP 体系的现状

作为一种快捷、方便和安全的质量保证体系，HACCP 体系在食品企业生产中得到了全面、广泛地应用。

(一)用于控制食品原料质量

保证食品的安全必须从源头开始，从原料的生态环境着手。具体来讲，植物性食品原料的重要控制指标是农药含量。动物性食品原料的重要控制指标是激素、生长调节剂、抗生素、寄生虫和有害微生物。人们可以用 HACCP 体系中的关键控制点实现对饲料和兽药中的激素、生长调节剂及抗生素的控制。

(二)在食品生产中的应用

HACCP 体系目前广泛使用于各种食品的生产中。

HACCP 体系最早应用在水产品中，由于水产品含水量高，容易腐败变质。运用 HACCP 体系可以使水产品在冷冻、分装、运输、储存、生产和运输过程中的质量得到有效控制。

在冷冻食品中细菌的污染和繁殖的防止是关键控制点，采用 HACCP 体系进行质量控制可以避免引起大规模的食物中毒事件。例如，S. Turhan 等在冷冻草莓的生产中建立了 HACCP 体系。

罐头食品一方面要控制微生物含量确保食品安全，另一方面要照顾到内容物的色、香、味、形。采用 HACCP 体系对生产过程中罐头杀菌、封罐及成品的检验、储存进行有效控制，可以取得令人满意的效果。例如，徐吉祥等在竹笋软罐头的生产中，建立了 HACCP 体系。

HACCP 体系还广泛应用于液体食品、焙烤食品、发酵制品、油炸食品、中国传统食品（豆腐）等的生产中，在食品生产中为保证各类食品的安全性提供有力的保障。

（三）在产品流通分配中的应用

质量管理的最终目的是为消费者提供安全、高质量的食品。应用 HACCP 体系能够使工厂生产的合格产品在流通过程中减少损失，延长货价期，保证高质量的产品到达消费者手中。尤其在冷冻食品、冷饮食品、水产品等食品中，分配运输过程中的质量控制是保证高品质产品的关键。

三、食品企业建立 HACCP 体系存在的问题

在 HACCP 体系的建立与实施中，发现部分监管人员和食品企业对 HACCP 体系有些误解，还存在一些问题，主要如下。

1）只要得到管理层支持就够了，其他人员不需要学习　企业最高领导给予的强有力的、持续的支持和领导是 HACCP 体系获得建立及实施的必要条件。领导层的支持将为 HACCP 体系的顺利实施提供保证，但是 HACCP 体系是一个整体体系，需要各方面人员的配合，尤其是一线工作人员对 HACCP 体系的重视及理解程度直接影响 HACCP 体系的实施效果。所以要对企业的全体员工进行相关必要的培训，引起各个层面的重视。

2）建立实施 HACCP 体系只是企业内部的事情，与市场无关　由于 HACCP 体系的建立主要在企业内部进行，因此表面上看好像与市场的消费情况无关。但事实并非如此，HACCP 体系的建立要充分考虑产品的消费者投诉情况，因为消费者的投诉是市场对产品质量的反馈，通过收集汇总这些相关信息，将会发现产品质量的缺陷和问题所在，为实施危害分析过程提供基础数据。

3）建立实施 HACCP 体系投入大，收益小　虽然在初始阶段，HACCP 体系的建立与实施的确需要花费大量资源，如进行人员培训、购买技术支持设备的资金投入，HACCP 计划的制订与实施过程等所花费的时间和精力等、进行认证的费用等。但所产生的收益巨大，实施 HACCP 体系的收益主要体现在：提高资源合理利用率；提高工作效率；增加了产品的安全性和可信度；增加了消费者的满意程度。潘湘波等以出口企业为主体，采取会计计量法、对应分析法及实地调研等多种方式，对企业实施 HACCP 体系的成本和收益进行调研分析。研究表明，企业应用 HACCP 体系的收益滞后于投入，且不能在短时间全部显现；企业引入 HACCP 体系后，在产品市场占有率、产品附加值、管理水平等方面会有不同程度的提高，将极为有效地提高企业的竞争力。

4）HACCP 体系实施可以完全代替成品检验　HACCP 体系实施可否代替成品检验，

在国际范围内引起了广泛的争议。许多专家认为：食品生产者利用 HACCP 体系控制产品的安全性比利用传统的成品检验法要更为可靠，故建议成品检验可以被替代。然而，由于 HACCP 体系也并不是一个零风险体系，不能完全保证食品的安全性，因此对成品还需进行检验。成品检验能在一定程度上验证 HACCP 体系的实施情况，同时也是产品上市前的一个监督方法。

5) 同一行业的 HACCP 体系可以照搬　HACCP 体系虽然具有全世界公认的总体指南，但同一个食品行业不同的食品工厂、不同的食品生产线，其设置的关键控制点、关键限值等也各有差异。这是因为各种危害，以及控制这些危害的关键控制点是随工厂的设计、食品的配方、工艺流程、设备设施、原料选择、卫生等情况而变化的。所以当 HACCP 体系具体应用到每一个企业时，企业应从自身现实出发，全面衡量原料、工艺、管理、装备、环境、人员等环节，制订出企业自己的 HACCP 计划。

第六节　HACCP 体系的认证

对 HACCP 体系进行审核认证是对体系进行综合性验证的重要方面，是验证组织食品安全管理活动及其结果是否达到食品安全方针和目标系统性的审核，同时也是组织 HACCP 管理体系正常运行并保持稳定的有效管理手段。审核具有一定的系统性、独立性和客观性。有效的 HACCP 管理体系审核可以推动组织食品安全管理体系不断地持续改进。

一、HACCP 认证审核的类型

HACCP 管理体系认证审核按照审核的类型可分为内部审核和外部审核。内部审核有时称第一方审核，主要用于内部，用于企业改进自身的 HACCP 体系，提高自身的安全控制水平。外部审核包括通常所说的“第二方审核”和“第三方审核”。

（一）第一方审核

第一方审核通常称为内部审核。

内部审核的目的：审核危害分析是否科学、合理、完善；审核关键控制点的判定是否合理及对其实施的监控是否有效；审核是否有纠偏措施；为迎接外部的审核与认证做好准备；推动 HACCP 体系的进一步改进与完善。

审核人员：内审是由企业内部经过专门培训取得内部审核员资格并由企业领导授权的内审员进行的。

审核范围由组织最高管理者确定。

内审的依据：HACCP 管理体系文件、企业制订的各种程序和其他相应的法律法规、顾客合同。

（二）第二方审核

第二方审核基于自愿申请的原则，是由组织的顾客或由其他人以顾客的名义进行的审核。

第二方审核的目的：促进供方改进 HACCP 体系；建立互利的供需方关系，决定是否批准签订购货合同；供需双方就食品安全卫生要求达成共识。

审核人员：顾客或其代表。

审核范围主要由顾客决定。

第二方审核的准则：合同要求、相关标准、法律法规、HACCP 管理体系文件。

（三）第三方审核（HACCP 认证）

第三方审核是由供需方以外独立的认证机构提供的，对申请认证的主体进行的公正的 HACCP 体系的审核，对受审核方的 HACCP 体系提供符合要求的认证或注册。

第三方审核的目的：通过认证证实企业保证食品安全的能力；提高企业的信誉，增强市场竞争能力；避免过多的第二方审核，减少企业和顾客双方不必要的费用。

审核人员：独立的认证机构。获得国家认监委的批准，并按有关规定取得国家认可机构的资格认可。

审核范围主要由企业提出，并根据具体情况来确定。

第三方审核的准则：HACCP 通用标准、法律法规、HACCP 管理体系文件、合同要求。

二、HACCP 认证的程序

2002 年，国家认证认可监督管理委员会（简称国家认监委）先后发布了《食品生产企业危害分析与关键控制点（HACCP）管理体系认证管理规定》和关于在出口罐头、水产品、肉及肉制品、速冻蔬菜、果蔬汁、速冻方便食品等 6 类出口食品企业开展强制性 HACCP 体系认证的规定。目前我国仅仅对以上 6 类出口食品企业实行强制性 HACCP 体系认证。

2004 年 3 月，国家认监委会同国家质量监督检验检疫总局、农业部、原国家经贸委、原外经贸部、卫生部、国家环境保护总局、国家工商行政管理总局和国家标准化管理委员会下发了《关于建立农产品认证认可工作体系实施意见》，明确提出在农产品领域积极推行 HACCP 管理体系及认证。目前，农产品的 HACCP 体系认证自愿实施。

（一）HACCP 认证的准备

1）企业申请　当企业充分有效地运行 HACCP 质量安全管理体系，能够有效地对食品安全进行控制，并能通过内部审核等方式对 HACCP 体系进行优化，具备第三方认证审核的条件后，可申请第三方认证。

申请时一般需提供以下资料。

（1）《HACCP 体系认证申请书》一般包括：企业基本情况如企业名称、企业地址、企业性质、法人代表、联系人、联系电话、电子信箱、邮编。

（2）企业的卫生及认证状况。企业取得卫生许可证及卫生注册证明，以及其他相关管理体系及产品认证状况等。

（3）HACCP 体系文件：包括 HACCP 计划手册；申请认证产品描述、生产工艺流程图及工艺描述；与体系相关的人员、场所、生产线、产区布置等情况；对食品安全的控制情况及监控情况；生产过程的记录表格、监控记录等。

（4）申请认证的认证范围（包括产品范围及场所范围）、认证依据、拟定审核时间等。

（5）认证依据的法律法规及其他要求的文本等。

申请 HACCP 管理体系第三方认证的企业要安排 HACCP 管理体系管理人员参与具体的

审核过程并保持正常的生产运转状态，以迎接正式审核。

2) 申请资料的评审　认证机构受理申请，决定是否接受申请。由专业评审人员对申请文件进行评价，即进行合同评审，申请资料的评审一般内容包括：申请方资质的符合性；提交文件的完整性；申请认证的产品范围是否在认证机构的认证业务范围内；申请方选择的认证依据是否适宜，是否具备满足对申请方所要求的认证时间、场所及特殊要求的能力。认证机构向企业提供《认证报价单》及与认证有关的信息。企业负责人对报价及有关认证信息进行确认，最后机构授权签约人员同申请组织签订《认证合同》。

3) 确定审核范围与审核的依据　审核范围由企业提出，并根据具体情况来确定，一般包括需要审核的产品的名称与种类、加工方法、产品的加工区域、产品的活动范围等。不同的产品有不同的审核范围。确定审核依据时，应注意选择适用的法律法规作为审核依据，主要依据一般大致相同：国际食品卫生控制通用准则；我国有关食品安全法律法规；受审食品相关行业法规；受审方的 HACCP 计划手册；认证中心的审核总则等。

4) 成立审核小组　审核小组成员应具有 HACCP 体系认证的相关专业知识，审核组长应具有较强的组织能力及丰富的审核经验，并且审核员与受审企业没有利益冲突，从而保证审核认证的独立性与公正性。

审核组规模的确定主要取决于以下因素：受审核方的规模、产品种类、专业类型、作业场所的分散性及审核人员的经验。

5) 文件审核及初访　审核组成立后，先对企业提交的文件进行审核，评价体系文件与规定要求的符合性，并完成文件审核报告；然后在完成文件审核后，对企业进行初访，了解产品的实际生产情况，以便于实施现场审核的工作。

文件审核的内容主要包括：是否遵守 GMP 的相关规定；是否有 SSOP 计划；是否制定了文件化的 HACCP 计划；HACCP 计划是否包含了 HACCP 的七大原理。

文件审核报告的主要内容：被审核方名称、编号；审核依据；审核日期；审核人员；审核结论；文件审核不符合项报告；审核组长签名；文件中不符合项纠正结果的验证结论；验证日期及验证人员签名等。

初访的目的是在文件审核的基础上初步了解被审核方 HACCP 体系的运作情况，收集现场信息。初访不是认证工作的必备步骤。初访的主要内容：与审核方沟通，以便确定正式审核的日程安排；了解厂房分布情况；了解产品的生产工艺等。

(二) HACCP 认证的实施

1) 现场审核的准备

(1) 制订审核计划。审核计划的内容应包括：审核目的和范围、审核依据、审核日期、日程安排、审核组人员及分工。

(2) 编制审核检查表。审核表由认证机构自行制定，检查表的样式要充分体现实际性。另外，如现场审核中发现有可能导致不合格的线索，即使检查表没有此内容也应记录。

(3) 根据工艺特点选择合适的审核技术。

2) 现场审核

(1) 首次会议（见面会）。见面会参加人员要进行会议签到。参加首次会议的人员有：审核组全体成员、被审核方 HACCP 体系负责人及被审核部门负责人。

会议内容：会议由审核组组长主持。首先双方介绍本方人员；其次，审核方说明审核目的、依据、范围、方法，审核计划安排(顺序、时间)，不符合各项的判定及最终结论的判定，以及对审核工作的公正性、保密性进行承诺；再次，被审核方介绍本方的组织机构概况，说明 HACCP 体系建立和实施的概况，安排陪同人员等。会议一般进行 30min 或更长时间。

(2) GMP、SSOP 执行情况的现场审核。审核员应以实地观察为主，结合记录审核检查企业的 GMP、SSOP 是否符合法规要求的所有内容。

(3) HACCP 计划的现场审核，主要包括以下内容。

被审核方负责 HACCP 计划的人员组织情况。可通过询问了解被审核方主要负责人对体系的理解程度；是否有专门的 HACCP 小组等情况。

现场对生产流程进行进一步确认，确定生产工艺的正确性。

现场验证危害分析的合理性，确保没有遗漏的危害。

现场对关键控制点的科学性进行判断。

关键控制点的控制措施是否与计划相一致。

关键控制点的监控仪器运转是否正常，是否能正确显示测量数值，是否定期进行校准工作。

当现场关键控制点的监控数值偏离正常值时，是否能即时进行纠偏行动，是否明确现场纠偏行动的责任人。

(4) 检验室的现场审核。食品生产过程中或生产完成后，食品检验结果的正确性直接影响到食品安全控制手段的有效性，所以食品检验结果的正确性与可信性至关重要。

检验室的现场审核主要包括：检验室的设备配置能否满足食品安全的需要；检验室的设备是否定期进行维护；是否有仪器的使用记录、检验记录等；检测的方法和分析标准是否依据有关国家标准；测试人员是否能胜任检测工作；化学药品、试剂等的标志、储存、废弃是否符合要求。

(5) 审查 HACCP 计划及其相关的各种记录。完善的记录保存程序是 HACCP 计划的基本要求，审查的内容主要有以下几个方面。

记录的真实性。在现场进行查证，防止虚假记录。

记录是否有相关责任人的签名。记录中是否有监控者的签名、食品名称和生产批号、生产加工企业名称和地址；是否有复核人的签名和时间，复核是否在记录形成后合理的时间内进行。

现场记录与档案保管记录、文件规定记录要一致。

HACCP 计划的相关记录是否完整，如危害分析表的记录、确定关键控制点及关键限值的记录、监控记录、纠偏记录、培训记录、仪器检查记录等。

(6) 记录不符合项情况。在现场审核过程中，发现与审核依据不符合的情况时，对不符合事实进行描述，形成报告，并由审核员及审核组长签名，受审核方也要进行签字确认。

(7) 审核组内部会议。在现场审核结束后，审核组要召开内部会议，对各小组的现场审核情况进行汇总，对不符合项进行分类汇总，写出审核意见，完成审核报告，并得出审核结论。

审核报告是现场审核完成后的正式文件，是审核结论的重要依据。其内容包括审核组了解到的被审核方 HACCP 计划的整体情况及不符合项情况等。审核报告由审核组长起草，审

核报告应如实反映审核工作，结论客观公正。审核组长可根据存在问题的类型、严重程度、范围、整改难度及被审核方对采取纠偏行动的承诺而决定不合格项整改的验证时间，以便安排跟踪审核。审核报告由审核组长提交认证机构。认证机构负责向被审核方提供审核报告的正式文本。对含有机密和专利信息的审核报告，审核方应注意保密。

审核结论包括 3 种情况：推荐认证通过；推迟认证通过(对不符合项在规定期限内采取有效纠偏措施，需要时进行现场验证)；不推荐认证通过。

(8) 总结会。总结会又称末次会议，由审核方向被审核方报告审核结果，参加总结会议的人员有：审核组全体成员、被审核方 HACCP 体系负责人及被审核部门负责人。

会议内容：会议由审核组组长主持。首先，审核方感谢被审核方在审核过程中的支持与合作，肯定 HACCP 计划的实施效果，重申审核目的、依据、方法，宣读审核报告，说明不符合各项的判定结果，明确审核结论，以及再次强调审核工作的公正性、保密性；其次，被审核方就审核结果表明支持或反对意见，在审核报告上签字确认；再次，双方就不符合项商定纠偏措施及跟踪审核安排；最后，双方商定未尽事宜。会议一般进行 30min 或更长时间。

3) 跟踪审核　不符合项的纠正措施是否有效，要经过跟踪审核的验证。被审核方应对不符合项的原因进行充分分析，采取可操作性强的纠偏措施，即时监控纠偏措施的效果，报告审核组。审核组依据规定进行纠偏措施及监控的文件审核或进行现场跟踪审核，来验证不符合项纠偏的有效性，并形成跟踪审核报告。

4) 颁发认证证书　审核组推荐认证，认证机构颁发 HACCP 体系认证证书。

5) 认证的监督及复评　受审方获得认证注册后，应对 HACCP 体系不断完善，持续改进。监督审核的时间间隔最长不超过 12 个月，复评周期为 3 年。

监督审核内容：HACCP 计划；原料和(或)产品及工艺变更；危害分析更新；关键控制点更新与监控；产品用途变更；相关法律法规变更与符合性；顾客投诉处理、国家和(或)行业检验结果信息；产品安全事故；认证标志使用；上次审核提出不符合纠正措施有效性验证。

认证机构每年对获证方的体系完整地进行一次评定(即复评)，对 HACCP 管理体系在过去的认证有效期内的运行情况进行评审，保证体系要素发生重大变化时体系的整体有效性，复评考虑监督审核结果，并且至少包括一次文件审核和一次现场审核。

6) 证书到期后再申请　证书到期后按要求再进行该认证申请。

三、HACCP 认证审核的技术

(一) 审核途径

1) 顺向追溯　按照 HACCP 管理体系运行的顺序进行审核，从生产的第一道工序到最后一道工序。例如，审核方对被审核方从原料、生产、检验、包装、贮存等实际工作流程进行审核。这种方式的优点是可以系统了解体系的运作情况，从而验证整个体系的协调性。

2) 部门审核　审核员以部门为中心进行审核。一个部门有时承担几个要素的工作，要求审核员以其主要的职责为主线，到该部门一次审核完所有 HACCP 管理体系相关的要素。这种审核方式的优点是审核效率高，但审核的内容较分散，容易出现重复或疏漏现象。

（二）编制检查表

检查表是审核员在审核中使用的一种工具。

检查表的作用：使审核工作规范化；调整审核节奏，保持审核目标始终明确；是审核工作的备忘录。

检查表的内容：内容应符合审核依据的要求；要突出典型的安全、卫生、质量问题及影响它们的主要环节；抽样检查应有代表性；简繁程度与审核员的经验和知识相符合。检查表的内容应具备一定的灵活性，要根据现场审核的实际情况加以适当的调整。

检查表是审核员的工作文件，不要透露给受审核方，以使其有针对性地做好准备；检查表最好由审核员默记在脑中，并以自然而巧妙的方式提问，从而达到最佳的效果。

（三）提问的方式

提问的内容一般应围绕6个方面，即5W1H：什么（What），为什么（Why），何时（When），哪里（Where），谁（Who），怎样（How）。正确使用这 6 个词，可在较短时间内获得所需要的信息。

1）围绕某一主题提问　审查员希望被审核人员围绕某一主题回答时，可围绕某一主题提问。例如，对于食品原料的安全问题，可提问如下问题：什么原料的安全易出现问题？谁负责食品原料的安全？为什么原料的安全会出现问题？原料来源于哪里？等等。

2）假设性提问　如审核员想了解被审核企业对意外情况的紧急处理能力和纠偏能力，可提建设性问题。例如，当生产过程中停电时，如何处理这种意外情况？加工中发生了监控数值的偏离时，怎么办？

审核员在提问时应注意观察被审核人员的体态语言，根据其回答问题时的表情、动作，判断其回答的真实性，并发现新的线索。

（四）抽样

抽样要有代表性，并且注意抽样的范围，重点对关键控制点和重要的控制因素进行抽样审核。推荐使用《美国FDA水产品HACCP管理官员培训教材》中介绍的记录审查抽样方法：首先确定所选审查记录的生产天数及具体日期，可从最后一次审查开始算起，也可从HACCP计划开始执行之日算起。然后将所选生产日的天数开平方根，作为所选取审核记录的生产日天数，但所选天数不得少于12天。将所选的天数分配到生产的各个月。接着从一个月中选择的天数尽量与生产天数成比例，即生产天数多的月份多选几天，生产天数少的月份少选几天。最后在同一个月中选取最不良状况下的生产日期，如季节性停工或情况变化后再开工；HACCP 计划修订后；设备变更后；人员变更后；生产高峰期，特别是生产量超过了设计能力时；加班和劳动时间过长时；在假期或周末时。假如厂家在以上的生产条件下能正常地进行生产，那在正常生产条件下的生产操作一般也不会有问题。

（五）现场观察

现场观察是现场审核的重要环节，是确定 HACCP 管理体系是否有效运行的关键。现场的认真观察可以发现生产中的实际问题，这些问题仅依据文件审核无法发现。审核员通过仔细地观察，常常可以发现许多不符合规定要求的客观证据，如不合格品的标记、隔离是否符合要求；监控设备的状况，是否达到使用寿命的要求；监控频率是否按要求进行等。现场观察除了实际生产车间现场以外，还应包括检验室、仓储、供销、偏僻角落等设施或环节的现场观察。

(六) 审查记录

文件、资料和记录的查阅是开展审核工作和查找客观证据的重要途径。在现场审核时，要查阅现场的体系文件和记录，一要注意是否要求记录的内容都有相应的记录，如对于卫生质量的控制，要有相应的监控和复查记录；二要注意记录的真实性，善于发现虚假记录。

第七节　HACCP 在食品生产中的应用实例分析

一、冷冻海鳗片生产中 HACCP 计划的建立

以某速冻食品厂冷冻海鳗片为例说明 HACCP 计划的建立过程。

(一) 产品描述

表 11-3 为冷冻海鳗片产品描述表。

表 11-3　冷冻海鳗片产品描述表

产品名称	冷冻海鳗片
产品特性	1. 感官特性：色泽洁白，无血块；气味正常，无酸败味及其他异味；不具有黏性；组织紧密，有弹性 2. 理化指标：符合相关国家质量卫生标准的要求 3. 卫生：细菌总数小于 1×10^5 个/g，大肠菌群阴性
包装形式	符合食品卫生要求的塑料包装材料
主要原料	活海鳗、盐、味精、糖等
贮存方式	冷藏温度控制在−25～−18℃
预期用途及消费人群	所有的消费人群，日常烹饪加工
保质期	由生产厂自行确定
销售要求	在低于−18℃条件下销售
运输要求	在低于−18℃条件下运输

(二) 生产流程

原料选择→去头、放血→洗涤→剖腹去内脏→再洗涤→切断→最后洗涤→称重→保护处理→真空包装→冻结→装箱冷藏→运输销售。

(三) 危害分析表

表 11-4 为冷冻海鳗片危害分析表。

表 11-4 冷冻海鳗片危害分析表

工艺步骤	确定在这步需要控制的潜在危害	潜在的危害是显著的吗	对第三列的判断提出根据	防止显著危害的预防措施	这步是关键控制点吗
原料选择	生物性：致病微生物残留 化学性：无 物理性：无	是	水产冷冻食品的原料不新鲜，极易污染致病菌	选用新鲜的原料	是
去头、放血	生物性：致病微生物残留 化学性：无 物理性：无	是	原料可能带有致病菌，在操作过程中造成交叉污染	用水多次清洗，使用清洁的淡水	是
洗涤	生物性：微生物残留 化学性：漂白粉残留 物理性：无	是	微生物残留危害健康，用漂白粉进行清洗	漂白粉水的浓度是 10mg/kg，时间为 30min	是
剖腹去内脏	生物性：内脏有害、有毒微生物残留 化学性：无 物理性：无	是	内脏中的微生物的残留及操作过程中带来的交叉污染	要求完整地去除所有的内脏，防止切碎鱼体造成的致病菌的污染。对员工进行卫生培训，已污染的设备应彻底进行清洗和消毒	是
再洗涤	生物性：微生物污染 化学性：无 物理性：无	是	残留的内脏和人员设备对产品的交叉污染	严格按照操作规范进行，控制操作的温度和时间	是
切断	生物性：无 化学性：无 物理性：无	否			否
最后洗涤	生物性：无 化学性：无 物理性：无	否			否
称重	生物性：无 化学性：无 物理性：无	否			否
保护处理	生物性：无 化学性：氧化 物理性：无	是	海鳗片易于氧化，影响食品品质	选择脂溶性抗氧化剂进行浸泡	是
真空包装	生物性：微生物污染 化学性：无 物理性：无	是	包装人员、设备带来的交叉污染，造成微生物生长繁殖	包装间的温度≤4℃，包装材料预冷到 0℃。每一种产品应独立包装，包装设备必须定期消毒	是
冻结	生物性：残留微生物繁殖 化学性：无 物理性：无	是	控制不当，易引起残留微生物的生长繁殖	保证在 15～20min 内完成冻结，使中心温度达到–15℃	是
装箱冷藏	生物性：残留微生物繁殖 化学性：无 物理性：无	是	设备、场所、操作人员带来的交叉污染	及时放入冷库内，冷库温度保持在–25～–18℃	是
运输销售	生物性：微生物繁殖 化学性：无 物理性：无	是	运输销售中温度不当引起产品变质	在低于–18℃条件下运输、销售	否

（四）HACCP 计划表

表 11-5 为冷冻海鳗片 HACCP 计划表。

表 11-5 冷冻海鳗片 HACCP 计划表

关键控制点	显著危害	预防措施的关键限值	监控				纠偏措施	记录	验证
			内容	方法	频率	人员			
原料选择	致病微生物残留	原料的鲜活	严格控制新鲜程度	菌群检测	每批	检验人员	检出的有问题的原料要及时处理掉	检测记录，纠偏记录	每天审核报表
去头、放血	致病微生物和污物残留	保证水压和温度	控制水压和水温	压力表、温度计	每小时	操作人员	调节水压和温度	检测记录，纠偏记录	每天审核报表
洗涤	致病微生物残留	水压、温度、漂白粉浓度 10mg/kg，时间 30min	水压、温度、漂白粉浓度	压力表、温度计、时间记录	每小时	操作人员	调节消毒水浓度，控制浸泡时间	检测记录，纠偏记录	每天审核报表
剖腹去内脏	致病微生物残留	污物对原料的污染程度	控制微生物指标	菌群检测	每批	操作人员	定时对设备和场所进行消毒，对操作人员进行培训	检测记录，纠偏记录	每天审核报表
再洗涤	致病微生物	消毒水浓度 7mg/kg，浸泡 3min	控制消毒剂含量和时间	温度计、化学检测	每小时	检验人员	定时加消毒剂，控制时间	检测记录，纠偏记录	每天审核报表
保护处理	产品氧化	脂溶性抗氧化剂的添加量	控制抗氧化剂的添加量和时间	化学检测、时间记录	每批	操作人员	控制浸泡时间，保持添加量	检测记录，纠偏记录	每天审核报表
真空包装	微生物污染	包装间的温度≤4℃，包装材料预冷到 0℃	温度及菌落总数检查	菌群检查、温度计	每批	包装人员、检验人员	调节室温，注意操作卫生，定期消毒	检测记录，纠偏记录	每天审核报表
冻结	致病菌残留	冻结时间为 15～20min，冻结温度为-30℃，中心温度达到-15℃	控制温度和时间记录	温度计、时间记录	每批	操作人员	及时调整冻结温度及时间	操作记录，纠偏记录	每天审核报表
装箱冷藏	微生物污染	成品温度必须保持在-18℃以下	温度及菌落总数检验	实验室检验、温度计	每天	操作人员	调节冷库温度	操作记录	每天审核报表

二、竹笋软罐头生产中 HACCP 计划的建立

以某企业竹笋软罐头 HACCP 计划的建立为例，简要说明 HACCP 计划的建立与应用。

（一）产品描述

表 11-6 为竹笋软罐头产品描述表。

表 11-6 竹笋软罐头产品描述表

产品名称	调味即食笋(软包装)
产品特性	pH：4.3～4.5
包装形式	复合薄膜袋真空内包装，纸箱外包装
主要原料	竹笋、砂糖、食用盐、酱油、味精、柠檬酸、植物油

续表

产品名称	调味即食笋(软包装)
贮存方式	贮存置阴凉处放置，开袋后需冷藏并尽快食用
预期用途及消费人群	开包装即可食用(或再加工食用)，一般公众
保质期	保质期 1 年
销售要求	置阴凉处放置
运输要求	陆运+海运

(二)调味即食笋的生产工艺流程

原辅料验收→清洗→旋转锅蒸煮→切丝(原料为笋丝则不需)→换水、泡水→人工挑选→压水或者自然滴水→调味→计量称重→装填→抽真空→重量探测→金属探测→异物探测(X光机)→杀菌→冷却→存检观察→目视检测→装箱→仓储→贮运。

(三)危害分析表

表 11-7 为竹笋软罐头危害分析表。

表 11-7 竹笋软罐头危害分析表

工艺步骤	确定在这步需要控制的潜在危害	潜在的危害是显著的吗	对第三列的判断提出根据	防止显著危害的预防措施	这步是关键控制点吗
原辅料验收	生物危害：杂菌污染	是	贮藏条件不理想，水分过高，存放时间过长，都能加大笋原料的原始细菌数，可能杀菌后仍有细菌存活	验证合格供货商，索取产品合格检验单，进货前品管检验，后面的杀菌控制	否
	化学危害：农药残留、辅料中的有害物质	是	来自种植环境的化学污染、农药残留；原料处理的化学残留	定期检测，拒收不明产区原料；拒收无合格证明的原辅料，且定时送第三方检测机构检验	是
	物理危害：头发、塑料、沙石、金属	否	原料采收与处理过程中可能混入头发、塑料、沙石、金属	后续工艺清洗选别和金属、X 光机探测除去异物	否
清洗	生物性：杂菌污染 化学性：无 物理性：无	是	清洗用水可能染杂菌	通过 SSOP 控制	是
密闭蒸煮	生物性：无 化学危害：SO_2残留高，不符合检出量标准	是	添加量过多，导致成品中SO_2量过高，不符合检出量标准	控制添加漂白剂量，后续漂水降低残留，成品$SO_2 \leqslant 30$ppm①	是
切丝	生物性：无 化学性：无 物理性：金属碎片等杂质	是	切丝过程中刀具破损带入	过金属探测机时打出	否
泡水	生物性：微生物滋长 化学性：无 物理性：无	否	浸泡用水可能染杂菌	通过 SSOP 控制	否

续表

工艺步骤	确定在这步需要控制的潜在危害	潜在的危害是显著的吗	对第三列的判断提出根据	防止显著危害的预防措施	这步是关键控制点吗
选别	生物性：微生物滋长 化学性：无 物理性：无	否	人员卫生可能导致染杂菌	通过 SSOP 控制	否
脱水	生物性：微生物滋长 化学性：氧化 物理性：无	否	人员卫生可能导致染杂菌	通过 SSOP 控制	否
调味	生物性：微生物滋长 化学性：无 物理性：无	否	人员与工器具卫生可能导致染杂菌	通过 SSOP 控制	否
计量	生物性：微生物滋长 化学性：无 物理性：无	否	人员与工器具卫生可能导致染杂菌	通过 SSOP 控制	否
真空封口	生物性：杂菌污染 化学性：无 物理性：无	是	真空度不足，封口不良，杂菌侵入并大量繁殖	控制真空封口操作，设定机械封口数值，检查封口真空性和密封性	是
金属探测、X 光探测	生物性：无 化学性：无 物理性：金属、玻璃、塑料、石头等异物	是	原辅料及加工过程中混入	设定检出数值，定时检测剔除效果，严格剔除不合格品	是
杀菌、冷却	生物性：有害微生物残存 化学性：无 物理性：无	是	杀菌时间温度压力等数值控制不当可导致杂菌残留	控制杀菌温度和时间，使其 *F* 值达到规定产品的杀菌要求	是
检视包装	无				
贮运	无				

① ppm.百万分之一

（四）HACCP 计划表

表 11-8 为竹笋软罐头 HACCP 计划表。

表 11-8　竹笋软罐头 HACCP 计划表

关键控制点	显著危害	预防措施的关键限值	监控				纠偏措施	记录	验证
			内容	方法	频率	人员			
原料验收	SO_2 防腐剂	≤30mg/kg 不得检出	SO_2、防腐剂	化验确认	每批	品管人员	拒收不合格原料，并隔离	检验报告单	审核每批产品的验收记录文件
辅料验收	甜蜜素 防腐剂 安全证明	不得检出 不得检出 安全证明	检测证明 安全证明	化验检查 确认	每批	品管人员	拒收无安全证明或检测不合格原料	原料检验记录 安全证明	审核每批产品的验收记录、安全证明文件
密闭蒸煮	SO_2 残留超标	每槽次用量≤1000g，漂洗时间≥10h	漂白剂量、时间	用量和时间确认	每次	操作人员	剂量过多时调整漂洗的时间和用水量	漂白工序记录，产品检验报告	审核每次的生产记录，产品验证

续表

关键控制点	显著危害	预防措施的关键限值	监控				纠偏措施	记录	验证
			内容	方法	频率	人员			
真空封口	封口强度	封口剥离强度≥2.3kgf/cm²①	封口结构	用测量仪检测	每小时	封口人员	暂停生产，修复调整封口机，对偏差的产品重新进行检测	制成巡检日报表	每次开机调整封口机，每日审核调整记录、解剖记录
金属探测、X光探测	金属碎片	Fe≤ ϕ2.0mm 不锈钢(SUS)≤ ϕ2.5mm	产品中的金属碎片	用金属检测器检测	每小时	操作人员	停止生产，修复调整金属检测器，确认偏差的产品，对偏差的产品重新进行检测	金属检测器记录	每日校准维护金属检测器，巡检员每小时检测，每日审核记录
杀菌	致病菌残留、致病菌生长、繁殖	温度≥115℃，时间≥15min	杀菌温度、时间，冷却温度、时间	观察温度计、计时器、自动记录仪	每5 min	杀菌操作人员	调整杀菌时间与温度，确认偏差的产品，隔离偏差的产品，延长杀菌时间	杀菌记录自动记录纸、商业无菌检测记录	每日观察审核杀菌记录，每批抽检产品进行微生物检查
真空封口	封口强度	封口剥离强度≥2.3kgf/cm²	封口结构	解剖并专用测量仪检测	每小时	封口人员	暂停生产，修复封口机，确认偏差的产品，对偏差的产品重新进行检测	软包装管理日报	每次开机调整封口机，每日审核调整记录、解剖记录

① $1kgf/cm^2=9.806\ 65\times10^4Pa$

复习思考题

1. HACCP的基本原理是什么？
2. 建立HACCP计划的准备步骤有哪些？
3. HACCP计划的制订与实施的基本步骤是什么？
4. 危害分析的主要内容有哪些？
5. 确定关键控制点的方法是什么？
6. 监控程序主要包括哪几方面的内容？
7. HACCP、SSOP、GMP之间的关系是什么？
8. HACCP体系在食品企业建立的意义是什么？
9. 如何对食品企业的HACCP体系进行认证？

第十二章 市场调查

【本章提要】

市场调查是运用科学的方法，有目的、有计划地收集、整理、分析有关供求、资源的各种情报、信息和资料。它是把握供求现状和发展趋势，为制订营销策略和企业决策提供正确依据的信息管理活动。通过数据搜集、整理与分析，撰写市场调查报告，是增强企业的应变能力和竞争能力，从而有效地促进经营管理水平提高的必然选择。

【学习目标】

通过本章的学习要求掌握市场调查的基本概念，市场调查的分类，市场调查的原则与特点；掌握市场调查的组织策划、市场调查总体方案设计、抽样技术方案设计、调查问卷设计、市场调查质量控制等基本理论和基本知识。本章主要阐述市场调查资料搜集的各种方法，包括文案调查法、访问调查法、观察法、网络调查法，并阐明各种调查方法的特点及其具体运用；在明确问卷设计的概念基础上，了解调查问卷的作用和问卷的格式；掌握问卷设计的原则和程序；掌握调查报告的作用，调查报告的内容及结构，调查报告的写作技巧。

【主要概念和名词】

市场调查、简单分组、复合分组、上限、下限、全距、直接观察、留置问卷调查、邮寄调查、网络调查、描述统计、推断统计

第一节　市场调查概述

一、市场调查的含义

在市场经济条件下，企业必须面向市场，企业的全部生产和经营活动都必须围绕着市场运转，客观上就要求企业既要适应市场，同时又必须开拓市场，才能使自己在激烈和残酷的竞争中求得生存和发展。企业要适应和开拓市场，首先需要充分地了解市场，千方百计地去搜集市场信息，并通过对搜集到的市场信息进行加工、整理和分析，使之成为人们可以直接利用的信息。市场调查就是企业获取市场信息，从而进行科学决策，实施正确经营管理的手段。

市场调查(marketing research)也叫市场调研或市场研究，属于市场信息工作的范畴，是运用科学方法，有目的、系统地生成市场信息，分析所得结果、传达研究发现及其暗含信息，为市场预测与管理决策提供科学依据的客观过程。

二、市场调查的特点

市场调查具有五大主要特点，不同特点有不同表现(表 12-1)。

表 12-1　市场调查的特点

特点	表现
系统性	①市场调查作为一个系统，包括编制调查计划、设计调查、抽取样本、访问、收集资料、整理资料、分析资料和撰写分析报告等。②影响市场调查的因素也是一个系统，诸多因素互联构成一个整体
目的性	任何一种调查都应有明确的目的，并围绕目的进行具体的调查，提高预测和决策的科学性
社会性	①调查主体与对象具有社会性。调查的主体是具有丰富知识的专业人员，调查的对象是具有丰富内涵的社会人。②市场调查内容具有社会性
科学性	①科学的方法。②科学的技术手段。③科学的分析结论
不稳定性	市场调查受多种因素影响，其中很多影响因素本身都是不确定的

三、市场调查的意义

市场调查是在不断变化之中，无论在国民经济宏观管理中，还是在企业微观经营中，都要时刻掌握市场信息和市场动向，否则将会导致决策失误，最终导致国民经济的无序发展或企业经营亏损直至破产。因此，从某种意义上说，能否搞好市场调查，是关系到国民经济能否健康发展或企业生死存亡的大问题。

1）搞好市场调查，能及时探明需求变化的特点，为制订科学的经营决策提供依据　在任何领域，好的决策的基础是具备有效地信息并且充分利用它。这既适用于包括财务、生产、人事、营销等部门的企业经营，也适用于非营利组织。所有做市场营销决策需要的信息和获得信息的方法都可被视为市场调查的内容，但它所提供的通常是有关市场核心问题的信息。

随着经济的发展，科技的进步，社会、政治、法律环境不断变化，社会购买力的大小及其投向必然发生变化，必然影响市场的容量和商品产、销结构。虽然每个企业只占市场销售量的一部分，但必须从宏观着眼，才能搞好微观经营。掌握并合理使用市场调查的资料，能及时探明需求变化的特点，掌握市场供求之间的平衡情况，使商品生产和经营计划的编制比较切合实际，为科学决策提供依据。

2）搞好市场调查，有利于企业改善经营管理，提高企业的经营效益　在竞争的市场上执行一项决策可能需要很多财力，而且失败的代价很高，有必要使决策建立在更严密和更可靠的数据资料的基础上。另外，现代市场和市场营销的许多特性，诸如消费者的多样性，国际化及不断加速的变化步伐，不确定性的增长，使得凭直觉和经验作出的分析缺乏可靠性。而在过去的几十年间，为增强决策信心和减少某些风险进行的正规的市场调查正不断发展和走向完善。所以，要使企业提高经济效益，必须进行市场研究，使企业的市场和经营活动符合消费者的需要，使产品适销对路，以扩大市场占有率和增加销售中的盈利。

3）搞好市场调查，能够让企业了解消费者对其产品或服务质量的评价、期望和想法　通过调查给消费者提供一个表达自己意见的机会，使他们能够把自己对产品或服务的意见、想法及时反馈给生产企业或供应商。这就要求消费者积极配合。事实上，哪个地区的消费者积极配合市场调查，毫不保留地将自己的意见提供给市场调查机构，哪个地区的消费者就能得到更好的产品和服务。

4）搞好市场调查，能够让企业降低销售成本，提高经营利润　做好充分的市场调查，使企业能与市场紧密相连，并可以对日益复杂的分销渠道进行筛选，确定最有效的分销途径和分销方式，以尽量减少流通环节，缩短运输路线，降低仓储费用，降低销售成本，从而提高经营利润。

5）搞好市场调查，有利于开发更广阔的市场，使产品成功地进入国内、国际新市场　每个地区和国家的市场环境各不相同，对同一产品的供需情况可能有很大的差别，只有真正掌握了各个市场需要什么产品、需要多少及他们对产品有什么不同的要求，并且使自己的产品能够及时满足这些需求时，才可能使自己的产品在这些市场上畅销。所以，进行广泛的市场调查，是成功进入更加广阔的国内市场和开发国际市场的前提条件。

第二节　市场调查流程

一、市场调查的阶段

市场调查流程（marketing research process）包括方案设计、信息和数据收集、分析的全过程。尽管市场研究有多种不同的研究方法，但总的流程是一致的，基本可分为以下 4 个阶段。

界定阶段：包括了解研究需求、明确需要解决的问题、确定调查目标 3 个主要步骤。

设计阶段：包括设计市场调查方案、辨别所需信息的类型及可能来源、确定信息获得方法、设计信息及数据获得工具、设计抽样方案、确定样本量、调查进度及费用等主要步骤。

实施阶段：包括挑选访问员、培训访问员、运作实施、复核验收等步骤。

结果形成阶段：包括数据处理、分析和报告及结果展示。

(1) 数据处理、分析：包括数据的编码、数据录入、数据查错、数据分析等步骤。

(2) 报告及结果展示：包括撰写报告的摘要、目录、正文及附录等工作。

以上流程参见图 12-1。

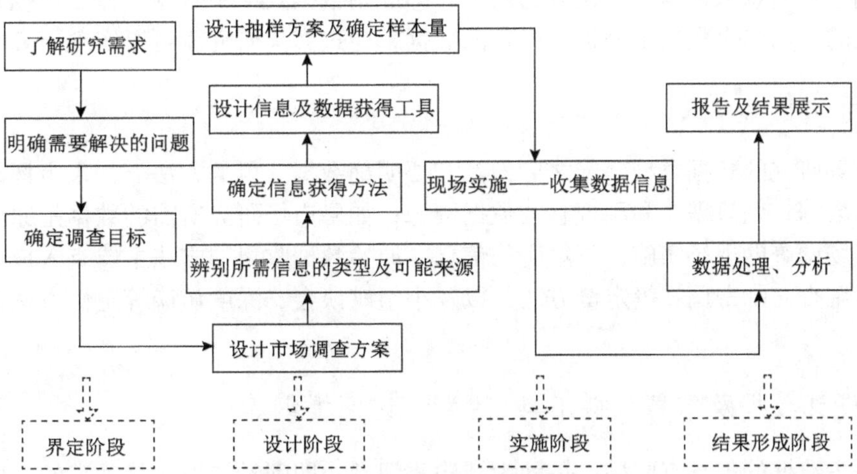

图 12-1　市场调查的基本流程

二、市场调查的基本步骤

（一）了解研究需求

一般情况，市场调查公司有两种方式确定企业对市场调查的需求：一种是企业明确地向市场调查公司提出市场调查的需求；另一种则是企业不能够明确表达市场调查的需求。后一种情况，企业往往认识到需要市场调查为其解决市场营销问题，但由于对市场营销知识的缺乏，不能够明确表达对市场调查的具体要求，研究公司需要较为深入地了解企业经营状况，帮助企业构建其对市场调查的需求。

（二）明确需要解决的问题

这是市场调查非常重要的一个步骤。因为明确、严谨的问题界定是市场调查工作成功的一半。此阶段需要研究人员细致地了解企业市场调查需求，充分利用现有的二手资料并与丰富的专业研究经验相结合。

（三）确定调查目标

市场调查目标是由界定的市场调查问题而决定的，是为了解决研究问题而明确的最终达到的目的。通常一个具体的市场调查就是根据调查目标而展开的，一个市场研究项目，目标可能是一个，也可能是多个。

（四）设计市场调查方案

市场调查方案的设计实际上是研究方法的选择。市场调查项目的差异化十分显著，不同企业面临的市场问题是不同的，研究者一般根据调查项目达到的目标，在探索性研究、描述型研究及因果关系研究 3 种研究方法中选择适合的研究方法。

（五）辨别所需信息的类型及可能来源

市场调查的信息从根本上来说分为两类，即原始数据及二手数据。原始数据是通过现场实施后得到的；而二手数据则是指已存在的数据，通过案头研究就可以实现研究目的。

（六）确定信息获得方法

一旦市场研究的数据类型确定之后，就需要明确数据获得的方法。如果市场研究所需的数据是二手数据，则只需要利用现有的数据资源；如果市场研究所需的数据是原始数据，则必须通过市场调查的现场实施，收集所需信息。原始数据收集的方法主要有入户访问、拦截访问、电话调查、邮寄调查等定量方法，以及小组座谈会、深度访谈等定性方法，一般两者结合使用。

（七）设计数据及信息获得工具（问卷、访问提纲等）

一般收集数据的工具有两种：一种为结构式问卷，即问卷的格式是确定的，所有问题都有具体的选项，回答者只需选出适合自己的选项即可；另一种为非结构式问卷，问题是开放式的，被访者可以根据自己的实际情况给出相应的回答。问卷或访问提纲是市场调查获得信息的重要工具。如果市场调查已明确研究目标及调查方法，但缺少一个好的问卷或访问提纲，仍会导致研究绩效的下降或失去调查意义。

(八)设计抽样方案及确定样本量

设计抽样方案及确定样本量一般是针对定量研究来说的。一项定量研究的抽样设计必须把握 3 个问题：首先，要根据研究的问题确定研究总体；其次，规划怎样在样本框中抽出需要的样本；最后，要明确研究需要的样本量，即这次调查中需要调查多少调查对象。

(九)现场实施——收集数据信息

现场实施是数据收集的过程。大部分现场实施访问是由经过培训的访问员进行，有时研究者也会进行一些难度较大、研究问题较深的访问。在访问过程中，由于访问员、研究者或受访对象的原因，经常出现非抽样误差，造成调查结果的准确性降低。任何调查都无法避免非抽样误差，需要现场实施过程中采取有效方式尽可能控制，从而提高调查结果的可信度。

(十)数据处理、分析

现场实施调查所获得的数据为初始数据，也称“生”数据，需要进行计算机处理。首先，需要将问卷“生”数据录入到计算机，而后进行逻辑检查获得“干净”的数据库，再通过数据分析软件对数据进行分析。

(十一)报告及结果展示

市场调查的最后一个步骤是在数据分析的基础上，形成分析报告。研究报告是客户获得调查结果的最主要形式，因而一个好的研究报告既要充分解决客户在调查初期提出的需求，还应适时加入市场研究人员的专业判断。报告完成后，报告结果的口头陈述是市场调查项目结果展示的另外一种形式，这种形式需要在报告的基础上进行内容提炼，并可以图片辅助展示结果。

第三节 市场调查方法

一、实地调查法

(一)访问询问法

访问询问法又称询问调查法，是调查人员采用访谈询问的方式向被调查者了解市场情况的一种方法，它是市场调查中最常用的、最基本的调查方法。

访问询问法可分为 3 种类型：①按访问方式分类，分为直接访问和间接访问；②按访问内容分类，分为标准化访问和非标准化访问；③按访问内容传递方式分类，分为面谈调查、电话调查、邮寄调查、留置问卷调查和日记调查等。

1) 面谈调查法　面谈调查法是调查者根据调查提纲直接访问被调查者，当面询问有关问题，既可以是个别面谈(主要通过口头询问)，也可以是群体面谈(可通过座谈会等形式)。例如，个别面谈用于商品需求、购物习惯等。群体面谈用于请一些专家就市场价格状况和未来市场走向进行分析判断。

面谈调查法的优点：回答率高；可通过调查人员的解释和启发来帮助被调查者完成调查

任务；可以根据被调查者性格特征、心理变化、对访问的态度及各种非语言信息，扩大或缩小调查范围，具有较强的灵活性；可对调查的环境和调查背景进行了解。

面谈调查法的缺点：人力物力耗费较大；要求调查人员的素质要高；对调查人员的管理较困难；此方法受到一些单位和家庭的拒绝，无法完成。

2）*电话调查法*　电话调查法是由调查人员通过电话向被调查者询问了解有关问题的一种调查方法。

电话调查法的优点：取得市场信息的速度较快；节省调查费用和时间；调查的覆盖面较广；可以访问到一些不易见到面的被调查者，如某些名人等；可能在某些问题上得到更为坦诚的回答，如有些关于个人方面的问题，或者是对某些特殊商品的看法，面访调查可能会不自然或不真实，但是在电话调查中则有可能得到比较坦诚的回答；易于控制实施的质量，由于访问基本上是在同一个中心位置进行电话访问，督导员或研究人员可以在实施的现场随时纠正访问员的不正确操作，如没有严格按问答题提问、说话太快、吐字不清楚、声调不亲切或者语气太生硬等可能出现的问题。

电话调查法的缺点：抽样总体与目标总体不一致，抽样总体实际上是全体电话用户，而调查的目标总体可能包括所有有电话和没有电话的消费者；电话调查的被调查者只限于有电话的地区和个人；电话调查受到时间的限制；被调查者可能因不了解调查的详尽、确切的意图而无法回答或无法正确回答；对于某些专业性较强的问题无法获得所需的调查资料；无法针对被调查者的性格特点控制其情绪；访问的成功率可能较低，随即拨打的电话可能是空号或者是错号，被访者可能不在或正在忙不能接电话，被访者不愿意接受调查等。

3）*邮寄调查法*　邮寄调查法是将调查问卷邮寄给被调查者，由被调查者根据调查问卷的填写要求填写好后寄回的一种调查方法。

邮寄调查法的优点：可扩大调查区域；调查成本较低；被调查者有充分的答卷时间；可让被调查者以匿名的方式回答一些个人隐私问题；无需对调查人员进行培训和管理。

邮寄调查法的缺点：征询回收率较低；时间较长；无法判断被调查者的性格特征和其回答的可靠程度；要求被调查者应具有一定的文字理解能力和表达能力，对文化程度较低的人不适用。

4）*留置问卷调查法*　留置问卷调查法是当面将调查表交给被调查者，说明调查意图和要求，由被调查者自行填写回答，再由调查者按约定日期收回的一种调查方法。

5）*日记调查法*　日记调查法是指对固定样本连续调查的单位发放登记簿或账本，由被调查者逐日逐项记录，再由调查人员定期加以整理汇总的一种调查方法。

5 种访问法优缺点的比较见表 12-2。

表 12-2　5 种访问法优缺点的比较

项目	面谈调查法	电话调查法	邮寄调查法	留置问卷调查法	日记调查法
调查范围	较窄	较窄	广	较广	较广
调查对象	可控可选	可控可选	一般	可控可选	可控可选
影响回答的因素	能了解控制和判断	无法了解控制判断	难了解控制和判断	能了解控制和判断	能了解控制和判断
回收率	高	较高	较低	较高	较高
回答速度	可快可慢	最快	慢	较慢	慢
回答质量	较高	高	较低	较高	较高
平均费用	最高	低	较低	一般	一般

(二)观察调查法

观察调查法简称观察法，是调查员凭借自己的感官和各种记录工具，深入调查现场，在被调查者未察觉的情况下，直接观察和记录被调查者行为，以收集市场信息的一种方法。也就是调查人员直接到调查现场，耳闻目睹被调查者对某一市场问题的反应或公开言行，或者利用照相机、录音机、监测器等现代记录设备间接进行观察，搜集资料。

观察法不直接向被调查者提问，而是从旁观察被调查者的行动、反应和感受。其主要特点有：①观察法所观察的内容是经过周密考虑的，根据某种需要，有目的、有计划地搜集市场资料、研究市场问题的过程。②观察法要求对观察对象进行系统、全面的观察。在实地观察前，应根据调查目的对观察项目和观察方式设计出具体的方案，尽可能避免或减少观察误差，防止以偏概全，提高调查资料的可靠性。因此，观察法对观察人员有严格的要求。③观察法要求观察人员在充分利用自己感觉器官的同时，还要尽量运用科学的观察工具。④观察法的观察结果是当时正在发生的、处于自然状态下的市场现象。

1)观察法的基本类型　观察法可分为直接观察法和测量观察法两种。

直接观察法就是观察人员直接到商店、家庭、街道等处进行实地观察。一般是只看不问，不使被调查者感觉到在接受调查。这样的调查比较自然，容易得到真实情况。这种方法可观察顾客选购商品时的表现，有助于研究购买者行为。

测量观察法就是运用电子仪器或机械工具进行记录和测量。例如，某广告公司想了解电视广告的效果，选择了一些家庭作调查样本，把一种特殊设计的“测录器”装在这些家庭的电视机上，自动记录所收看的节目。经过一定时间，就了解到哪些节目收看的人最多，在以后的工作中根据调查结果合理安排电视广告的播出时间，收到很好的效果。

2)观察技术　观察技术是指观察人员实施观察时所运用的一些技能手段，主要包括卡片、符号、速记、记忆和机械记录等。适当的观察技术对提高调查工作的质量有很大的帮助。

卡片是一种标准化的记录工具，其记录结果即形成观察的最终资料。制作卡片时，应先列出所有观察项目，经筛选后保留重要项目，再将项目根据可能出现的各种情况进行合理的编排。符号和速记是为了提高记录工作的效率，用一套简便易写的线段、圈点等符号系统来代替文字，迅速地记录观察中遇到的各种情况。记忆则是采取事后追忆的方式进行记录的方法，通常用于调查时间紧迫或不宜现场记录的情况。机械记录是指在观察调查中运用录音、录像、照相、各种专用仪器等手段进行的记录。

3)观察法的主要内容

(1)观察顾客的行为：了解顾客行为，可促使企业有针对性地采取恰当的促销方式。所以，调查者要经常观察或者摄录顾客在商场、销售大厅内的活动情况，如顾客在购买商品之前，主要观察什么，是商品价格、商品质量还是商品款式等；顾客对商场的服务态度有何议论等。

(2)观察顾客流量：观察顾客流量对商场改善经营、提高服务质量有很大好处。例如，观察一天内各个时间进出商店的顾客数量，可以合理地安排营业员工作的时间，更好地为顾客服务；为新商店选择地址或研究市区商业网点的布局，也需要对客流量进行观察。

(3)观察产品使用现场：调查人员到产品用户使用地观察调查，了解产品质量、性能及用户反映等情况，实地了解使用产品的条件和技术要求，从中发现产品更新换代的前景和趋势。

(4) 观察商店柜台及橱窗布置：为了提高服务质量，调查人员要观察商店内柜台布局是否合理，顾客选购、付款是否方便，柜台商品是否丰富，顾客到台率与成交率，以及营业员的服务态度如何等。

4) 观察法的运用　观察法的一般程序，第一是选择那些符合调查目的并便于观察的单位作为观察对象；第二是根据观察对象的具体情况，确定最佳的观察时间和地点；第三是正确和灵活地安排观察顺序；第四是尽可能减少观察活动对被观察者的干扰；第五是要认真做好观察记录。

观察法的优点是可以实地记录市场现象的发生，能够获得直接具体的生动材料，对市场现象的实际过程和当时的环境气氛都可以了解，这是其他方法不能比拟的。观察法不要求被调查者具有配合调查的语言表达能力或文字表达能力，因此适用性也比较强。观察法还有资料可靠性高、简便易行、灵活性强等优点。

观察法的缺点是只能观察到人的外部行为，不能说明其内在动机，观察活动受时间和空间的限制，被观察者有时难免受到一定程度的干扰而不完全处于自然状态等，总之，应用观察法，需扬长避短，尽量减少观察误差。

二、文案调查法

(一) 文案调查法的特点

文案调查法又称直接调查法，是利用企业内部和外部现有的各种信息、情报资料，对调查内容进行分析研究的一种调查方法。

与实地调查法相比，文案调查法具有以下几个特点：①文案调查是收集已经加工过的次级资料，而不是对原始资料的搜集；②文案调查以收集文献性信息为主，它具体表现为各种文献资料；③文案调查所收集的资料包括动态和静态两个方面，尤其偏重于动态角度。

(二) 文案调查资料的来源渠道

文案调查应围绕调查目的，收集一切可以利用的现有资料。从企业经营的角度讲，文案调查的渠道主要是企业内部资料和企业外部资料。

1) 企业内部资料的收集　主要是收集企业经济活动的各种记录，主要包括以下 4 种：①业务资料，包括与企业业务经济活动有关的各种资料，如订货单、进货单、发货单、合同文本、发票、销售记录、业务员访问报告等。②统计资料，主要包括各类统计报表，企业生产、销售、库存等各种数据资料，各类统计分析资料等。③财务资料，反映了企业和物化管理占用和消耗情况及所取得的经济效益，通过对这些资料的研究，可以确定企业的发展前景，考核企业经济时效。④企业积累的其他资料，如平时剪报、各种调查报告、经验总结、顾客意见和建议、同业卷宗及有关照片和录像等。例如，根据顾客对企业经营商品质量和售后服务的意见，就可以对如何改进加以研究。

2) 企业外部资料的收集　对于企业外部资料，可从以下几个主要渠道加以收集：①统计部门与各级各类政府主管部门公布的有关资料。国家统计局和各地方统计局都定期发布统计公报等信息，并定期出版各类统计年鉴，内容包括全国人口总数、国民收入、居民购买力水平等，这些均是很有权威和价值的信息。这些信息都具有综合性强、辐射面广的特点。②各种经济信息中心、专业信息咨询机构、各行业协会和联合会提供的市场信息和有关行业情报。这些机构的信息系统资料齐全，信息灵敏度高，为了满足各类用户的需要，还提供资料的代购、咨询、检索和定向服务，是获取资料的重要来源。③国内外有关的书籍、报刊、杂志所提供的文献资料，包括各种统计资料、广告资料、市场行情和各种预测资料等。④有关生产和经营机构提供的商品目录、广告说明书、专利资料及商品价目表等。⑤各地电台、电视台提供的有关市场信息。近年来全国各地的电台和电视台为适应市场经营形势发展的需要，都相继开设了市场信息、经济博览等以传播经济、市场信息为主导的专题节目及各类广告。⑥各种国际组织、外国使馆、商会所提供的国际市场信息。⑦国内外各种博览会、展销会、交易会、订货会等促销会议及专业性、学术性经验交流会议上所发放的文件和材料。

（三）文案调查的搜集方法

在文案中，对于企业内部资料的收集相对比较容易，调查费用低，调查的各种障碍少，能够正确把握资料的来源和收集过程，因此应尽量利用企业的内部资料。

要想研究现有资料，必须先查找现有资料。对于文献性资料来说，科学地查寻资料具有十分重要的意义。文献性资料的查寻方法有以下两种。

(1) 参考文献查找法：参考文献查找法是利用有关著作、论文的末尾所开列的参考文献目录，或者是文中所提到的某些文献资料，以此为线索追踪、查找有关文献资料的方法。采用这种方法，可以提高查找效率。

(2) 检索工具查找法：检索工具查找法是利用已有的检索工具查找文献资料的方法。依检查工具不同，检索方法主要有手工检索和计算机检索两种。

进行手工检索的前提，是要有检索工具，因收录范围不同、著录形式不同、出版形式不同而有多种多样的检索工具。以著录方式来分类的主要检查工具有 3 种：一是目录，它是根据信息资料的题名进行编制的，常见的目录有产品目录、企业目录、行业目录等；二是索引，它是将信息资料的内容特征和表象特征录出，标明出处，按一定的排检方法组织排列，如按人名、地名、符号等特征进行排列；三是文摘，它是对资料主要内容所做的一种简要介绍，能使人们用较少的时间获得较多的信息。

与手工检索相比，计算机检索不仅具有检索速度快、效率高、内容新、范围广、数量大等优点，还可打破获取信息资料的地理障碍和时间约束，能向各类用户提供完善的、可靠的信息，在市场调查电脑化程度提高之后，将主要依靠计算机来检索信息。应当指出的是，文案调查所收集的次级资料，有些十分真实、清楚、明了，可直接加以利用；而有些则杂乱无章，且有失真情况发生，对此还应该经过加工和筛选，才能最终得出结论。

（四）文案调查体系的建立

企业除了可根据有关调查课题进行文案调查外，还应在平时有目的、有系统地搜集并积累各类情报市场资料，为开展经常性的文案调查打好良好的基础。

在文案调查资料中，许多资料是可供长期使用的，对这部分资料就需要加以合理地储存与保管。文案调查资料储存和管理方式主要有以下两种。

1) 经济档案式的储存和管理方式　正像每个人都有自己的个人档案那样，为反映市场发展变化过程，便于企业科学积累资料，企业也应针对各自的特点为资料建立经济档案，这是文案调查资料管理的重要内容。

2) 电脑储存和管理方式　电脑储存和管理方式是把与企业经营有关的各种信息资料输入或用代码储存到电脑中，利用电脑对字进行储存、查找、排序、累加和计算，这种方式不仅可以大大节省储存时间和空间，还可以提高数据资料处理的效率和精度。

三、实验调查法

实验调查法是指市场调查者有目的、有意识地改变一个或几个影响因素，来观察市场现象在这些因素影响下的变动情况，以认识市场现象的本质特征和发展规律。实验调查既是一种实践过程，又是一种认识过程，并将实践与认识统一为调查研究过程。企业的经营活动中经常运用这种方法，如开展一些小规模的包装实验、价格实验、广告实验、新产品销售实验等，来测验这些措施在市场上的反映，以实现对市场总体的推断。

实验调查法按照实验的场所可分为实验室实验和现场实验。实验室实验是指在人造的环境中进行实验，研究人员可以进行严格的实验控制，比较容易操作，时间短，费用低。现场实验是指在实际的环境中进行实验，其实验结果一般具有较大的实用意义。

应用实验调查法的一般步骤是：根据市场调查的课题提出研究假设；进行实验设计，确定实验方法；选择实验对象；进行实验；分析整理实验资料并做实验检测；得出实验结论。实验调查只有按这种科学的步骤来开展，才能迅速取得满意的实验效果。

（一）实验设计

实验设计是调查者进行实验活动、控制实验环境和实验对象的规划方案。它是实验调查各步骤的中心环节，决定着研究假设能否被确认，也决定实验对象的选择和实验活动的开展，最终还影响实验结论。

根据是否设置对照组或对照组的多少，可以设计出多种实验方案。基本的、常用的实验方案有以下几种。

1) 单一实验组前后对比实验　选择若干实验对象作为实验组，将实验对象在实验活动前后的情况进行对比，得出实验结论。在市场调查中，经常采用这种简便的实验调查。例如，某食品厂为了提高糖果的销售量，认为应改变原有的陈旧包装，并为此设计了新的包装图案。为了检验新包装的效果，以决定是否在未来推广新包装，厂家取 A～E 5 种糖果作为实验对象，对这 5 种糖果在改变包装的前一个月和后一个月的销售量进行了检测，得到的实验结果见表 12-3。

表 12-3　单一实验组前后对比表　（单位：kg）

糖果品种	实验前售量 Y	实验后销量 Y_n	实验结果 Y_n-Y
A	300	340	40
B	280	300	20
C	380	410	30
D	440	490	50
E	340	380	40
合计	1740	1920	180

该实验表明，改变包装比不改变包装销售量大，说明顾客不仅注意糖果的质量，也对其包装有所要求。因此断定，改变糖果包装，以促进其销售量增加的研究假设是合理的，厂家可以推广新包装。但应注意，市场现象可能受许多因素的影响，180kg 的销售增加量，不一定只是改变包装引起的。

因此单一实验组前后对比实验，只有在实验者能有效排除非实验变量的影响，或者是非实验变量的影响可忽略不计的情况下，实验结果才能充分成立。

2) 实验组与对照组对比实验　选择若干实验对象为实验组，同时选择若干与实验对象相同或相似的调查对象为对照组，并使实验组与对照组处于相同的实验环境之中。例如，某食品厂为了解面包的配方改变后消费者有什么反应，选择了 A～C 三个商店为实验组，再选择与之条件相似的 D～F 三个商店为对照组进行观察。观察一周后，将两组对调再观察一周，其检测结果见表 12-4。

从表 12-4 中可知，两周内原配方面包共销售了 120+130＝250(百袋)，新配方面包共销售了 150+140＝290(百袋)。这说明改变配方后增加了 4000 袋的销售量，对企业很有利。

表 12-4　实验组与对照组对比表　　(单位：百袋)

	原配方销售量		新配方销售量	
	第一周	第二周	第一周	第二周
A		37	43	
B		44	51	
C		49	56	
D	35			41
E	40			47
F	45			52
合计	120	130	150	140

实验组与对照组对比实验，必须注意二者具有可比性，即二者的规模、类型、地理位置、管理水平、营销渠道等各种条件应大致相同。只有这样，实验结果才具有较高的准确性。但是，这种方法对实验组和对照组都是采取实验后检测，无法反映实验前后非实验变量对实验对象的影响。为弥补这一点，可将上述两种实验进行综合设计。

3) 实验组与对照组前后对比实验　这是对实验组和对照组都进行实验前后对比，再将实验组与对照组进行对比的一种双重对比的实验法。它吸收了前两种方法的优点，也弥补了前两种方法的不足。例如，某公司在调整商品配方前进行实验调查，分别选择了 3 个企业组成实验组和对照组，对其月销售额进行实验前后对比，并综合检测出了实际效果(表 12-5)。

表 12-5　实验组与对照组前后对比表　　(单位：百元)

实验单位	前检测	后检测	前后对比	实验效果
实验组	Y= 2000	Y_n=3000	Y_n-Y=1000	$(Y_n-Y)-(X_n-X)$
对照组	X=2000	X_n=2400	X_n-X=400	=1000−400

表 12-5 中的检测结果，实验组的变动量 10 万元，包含实验变量即调整配方的影响，也包含其他非实验变量的影响；对照组的变动量 4 万元，不包含实验变量的影响，只有非实验

变量的影响，因为对照组的商品配方未改变。实验效果是从实验变量和非实验变量共同影响的销售额变动量中，减去由非实验变量影响的销售额变动量，反映调整配方这种实验变量对销售额的影响作用。由此可见，实验组与对照组前后对比实验，是一种更为先进的实验调查方法。

（二）实验调查法的应用

进行市场的实验调查，一是要有实验活动的主体，即实验者；二是要有实验调查所要了解的对象；三是要营造出实验对象所处的市场环境；四是要有改变市场环境的实践活动；五是要在实验过程中对实验对象进行检验和测定。

实验调查是一种探索性、开拓性的调查工作，实验者必须解放思想，求实精神，敢于探索新途径，能灵活应用各种调查方法，才能取得成功。正确选择实验对象和实验环境，对实验调查的成败也有重要作用。如果所选的市场实验对象没有高度的代表性，其实验结论就没有推广的可能性。此外，由于实验活动要延续相当长的时间，要有效地控制实验过程，让实验活动严格按实验设计方案来进行。

（三）实验调查法的优缺点

实验调查法通过实验活动提供市场发展变化的资料，不是等待某种市场现象发生了再去调查，而是积极主动地改变某种条件，来揭示或确立市场现象之间的相关关系。它不但可以说明是什么，而且可以说明为什么，还具有可重复性，因此其结论的说服力较强。实验调查法对检验宏观管理的方针政策与微观管理的措施办法的正确性来说，都是一种有效的方法。

实验调查法在进行市场实验时，由于不可控因素较多，很难选择有充分代表性的实验对象和实验环境。因此实验结论往往带有一定的特殊性，实验结果的推广会受到一定的影响。实验调查法还有花费时间较多、费用较高、实验过程不易控制、实验情况不易保密、竞争对手可能会有意干扰现场实验的结果等缺点。这些缺点使实验调查法的应用有一些局限，市场调查人员对此应给予充分的注意。

四、网络调查法

网络调查法又称为网上市场调查或联机市场调查，指的是通过网络进行有系统、有计划、有组织地收集、调查、记录、整理、分析与产品、劳务有关的市场信息，客观地测定及评价现在市场及潜在市场，用以解决市场营销的有关问题，其调查结果可作为各项营销决策的依据。网络调查法既适合于个案调查也适合于统计调查，将成为 21 世纪应用领域最广泛的主流调查方法之一。

（一）网络调查法的特点

（1）网络信息的及时性和共享性。任何网民都可以在企业调查过程中随时参加投票，并能随时查看调查阶段性结果。

（2）网络调查的便捷性与低费用。可节省传统调查中所耗费的大量人力和物力。在网络上进行调查，只需要一台能上网的计算机即可。调查者在企业站点上发出电子调查问卷，网民自愿填写，然后通过统计软件对访问者反馈回来的信息进行整理和分析。网络调查在信息采集过程中不需要派出调查人员，不受天气和距离的限制，不需要印刷调查问卷，调查过程最繁重、最关键的信息采集和录入工作将分配到众多网上用户的终端上完成。可以无人值守和不间断地接受调查填表，信息检验和信息处理工作均由计算机自动完成。

(3) 网络调查的交互性和充分性。网络的最大好处是交互性。在网上调查时，被调查对象可以及时就问卷相关的问题提出自己更多的看法和建议，可减少问卷设计的不合理而导致的调查结论偏差等问题。同时，被调查者还可以自由地在网上发表自己的看法，也没有时间限制的问题，这在传统的方法中是不可能做到的。例如，平常人们遇到的路上拦截调查，他们的调查时间不超过 10min，否则被调查者肯定会不耐烦，因而对访问调查员的要求非常高。

(4) 网络调查结果的可靠性和客观性。由于企业站点的访问者一般都对企业产品有一定的兴趣，没有人强迫浏览者填写问卷，都是自愿的行为，所以结果是客观的和真实的，在很大程度上反映了消费者的消费心态和市场发展的趋势。

(5) 无时空限制。

(6) 可检验性和可控制性。可有效地对采集信息的质量实施检验和控制。原因有二：第一，附加全面规范的指标解释，消除调查员口径不一造成的调查偏差；第二，由计算机自动复核。

网络调查法和传统市场调查法的比较见表 12-6。

表 12-6 网络调查法和传统市场调查法的比较

比较项目	网络调查法	传统市场调查法
时空限制	无	有
调查费用	较低	昂贵
运作速度	很快(可以即刻看到统计结果)	慢，2～6 个月才可得到结论
统计准确性	准确	不太准确(易出现误差)
及时调整性	及时	不及时
针对性	强	一般
调查结果的可信性	相对真实可信	一般
适用性	长期大量样本调查或迅速得出结论的调查	面对面深度访谈(食品等需要感官测试的)
调查范围	样本数量庞大(全国甚至全世界)	受成本限制，调查地区和样本数量均有限

(二) 网络调查法的内容

网络调查同传统调查一样是个复杂的过程，其包含的内容相当广泛。

1) 市场需求　　市场供求量、市场规模、市场占有率、本企业产品的市场占有率、市场的进入策略和时间策略，以及国内外变化动态和发展趋势。

2) 消费者　　被调查者的基本个人信息，如家庭情况、所在地区、经济水平等；还包括被调查者的网上行为习惯，如上网的目的、上网时间等。

3) 竞争对手　　企业和竞争者是相互影响和相互制约的，因此有必要了解本行业现有的企业和新进入的竞争者，包括竞争对手的基本情况、竞争能力、战略目标、新产品和新技术的进展情况，以及自身在行业中处的位置、优势、不足，才能有效地制订策略。

4）宏观环境　企业营销活动的大环境影响因素包括人口、经济、自然地理、科学技术、政治法律和社会文化等，这些因素必然要影响企业的发展、市场供给和需求的变化。

（三）网上直接调查方法

网上直接调查通过互联网收集的信息资料具有及时性的特点，收集的信息是过去没有的，即原始资料或第一手资料。

1）网上直接调查法的分类

（1）根据采用调查方法的不同，可以分为网上问卷调查法、网上实验法和网上观察法，常用的是网上问卷调查法。

网上问卷调查法是将问卷在网上发布，被调查对象通过互联网完成问卷调查。网上问卷调查一般有两种途径：一种是将问卷放置在网站上，等待访问者访问时填写问卷。这种方式的好处是填写者一般是自愿性的，缺点是无法核对问卷填写者真实情况。为达到一定问卷数量，站点还必须进行适当宣传，以吸引大量访问者。另一种是通过 E-mail 方式将问卷发送给被调查者，被调查者完成后将结果通过 E-mail 返回。这种方式的好处是，可以有选择性地控制被调查者，缺点是容易遭到被访问者的反感，有侵犯个人隐私之嫌。因此，用该方式时首先应争取被访问者的同意，或者估计被访问者不会反感，并向被访问者提供一定补偿，如有奖回答或赠送小件东西，以降低被访问者的敌意。

问卷调查方法比较客观、直接，缺点是不能对某些问题进行深入调查和分析原因。因此，许多企业设立了公告栏（BBS）以供访问者对企业产品进行讨论，或者参与某些专题的新闻组进行讨论，以更多地深入调查获取有关资料。及时跟踪和参与新闻组和公告栏，有助于企业获取一些问卷调查无法发现的问题，因为问卷调查是从企业角度出发考虑问题，而新闻组和公告栏是用户自发的感受和体会，他们传达的信息也是最接近市场和最客观的，缺点是信息不够规范，需专业人员进行整理和挖掘。

（2）按网上调查采用的技术可以分为站点法、电子邮件法、随机 IP 法和视讯会议法等。

站点法，是将调查问卷的 HTML 文件附加在一个或几个网络网站的 Web 上，由浏览这些站点的网上用户在此 Web 上回答调查问题的方法。站点法属于被动调查法，这是目前出现的网络调查的基本方法，也将成为近期网络调查的主要方法。

电子邮件法，是通过给被调查者发送电子邮件的形式将调查问卷发给一些特定的网上用户，由用户填写后以电子邮件的形式再反馈给调查者的调查方法。电子邮件法属于主动调查法，与传统邮件法相似，优点是邮件传送的时效性大大提高了。

随机 IP 法，是以产生一批随机 IP 地址作为抽样样本的调查方法。随机 IP 法属于主动调查法，其理论基础是随机抽样。利用该方法可以进行纯随机抽样，也可以依据一定的标志排队进行分层抽样和分段抽样。

视讯会议法，是基于 Web 的计算机辅助访问（computer assisted web interviewing，CAWI），是将分散在不同地域的被调查者通过互联网视讯会议功能虚拟地组织起来，在主持人的引导下讨论调查问题的调查方法。

2）网上直接调查的途径

（1）利用企业自己的网站：网站本身就是宣传媒体，如果企业网站已经拥有固定的访问者，完全可以利用自己的网站开展网上调查。这种方式要求企业的网站必须有调查分析功能，对企业的技术要求比较高，但可以充分发挥网站的综合效益。

(2)借用别人的网站：如果企业自己的网站还没有建好，可以利用别人的网站进行调查。这里包括访问者众多的网络媒体提供商(ICP)或直接查询需要的信息。这种方式比较简单，企业不需要建设网站和进行技术准备，但必须花费一定费用。

(3)混合型：如果企业网站已经建设好但还没有固定的访问者，可以在自己的网站调查，但与其他一些著名的提供互联网服务的单位/互联网内容提供商(ISP/ICP)网站建立广告链接，以吸引访问者参与调查。这种方式是目前常用的方式，根据调查研究表明传统的优势品牌不一定是网上的优势品牌，因此它需要在网上重新发布广告吸引顾客访问网站。

(4)E-mail 型：直接向你的潜在客户发送调查问卷，这种方式比较简单直接，而且费用非常低廉。但要求企业必须积累有效的客户 E-mail 地址，而且顾客的反馈率一般不会非常高。采取该方式时要注意是否会引起被调查对象的反感，最好是能提供一些奖品作为对被调查对象的补偿。

(5)讨论型：在相应的讨论组中发布问卷信息，或者发布调查题目，这种方式与 E-mail 型一样，成本费用比较低廉而且是主动型的。但在指向 Web 网站上的问卷在新闻组(usernet news)和公告栏(BBS)上发布信息时，要注意网上行为规范，调查的内容应与讨论组主题相关，否则可能会导致被调查对象的反感甚至是抗议。

3)网上直接市场调查的一般步骤　网上直接调查是企业主动利用互联网获取信息的重要手段。与传统调查类似，网上直接调查必须遵循一定的步骤进行。

(1)确定网上直接调查目标：互联网作为企业与顾客有效的沟通渠道，企业可以充分利用该渠道直接与顾客进行沟通，了解企业的产品和服务是否满足顾客的需求，同时了解顾客对企业潜在的期望和改进的建议。在确定网上直接调查目标时，需要考虑的是被调查对象是否上网，网民中是否存在着被调查群体，规模有多大。只有网民中的有效调查对象足够多时，网上调查才可能得出有效结论。

(2)确定调查方法和设计问卷：网上直接调查方法主要是问卷调查法，因此设计网上调查问卷是网上直接调查的关键。由于互联网交互机制的特点，网上调查可以采用调查问卷分层设计。这种方式适合过滤性的调查活动，因为有些特定问题只限于一部分调查者，所以可以借助层次的过滤寻找适合的回答者。

(3)选择调查方式：网上直接市场调查时采取较多的方法是被动调查方法，将调查问卷放到网站等待被调查对象自行访问和接受调查。因此，吸引访问者参与调查是关键，为提高群众参与的积极性可提供免费礼品等。另外，必须向被调查者承诺并且做到有关个人隐私的任何信息不会被泄露和传播。

(4)分析调查结果：这一步骤是市场调查能否发挥作用的关键，可以说与传统调查的结果分析类似，也要尽量排除不合格的问卷，这就需要对大量回收的问卷进行综合分析和论证。

(5)撰写调查报告：撰写调查报告是网上调查的最后一步，也是调查成果的体现。撰写调查报告主要是在分析调查结果基础上对调查的数据和结论进行系统的说明，并对有关结论进行探讨性的说明。

4)网上调查问卷的设计　采用网上问卷调查时，问卷设计的质量直接影响到调查效果。设计不合理的网上调查问卷，网民可能拒绝参与调查，更谈不上调查效果了。因此，在设计问卷时除了遵循一般问卷设计中的一些要求外，还应该注意下面几点：①在网上调查问卷中附加多媒体背景资料；②注意特征标志的重要作用；③进行选择性调查；④注意问卷的合理性，在问卷中设置合理数量的问题和控制填写问卷的时间，有助于提高问卷的完整性和有效性；⑤注意保护调查对象的个人隐私。

5）网上直接调查需注意的问题

（1）注意信息采集的质量检控。对采集信息实施质量检控，可以采用“IP+若干特征标志”的办法作为判断被调查者填表次数唯一性的检验条件。同时，在指标体系中所有可以肯定的逻辑关系和数量关系都应充分利用，列入质量检控程序。

（2）答谢被调查者。给予被调查者适当的奖励和答谢对于网上调查来说是十分必要的，这既有利于调动网上用户参与网上调查的积极性，又可以弥补因接受调查而附加到被调查者身上的费用（如网络使用费、市内电话费等）。答谢的有效办法是以身份证编号为依据进行计算机自动抽奖，获奖面可以适当大一点，但奖品价值可以尽量小一些。

（3）了解市场需求。设想您就是顾客，从他的角度来了解客户需求。您的调查对象可能是产品直接的购买者、提议者、使用者，对他们进行具体的角色分析。

（4）网上直接调查的局限性。如果是有关具体产品时，往往采用详细调查的方式，详细调查针对小的客户群体，调查时需要面对面进行访谈，得到的信息更准确，调查结果包含的多是“为什么”的问题，因此目前还不适合用网上调查方法。

（四）网上间接调查方法

网上间接调查主要是利用互联网收集与企业营销相关的市场、竞争者、消费者及宏观环境等方面的信息。企业用得最多的还是网上间接调查方法，因为它的信息广泛能满足企业管理决策需要，而网上直接调查一般只适合于针对特定问题进行专项调查。网上间接调查渠道，主要有 WWW、usernet news、BBS、E-mail，其中 WWW 是最主要的信息来源，根据统计目前全球有 8 亿个 Web 网页，每个 Web 网页涵盖信息包罗万象，无所不有。

网上间接调查方法一般通过检索有关站点的网址，然后访问所想查找信息的网站或网页。在提供信息服务和查询的网站中，网站一般都提供有信息检索和查询的功能。

网络间接调查方法有以下几种。

1）利用搜索引擎收集资料　目前网上 80%的信息都是英文的，中文网站经过几年的发展，网上的中文信息也开始丰富起来，中文网站数目急剧增加，特别是 1999 年是“政府上网年”，越来越多的经济政策信息纷纷上网，加上台湾、香港等中文网站，网上中文资源已小有规模。因此，选择搜索引擎时最好区分一下是查中文信息还是外文信息，如果是中文信息，使用较多的中文搜索引擎是百度、搜狐、新浪、网易，如果是外文信息，使用较多的搜索引擎是 Google、Yahoo、Excite、Lycos、Infoseek 和 AltaVista。

2）利用公告栏收集资料　公告栏（BBS）就是在网上提供一公开“场地”，任何人都可以在上面进行留言回答问题或发表意见和问题，也可以查看其他人的留言，好比在一个公共场所进行讨论一样，你可以随意参加也可以随意离开。目前许多 ICP 都提供有免费的公告栏，你只需要申请使用即可。公告栏软件系统有两大类：一类是基于 Telnet 方式的文本方式，查看阅览不是很方便，在早期用得非常多；另一类是现在居多的基于 WWW 方式，它是通过 Web 页加上程序（如 JavaScript）实现，这种方式界面友好，受欢迎，使用方法如同浏览 WWW 网页。利用 BBS 收集资料主要是到主题相关的 BBS 网站上去了解情况。

3) 利用新闻组收集资料　新闻组就是一个基于网络的计算机组合，这些计算机可以交换一个或多个可识别标签标识的文章(或称之为消息)，一般称作 Usenet 或 Newsgroup。由于新闻组使用方便，内容广泛，并且可以精确地对使用者进行分类(按兴趣爱好及类别)，其中包含的各种不同类别的主题已经涵盖了人类社会所能涉及的所有内容，如科学技术、人文社会、地理历史、休闲娱乐等。使用新闻组的人主要是为了从中获得免费的信息，或相互交换免费的信息。

4) 利用 E-mail 收集资料　E-mail 是 Internet 使用最广的通信方式，它不但费用低廉，而且使用方便快捷，最受用户欢迎，许多用户上网主要是为了收发 E-mail 信件。目前许多 ICP 和传统媒体，以及一些企业都利用 E-mail 发布信息。一些传统的媒体公司和企业，为保持与用户的沟通，也定期给公司用户发送 E-mail，发布公司的最新动态和有关产品服务信息。因此，通过 E-mail 收集信息是最快捷有效的渠道，收集资料时只需要到有关网站进行注册，以后等着接收 E-mail 就可以了。

(五) 网络调查应注意的事项

(1) 认真设计在线调查问卷：①调查应强调是专门针对某个人的；②用冷色调的表格来保护被调查者的眼睛；③灵活使用图表、色彩及语气，使调查气氛活跃；④简短调查，多张短页的效果强于单张长页的效果。

(2) 公布保护个人信息声明：①应尊重个人隐私；②自愿参加调查。

(3) 尽可能地吸引网民参与调查，特别是被动问卷调查：①提供物质奖励和非物质奖励；②寻找大家最有兴趣的话题；③使用合适的电子邮件开头(开头应包含调查者及调查目的、奖励及调查指导)。

(4) 尽可能多种调查方式相结合进行市场调查：①适当的问卷设计；②有时间限制；③选择合适的抽样方法。

第四节　调查控制与资料整理

一、调 查 控 制

市场调查的质量控制点是影响市场调查质量的关键问题，而市场调查资料的质量误差主要存在于设计、调查和整理阶段。因此，对上述 3 个阶段及其相关因素进行控制，就构成了调查质量的控制点。为了得到准确的市场调查结果，必须针对其各自的特点，采取各种措施，把误差缩小到最低程度。

(一) 设计阶段的质量控制

设计阶段的质量控制是针对如何正确制订市场调查总体方案而展开的，应该注意以下 3 点：第一，必须围绕市场调查的任务，从实际出发，在科学理论的指导下设计市场调查总体方案。方案应该详细说明市场调查项目进程和研究方法，合理选定市场调查方案，使之切合市场调查对象的实际，并使市场调查人员能够明确掌握而不至于产生误解；同时，还要对市场调查人员、经费等组织工作作出周密的计划。第二，要广泛听取各方面的意见，包括调查专家、实际资料收集人员、自动化信息处理人员等，找出方案存在的问题，并提出修改意见。第三，通过试点对方案进行可行性分析，即在实践的基础上对方案进行验证，为正式开展调查、减少误差提供实践经验。

（二）调查阶段的质量控制

⑴调查前的质量控制：一是对市场调查人员进行严格的选择和培训，使每个市场调查人员都能准确地理解市场调查的目的和要求，以建立一支在思想上和业务上都过硬的市场调查队伍；二是要做好市场调查其他各项基础工作，在实地调查之前就对市场调查对象的特征进行初步了解，如调查的背景及相关工具的准备等。

⑵调查中的质量控制：在市场调查过程中，应根据不同的市场调查方法采取相应的控制措施。采用文案调查法（对各种现有资料的手记）应该注意所收集资料的可靠性和真实性，资料最好来自于相关的权威部门。同时，要加强对现有资料的审核和选用，如采取抽样调查，就应该在调查中严格遵循随机原则，并对抽样误差进行控制；在访问调查中，市场调查质量的高低在很大程度上取决于访问员与被访者的合作程度，因此需要提高访问员的修养和业务水平。做好被访者的工作，且有十分重要的意义。

此外，在市场调查过程中，市场调查人员要对市场调查资料采取多种方式进行复查。例如，入户访问的复核就可以采取电话复核和实地复核等做法，并根据问卷的逻辑关系进行检查，这样，就可以使误差大大减少。

对市场调查中出现的因弄虚作假而产生的登记性误差，主要可以从以下 4 个方面加以控制：首先，要加强市场调查人员的思想品德和职业道德教育，培养实事求是、认真负责的工作态度和工作作风。其次，要广泛深入地宣传市场调查的重要性，提高访问员和被访者对市场调查的认识，激发起主动性和创造性。市场调查知识的普及，使人们了解市场调查和善于使用市场调查。再次，调查的质量控制人员要敢于坚持原则，反对一切弄虚作假的行为。最后，要加强市场调查规章制度的建设，使市场调查有法可依，有章可循。

⑶调查后的质量控制：市场调查后的质量控制主要是对市场调查所取得的资料进行质量验收，它是在市场调查初步完成后，由质量控制人员、专家组或上级有关部门派人检验市场调查质量，认定市场调查质量是否合格。一旦发现有质量问题，应采取适当的补救措施。例如，有的问题漏问或回答的前后逻辑有矛盾，应进行及时的补问和逻辑确认。如果质量问题严重，应坚持推倒重来，以避免有质量问题的问卷进入数据处理阶段。

（三）整理阶段的质量控制

市场调查资料的整理有手工统计和计算机处理两种方法，手工统计的方法较为简单，但要加强质量控制的意识，按照规范化的手工统计工作细则认真进行记录、计算、填表，然后再由手工统计的工作人员进行自查和互查；也可以采取按照一定比例抽查等方法进行复核。采用计算机整理市场调查资料，速度快、效率高，但在讲求效率的同时，也不能忽视质量问题。一般控制数据录入质量的方法有重复录入法、检验平衡法和预值控制法等。

二、资 料 整 理

市场调查数据收集回来以后，必须先经过整理才能进行分析。市场调查的实践告诉我们，收集的原始数据难免出现虚假、差错、冗余等现象，如果简单地把这些数据投入分析，可能会导致错误的结论，使得整个调查工作都失去意义。因此，要保证市场调查的质量，必须保证数据资料的真实、准确和完整，原始数据必须经过去粗取精、去伪存真、由此及彼、由表及里的数据整理过程。

资料整理，就是根据调查研究的目的与任务，对搜集到的各种数据，采用科学的方法，进行审核汇总与初步加工，使之条理化、系统化，并以图表的方式显示数据特征的工作过程。

(一) 资料整理的步骤和内容

(1) 设计和编制资料整理方案。这是保证统计资料的整理有计划、有组织地进行的重要一步。资料的整理往往不是整理一个或两个指标，而是整理多个有联系的指标所组成的指标体系。

(2) 对原始资料进行审核。资料的审核是第一步，为了保证质量必须进行严格的审核。

(3) 综合汇总表的项目，对原始资料进行分组、汇总和计算是关键。

(4) 对整理好的资料再进行一次审核，然后编制成一个统计表，以表示社会经济现象在数量上的联系。

(二) 审查内容

资料的审核必须遵守资料整理的一般要求，着重资料的真实性、准确性、完整性。

1) 资料的真实性　调查资料来源的客观性问题，来源必须是客观的。调查资料本身的真实性问题，要辨别出资料的真伪，把那些违背常理的、前后矛盾的资料舍去。

2) 资料的准确性　准确地审核，要着重检查那些含糊不清的、笼笼统统的及互相矛盾的资料。

3) 资料的完整性　调查资料总体的完整性，每份调查资料的完整性。

(三) 资料整理的方法——统计分组法

统计分组，是指根据社会调查的目的和要求，按照一定标志，将所研究的事物或现象区分为不同的类型或组的一种整理资料的方法。通过统计分组，可以找出总体内部各个部分之间的差异，可以深入了解现象总体的内部结构，还可以显示社会现象之间的依存关系。

1) 分组标志的选择　标志指反映事物属性或特征的名称。根据调查研究的目的和任务选择分组标志。例如，如果目的在于研究职工素质对提高劳动生产率的影响，则可以按职工的文化程度、技术等级等标志分组；如果是为了了解居民收入对可能购买的需求量的影响，则可按居民收入等标志分组。选择能够反映被研究对象本质的标志。应从多角度选择分组标志，并不是唯一性的。

2) 分组类型　根据分组标志的数量有：简单分组和复合分组两类。根据所使用分组标志的性质有：品质标志分组和数量标志分组。

3) 次数分布　次数分布是将总体中的所有单位按某个标志分组后，所形成的总体单位数在组之间的分布。分布在各组的总体单位数叫做次数或频数。各组次数与总次数之比叫做比重、比率或频率。实质是反映统计总体中所有单位在各组的分布状态和分布特征的一个数列，也可以叫做次数分配数列，简称分布数列。

分组标志确定以后，就要根据标志的特征，确定分组界限，将总体中所有单位按组归类整理，形成总体中各单位数在各组间的分布，再将各组组别与次数依次编排形成数列。

对于按品质标志分组编制的数列来说，分组较易确定，而对于按数量标志分组编制的变量数列来说，就要确定分组的界限。分组界限，是指组与组之间相区别的界限。确定分组界限，包括组数、组距、组限、组中值的确定和计算等内容。

(1)组数。组数的确定，应以明确总体分布趋势为原则。在数量标志的变动幅度不太大的情况下，可直接将每个标志值列为一组。当数量标志的变动幅度很大时，只按一个标志值分组很难看出各组的分配规律，这时就要根据研究的目的，把变量数列依次划为几个区，以减少组的数量。

(2)组距。组距是组与组之间的距离，即各组中的最大值与最小值之间的差。如果组距相等的，叫做等距数列；组距不相等的，叫做不等数列。在编制时尽量编制等距数列。

(3)组限。组限是组距的两个端点。每组的最小值为组的下限，每组最大值为组的上限。若一组内只有上限没有下限或只有下限没有上限，那么此组称为开口组；上限与下限齐全的组，称为闭口组。

遵循“上限不在内”的原则。

(4)组中值。组中值是上限与下限之间的中点数值，它是各组标志值的代表值，计算公式为

$$组中值=(上限+下限)/2$$

在开口组，只有上限，无下限的组中值计算公式为

$$组中值=上限-相邻组的组距/2$$

在开口组，只有下限，无上限的组中值计算公式为

$$组中值=下限+相邻组的组距/2$$

编制变量数列步骤如下：①将原始资料按大小顺序排好。这样可确定最大值与最小值及全距(最大值与最小值的差)，大致看出集中趋势，作为确定组距和组数的一种依据。②确定组距和组数。组数的多少和组距的大小互为制约。③确定组限。④编制分布数列，计算每组次数。

4)汇编、制表和绘图

(1)汇编。汇编指根据调查研究的目的，将资料中的各部分散的数据汇聚起来，以集中形式反映调查单位的总体状况及内部数量结构的一项工作。方法有：手工汇总(点线法、过录法、折叠法和卡片法)和计算机汇总。

(2)制表。表的结构包括标题、横标目、纵标目、数字。种类有简单分组表和复合分组表。

制作应遵循科学、实用、简练、美观的原则。

需注意以下问题：标题简单明了；表格形式一般是开口式；如表格栏数多，应对栏数加以编号；数字要填写整齐，对准数位；凡需说明的文字一律写入表注。

(3)绘图。统计图的种类包括条形图(或称柱形图)、圆形图、曲线图、象形图。统计图

可以表明事物总体结构和表明统计指标不同条件下的对比关系，反映事物发展变化的过程和趋势，说明总体单位按某一标志的分布情况，显示现象之间的相互依存关系。

第五节 数 据 分 析

数据分析，是根据研究的目的和要求，运用科学的方法和手段，对调查数据进行定性和定量分析，揭示现象的本质和规律，为决策和管理提供咨询服务的过程。调查数据分析是调查研究过程中的一个十分重要的环节。调查研究是否能够达到研究的目的，除了科学地设计调查方案，有效地组织调查过程，合理地进行调查数据的整理之外，关键取决于能否对调查数据进行系统、深入、科学地定性和定量分析。

数据分析具有自身的内在规律和特点，主要表现在以下几个方面：数据分析过程要定性分析和定量分析相结合；数据的定量分析以统计分析方法为主；数据分析不能孤立于被调查研究的现象独立地进行；数据分析是一次认识上的质的飞跃。

一、数据分析方法的种类

调查数据的分析方法有多种，但从方法论的角度来看，有定性分析方法和定量分析方法两大类。

(一)定性分析方法

定性分析方法是人们根据事实，运用经验和判断能力、逻辑思维方法、哲学方法和相关专业理论，对现象进行判断、归纳、推理和概括，得出对事物的本质和规律性的认识的方法体系。显然，定性分析方法包括经验方法、思维方法。当然，在某些场合下，可能还要使用到一些特殊的定性分析方法，如矛盾分析方法、动机分析方法等。下面对一些常用的定性分析方法作一简介。

1)归纳分析法　归纳分析法又分为完全归纳法和不完全归纳法。不完全归纳法又分为简单枚举法和科学归纳法。完全归纳法是根据某类事物中每一个对象都具有或不具有某种属性，从而归纳出该类事物的全部对象都具有或不具有这种属性的归纳方法。运用该方法进行分析，首先要清楚某类事物全部对象的具体数目，并对每一个对象进行调查，是否每一个对象都具有被研究的那种属性。该方法在运用上受到很大的限制，只能作为参考性结论来辅助其他的分析方法进行分析。简单枚举法是根据某类事物中部分对象具有或不具有某种属性，且又没有发现反例，从而推论出该类事物都具有或不具有某种属性的归纳法。它是建立在经验的基础上的，有一定的可靠性，简便易行，但可能具有偶然性。为了克服这一缺陷，需要扩大考察的对象。科学归纳法是根据某类事物中的部分对象与某种属性之间的必然联系，推论出该类事物的所有对象都具有某种属性的归纳方法。

2)演绎分析法　调查研究中的演绎分析，就是把调查数据的整体分解为不同部分、方面、因素，形成分类数据，并通过对这些数据的研究，分别把握其特征和本质，然后将这些分类研究得到的认识联结起来，形成对调查数据整体认识的逻辑方法。在运用演绎法进行分析时要注意：①对数据的分类要标准、科学，分类角度应该多元化；②对分类研究后的数据还要运用逻辑方法揭示其本质，形成理性认识；③综合要以分类研究为基础，要根据研究对象本身的客观性质，从内在的相互关系中把握其本质和整体特征，而不是将其各个部分、方面和因素进行简单相加或形式上的堆砌。

3）*比较分析法* 比较分析法也称为比较法，是通过对各种现象或事物的比较，来确定它们的共同点和相异点，并揭示它们相互区别的本质特征的方法。任何客观事物或现象之间都存在着共同点和相异点，这些相异点只有通过比较才能发现。通过比较分析，我们可以从众多的属性中找出本质的属性和非本质的属性。比较法是区分事物或现象、认识事物或现象的基本方法。在运用比较分析法进行分析时，要注意可比性，对事物的比较要有相同的比较标准，如果把不具有可比性的事物放在一起比较，就会得出不正确的结论。常见的比较分析法有类型比较法和历史比较法。类型比较法是对各种类型进行比较的方法。这种方法有两个作用：一是由点到面，由个别到一般，逐步地建立类型，由此上升到对整体的一般性认识；二是抽象出事物的本质特征，以便比较和认识表面上差异极大或表面上很相似的现象。历史比较法是对不同时期现象的异同点进行比较和分析，由此揭示现象的发展趋势和发展规律的方法。

4）*因果分析法* 因果分析法是一种探寻现象之间因果关系的方法。因果分析法有许多种，其中一些是属于定量分析的方法，如相关分析、回归分析、因素分析等统计方法，另一些则是属于定性分析的方法，如求同法、求异法、求同求异法、共变法和剩余法。

5）*结构与功能分析法* 任何事物都可以分解成若干部分、方面和因素，构成事物的这些部分之间都有一种相对稳定的联系，称为结构。各部分通过相互联系、相互影响，对其本身事物或外部其他事物产生作用和影响，称为功能。通过分析某现象的结构和各组成部分的功能，从而进一步认识这一现象本质的方法，称为结构功能分析法。运用结构分析法进行分析时，主要有以下内容：①分析现象的内部结构。主要分析各部分之间的比例及所起的作用大小，分析哪些作用是主要的，哪些作用是次要的。通过分析加深对这一事物的认识并确定对其施加影响的切入点。②分析现象的内部功能，包括确定功能关系的性质，研究功能存在的必要条件，揭示满足功能的机制，即促使各因素之间发生相互影响和作用的手段和方法。③分析现象的外部结构和外部功能。主要分析研究对象在整个特定系统或宏观环境中的地位和作用，分析其与其他现象的相互关系和相互作用，它与外部环境（如制度、政策、市场、社会风气等方面）之间的相互影响。定性分析贯穿于整个数据分析过程，定量分析之前、定量分析之中和定量分析之后都离不开定性分析方法的运用。那种一味地强调定量分析的观点是错误的，不符合事物的认识规律。但要注意，在进行定性分析时，要摆脱陈旧思想的束缚，提倡在已有科学成果的基础上，有新发现、新创造，或有新突破的思维活动即创造性思维活动。只有这样，才能抓住事物的本质联系，使调查研究的水平和认识水平得以提高。

（二）定量分析方法

定量分析方法是对调查数据进行数学和统计处理分析的方法体系的总称。调查数据分析中所运用的定量分析方法主要是统计分析方法。统计分析方法分为描述统计分析方法和推断统计分析方法。

1）*描述统计分析方法* 描述统计分析方法，是指对调查数据进行综合整理和计算综合指标等加工处理，用来描述总体特征的统计方法。描述统计分析方法是统计分析方法的重要组成部分，在调查数据的统计研究中有着广泛的运用。调查数据分析中最常用的描述统计分析方法，主要包括数据的频数、频率及其分布分析方法、数据的集中趋势分析方法、数据的离散程度分析方法、数据对比分析方法，以及统计图表描述方法。

2) 推断统计分析方法　推断统计分析方法，是指根据调查的样本数据去推断总体数量特征的方法。这类方法的特点是在对样本数据进行描述的基础上，对调查研究总体的未知数量特征作出以概率形式表述的推断。调查数据分析中常用的推断分析方法主要包括参数估计方法、相关与回归分析方法、假设检验方法、方差分析方法、列联分析方法、多元统计分析方法等。描述统计分析方法和推断统计分析方法是统计分析方法的两个组成部分。

描述统计分析方法是进行推断统计分析的基础，推断统计分析方法是现代统计分析方法的主要内容。在数据分析中，要辩证地认识这两类统计分析方法的作用。在对现实问题的调查研究中，调查数据主要是样本数据，因此推断统计分析方法在调查数据分析过程中具有核心地位。但这并不意味着描述统计分析方法就不重要，如果没有描述统计分析方法的运用，就不能为推断统计分析提供综合、系统、有效的统计数据和样本信息，即使再科学的推断统计分析方法也难以得出准确的结论。所以，在调查数据分析中，要坚持描述统计分析方法和推断统计分析方法并重的原则。

二、分析方法的选择

用于调查数据分析的方法有定性分析方法和定量分析方法两大类。定性分析方法贯穿于整个调查研究阶段，也贯穿于整个数据分析阶段。定性分析方法更多的是一些逻辑思维和创造性思维方法，在数据分析过程中，分析研究人员应该明确各类定性分析方法的主要作用，形成善于自觉地运用它们进行分析的潜意识，培养良好的思维习惯。由于定性分析方法不属于分析技术范畴，往往属于一种思维习惯和思维方式，因此，在数据分析过程中，对它的选择一般不设定准则。定量分析方法属于分析技术范畴，因此，在既定的调查研究目的条件下，就存在选择什么分析技术的问题。调查数据分析方法的选择，主要是定量分析方法的选择，而定量分析方法主要是统计分析方法。所以，这里主要说明统计分析方法的选择问题。

(一) 根据研究假设选择统计分析方法

任何调查研究都会建立研究假设。在建立研究假设时，研究人员对调查的整个过程有个通盘的考虑，调查研究设计多少个变量、变量之间是什么逻辑关系、哪几个变量做什么样的统计分析，都心中有数，而且统计分析是为验证研究假设服务的。所以，统计分析方法的选择应该与假设紧密联系。否则，统计分析出了一大堆结果，却不知道哪些数据能够验证哪些假设，这些结果当然只能是数字垃圾。

(二) 根据不同的调查方式选择统计分析方法

调查活动有全面调查和非全面调查之分，非全面调查以抽样调查为主。

抽样调查又有概率抽样和非概率抽样两种方式。对于全面调查的数据，可以使用描述统计的方法，也就是将所搜集到的数据进行整理、综合、归纳和分析，对现象的基本数量特征和某些统计规律作出判断。可以使用的方法主要有频数分布描述法、统计图表描述法、对比分析法、集中趋势分析法、离散趋势分析法等。对抽样调查数据，一般来讲，首先要运用描述统计分析方法进行系统整理和初步分析，得到一些样本统计量和初步的统计规律，并在此基础上运用推断统计分析方法，在一定概率保证下，对现象总体的数量特征作出推断，进而认识现象总体的本质和规律。

（三）根据分析的变量多少选择统计分析方法

由于调查研究的目的和具体任务不同，数据分析中有时可能只涉及单变量，有时要涉及双变量甚至多变量。对于单变量，调查内容仅包括一个或多个相互独立的概念。此时需研究每个独立变量有几种可能变动的情况、变量的分布特点、数据的集中与离散特征等。如果分析涉及两个变量，此时就要进行命题的研究，主要是分析两个变量之间是否存在关系，是何种类型的关系，关系的密切程度如何。若两个变量是数值型的，则所使用的方法一般是回归分析方法；若两个变量是定量类型的，则可使用列联表的方法进行分析。如果分析涉及多个变量，变量之间的联系可能比较复杂，除了两两之间可能存在关系外，还可能存在网状、链状、一因多果或一果多因等多种联系。在这种情况下，就需要运用多元分析方法进行分析。

（四）根据数据类型选择统计分析方法

根据数据计量尺度的不同，数据可划分为定类数据、定序数据、定距数据和定比数据 4 种类型。前两类数据属于定性数据或品质数据，后两类数据属于定量数据或数量数据。数据的类型不同，对其分析所采用的方法也就不同。对于定类数据，通常要计算各组的频数和频率，计算众数和异众比率，进行列联表分析和 χ^2 检验等；对于定序数据，可以计算其中位数和四分位差，进行等级相关系数等非参数统计分析；对于定量数据除了可以运用定性数据的分析方法进行分析外，还可以用更多的统计分析方法进行分析，如回归分析、参数估计、假设检验、方差分析、多元统计分析等。

第六节　市场调查报告

在对调查资料整理、分析后，下一步就是撰写市场调查报告，它是市场调查整个工作过程中最后一个环节，必须认真完成。调查报告是市场调查活动及数据分析结果的概括性表述，是数据分析的最后一步，是调查结果的集中表现。调查报告具有时效性、针对性、准确性、原创性等特点。

调查报告的作用具体表现在以下几个方面：①调查报告是全部市场调查研究活动的综合体现，以更利于人们接受的方式表达出来，方便阅读、查找；②调查报告最常用的方式是文字与图表，装订成册，利于贮存保管，有利于对历史数据的积累；③调查报告所做的理论分析有一定的深度，可以更好地为使用者开拓思路，了解市场行情，能较好地为决策提供咨询；④公开发表的调查报告，能为社会所用，帮助人们了解相关问题，丰富学术研究。

一、调查分析报告及其类型

调查分析报告的类型可根据不同标准来划分。

1）描述性调查报告与分析性调查报告　　描述性调查报告是以对问题的客观描述为主

要目的，旨在公布调查所得的各项数据，以简单列示为主。分析性调查报告是以数据的分析及研究为主，运用文字图表等形式展示调查的过程结果，并得出分析结论。

2) 普通调查报告与学术研究报告　普通调查报告是对市场状况所做的针对性分析，更注重时效，其结论一般用于指导生产经营决策。学术研究报告是对市场运行规律所做的探索性分析，主要为政策制定及宏观调控建立相关的决策支持。

3) 书面调查报告与口头调查报告　书面调查报告，即用文字图表书面陈述来表达分析结果。内容丰富，信息量大。口头调查报告是调查人员将市场调查报告的结果向管理层或委托者作口头陈述，以帮助相关人员能迅速了解调查报告的内容及接纳书面报告。

4) 其他类型　依据企业生产经营活动，也可分为以下几类：市场需求与消费者的调查分析报告；销售渠道及价格变化与策略的调查分析报告；市场竞争与企业环境的调查分析报告；经营效益的调查分析报告。

二、普通调查报告的写作

市场调查报告是市场调查人员以书面形式，反映市场调查内容及工作过程，并提供调查结论和建议的报告。市场调查报告是市场调查研究成果的集中体现，其撰写的好坏将直接影响到整个市场调查研究工作的成果质量。一份好的市场调查报告，能给企业的市场经营活动提供有效的导向作用，能为企业的决策提供客观依据。

从严格意义上说，市场调查报告没有固定不变的格式。不同的市场调查报告写作，主要依据调查的目的、内容、结果及主要用途来决定。普通调查报告的一个完整结构一般会包括这样几个部分：①标题，是调查报告所要说明的主题，一般为某种现象、某个问题的主体。大致内容包括调查报告的题目、进行调查研究的机构、项目负责人、项目委托人、日期。调查报告题目的表现手法经常用到的有这样几种形式：直叙式标题；表明观点式标题；提出问题式标题。有时还会加上一个副标题。②目录，是调查报告中各项内容完整的一览表。一些图例，表格，还需要有索引。标明文章各个部分要点及所在页码。③摘要，是调查报告内容的摘录、要点。用简短的语言，对调查的主要成果作概括性说明。④正文，是调查报告的中心内容，包括介绍调查的过程，调查的结果，进行相关推论。⑤结论，建议对事实作出的基本判断，决定行动的取舍与操作思路。⑥附录，前面正文未能包括而又需要再补充说明的部分，如问卷、技术分析细节、原始资料、相关背景数据、统计分析过程，以及中间数据及结果数据等。

调查报告在写作过程中或是完稿以后，需要进行审定，并作出评判，以不断改进。主要从以下几点入手：①审定结构。看各要素是否完整，再观察各部分的内容能否满足需要，符合基本要求，观点结论是否存在明显错误。②控制篇幅。要求语言精练，表达准确，文章的长度合适。 ③事实相符。了解论据使用是否符合研究需要，事例、数据是否真实可信。

三、学术研究报告的写作

学术研究报告与普通调查报告存在区别：①目的不同。撰写学术研究报告在于展示作者的研究成果，围绕论点来展开，研究成果一般会公开发表，不像普通调查报告有相当多的属商业机密，在一定时限内只在某个范围内传阅。②结论优先。在学术研究报告中结论总是摆在首要位置，因而其结构也有所不同。除了包括标题、摘要、正文外，还增加了参考文献。

正文部分分为绪论、本论与结论。在文章的最后要附加参考文献。③数据引用更广泛。④规范化程度高。

学术研究报告的写作步骤：①撰写学术报告的第一步是选题，选择进行研究的方向。②搜集资料，检索文献，如统计公报、统计年鉴、文摘、图书期刊、网上搜索。③初稿，改稿，定稿。

学术研究报告的基本写作技巧：①突出重点。在一份报告中列出的论点不宜过多，各论点也应区分主次，脉络分明。②观点鲜明。作者所提出的观点与结论，必须清楚明了，不能含糊，模棱两可。③认真学习，虚心请教。除了深入实际，开展调查研究，掌握大量的第一手资料，还要阅读大量的参考文献，检索相关资料，虚心向专家学者、市场资深人士请教。④注重结构。

四、撰写市场调查报告的基本要求

1）调查报告力求客观真实、实事求是　调查报告必须符合客观实际，引用的材料、数据必须是真实可靠的。要反对弄虚作假，或迎合上级的意图，挑他们喜欢的材料撰写。总之，要用事实来说话。

2）调查报告要做到调查资料和观点相统一　市场调查报告是以调查资料为依据的，即调查报告中所有观点、结论都有大量的调查资料为根据。在撰写过程中，要善于用资料说明观点，用观点概括资料，二者相互统一。切忌调查资料与观点相分离。

3）调查报告要突出市场调查的目的　撰写市场调查报告，必须目的明确，有的放矢，任何市场调查都是为了解决某一问题，或者为了说明某一问题。市场调查报告必须围绕市场调查上述的目的来进行论述。

4）调查报告的语言要简明、准确、易懂　调查报告是供人阅读的，无论是厂长、经理，还是其他一般的读者，大多不喜欢冗长、乏味、呆板的语言，也不精通调查的专业术语。因此，撰写调查报告语言要力求简单、准确、通俗易懂。

5）合乎规范　除注重调查报告的内容及结构以外，还应留意每一个细节，精心布局，认真撰写。排版、字体、纸张、打印、装订都应规范标准，保证字迹清楚，外观漂亮，重点部分突出醒目。

复习思考题

1. 市场调查的特点有哪几个方面？
2. 市场调查的作用是什么？
3. 市场调查的基本过程包括哪些步骤？
4. 在确定调查方法时，需要考虑哪些问题？
5. 访问法具有哪些特点？
6. 电话访问的优点和缺点是什么？
7. 留置问卷调查法和网络调查法的优点和缺点是什么？
8. 观察法的特点是什么？观察法的应用有哪几个方面？
9. 简述定性调查与定量调查的区别。
10. 举例说明观察法在市场调查中的具体应用。
11. 最基本、最常用的实验设计有哪几种？

12. 数据处理主要有哪几个步骤?
13. 调查资料审核应从哪些方面着手?
14. 审核检出的有问题问卷，一般如何处理?
15. 常用的统计方法有哪些?
16. 在选择统计方法时，要考虑哪几个因素?
17. 根据研究目的的不同，统计分析方法可以分为哪两类?

第十三章 食品企业诚信管理体系

【本章提要】

本章概述了食品企业诚信管理体系建设的背景、意义，行业标准的内容，诚信体系建立的原则、方针、策划、实施与运行、检查与改进、评价与声明的要求和办法。

【学习目的】

掌握食品企业诚信管理体系的构建框架，能开展诚信因素的识别和重要诚信因素的判断，明确企业社会责任企业文化的具体表现，能进行程序文件的编制。

【主要概念和名词】

诚信、诚信方针、诚信环境、诚信管理体系、诚信因素、诚信指标

第一节 推进诚信管理体系建设的背景和意义

一、推进诚信管理体系建设的背景

近年来，我国食品安全问题较为突出，影响了人民群众的切身利益、身心健康甚至生命安全，引起了党中央、国务院和地方各级政府的高度重视。温家宝认为，现在影响社会进步的最大的两个方面，一是社会诚信，二是政府的公信力。这两方面解决好了，我们社会就会向前大大迈进一步。2011 年的全国政协、人大会议上，“食品安全问题”成为民生关注的焦点。在国务院政府工作报告中，将建立社会诚信体系和建立保障食品安全的长效机制列为今后重点工作之一。

食品安全是一个世界范围的广泛性问题，而食源性疾病被公认为是最突出的食品安全问题。与其他国家一样，由微生物污染引起的食物中毒和其他食源性疾病仍是威胁我国人民身体健康的主要问题之一。但近年来我国连续发生的多起严重的食品安全事件让人们认识到，我们当前面临的食品安全问题与以往不同，呈现了非传统食品安全的特点。

针对敌敌畏火腿事件(2003 年)、阜阳劣质奶粉事件(2004 年)、苏丹红事件(2005 年)、多宝鱼孔雀石绿事件(2006 年)、输美宠物饲料三聚氰胺事件(2007 年)等一系列食品安全事件，2007 年党中央、国务院在全国范围内开展了声势浩大的食品安全专项整治行动。专项整治行动刚刚结束，又接连发生了输日“毒饺子”事件、“三聚氰胺”事件(2008 年)、“皮革奶”事件(2009 年)、“问题奶粉”事件(2010 年)、“瘦肉精”事件(2011 年)、“皮鞋”事件(2012 年)。“重拳之下，事故频发”的根本原因，不光是传统意义上的食品生产、加工、流通环节卫生控制不当和环境污染等所致，大多属于人为事件，两者的起因有着很大差别。我们把这些因人为故意污染和蓄意破坏而引起的食品安全问题称为“非传统

食品安全问题”。

非传统食品安全问题的本质是诚信链条的断裂、社会诚信的缺失，这一直困扰着市场经济的正常运行，影响着和谐社会主义建设的步伐。食品安全事件频发，动摇了消费者对中国食品的信心，也使中国出口欧盟及西方一些经济发达国家和地区的食品生产商、销售商遇到了诚信危机和贸易壁垒，经济损失巨大。社会诚信的缺失给我国精神文明建设和经济建设带来的不良影响是显而易见的。

诚实守信是市场经济的基础，是完善社会主义市场经济的重要条件。食品企业诚信体系建设是保障食品安全的长效机制和治本之策，是实现食品工业可持续发展的重要基石。当前，我国的食品企业迫切需要将组织素养、经营能力、获利能力、偿债能力、履约能力和发展前景等组织信息，关键岗位人员诚信行为信息和后续管理信息综合起来，采用宏观与微观、动态与静态、定量与定性相结合的科学分析方法，建立起以道德为支撑、人权为基础、法律为保障的诚信管理体系。这将有助于保障食品安全，形成诚实守信的市场经济氛围，促进社会的稳定和谐发展。

二、建立实施食品企业诚信管理体系的意义

食品企业建立诚信管理体系，落实企业主体责任，加强企业内部诚信管理。树立诚信意识，培育以“合法经营、诚实守信”为核心的企业诚信文化。以确保质量安全、防范失信风险为重点，结合已有管理体系的实施，建立健全从原(辅)料管理、技术创新、产品研发、加工制造、储运销售、质量追溯到责任追究的全员、全过程、全方位的内部诚信管理制度。形成组织实施、自查自纠、改进完善的企业诚信管理体系运行机制，旨在持续提升企业诚信能力和管理水平。建立实施诚信管理体系的企业要践行企业诚信，履行质量安全责任。通过实施企业诚信管理体系，完善企业管理，保障产品质量，满足消费需求，履行企业质量安全责任。

诚信管理体系的建立，使组织的一切活动都处在了诚信体系的制约之下，关键岗位的人员签订了诚信保密协议，建立了诚信档案，组织部门之间、员工之间的诚信等级划分，分明的奖惩制度，具有凝聚力的诚信文化，这些都给组织提高诚信意识提供了条件。通过以诚信为核心的综合体系管理，组织的管理水平能够在较短时间内得到提高，领导诚信给员工起到了带头的作用，建立在诚信基础上的组织战略一定会给组织带来最有效的成绩。

(一)建立诚信管理体系有利于提高企业核心竞争力

企业的核心竞争力并不是市场，许多企业热衷于去有先进管理模式的组织参观学习，回来时摩拳擦掌，准备好好大干一场，认为别人做到的自己也一样能做到，其结果是效果与愿望相差甚远。究其原因是组织核心竞争力是一种企业以诚信为核心的组织文化，是组织领导和员工多年来实践的工作默契和凝聚力、向心力，是良好社会责任和集体精神的沉淀。建立诚信管理体系，有助于形成企业的核心竞争力。

(二)建立诚信管理体系有利于提高企业经济运行效率

诚信是企业的立业之本，以诚信为核心的管理体系在企业中得到高效运转，能降低失信风险，减少失信成本，有利于更好地开拓市场。诚信管理体系的建立和运行，保障了产品质

量、服务质量、反应能力和较强的执行力，提高了组织的经济运行效率。

(三)建立诚信管理体系有利于与国际经济接轨

诚信在国际社会政治、文化、科技、交流及市场经济交往中的作用越来越重要，诚信管理体系给各国组织诚信管理提供了通用模式，诚信管理体系标准为各国政府和社会提供了公益、共享平台，在国际经济接轨、消除诚信壁垒上起到了关键作用。

(四)建立诚信管理体系有利于企业行为符合法规要求，避免违约责任

诚信是包括法律约束在内的道德体系的核心原则，培养公民诚信意识，能有力地减少违法案件。建立诚信管理体系的企业从体系的要求、从制度的约束上，较有力地避免了失信情况的发生，减少了违规概率，降低了风险。

(五)建立诚信管理体系有利于构建和谐社会，有利于文明传承

信为政基，诚生德业；近德向善，博济于民。诚信，不仅是中华民族的优良传统道德，也是人类文明的共同财富和普遍价值；不仅是中国传统道德中最基本的道德规范，也是构建诚信社会的道德基础。诚信管理体系从组织的机构职责、发展战略、员工教育与组织文化建设等诸多方面建立完善的管理制度和程序，让诚信社会的道德规范靠诚信管理体系这一载体在组织里、社会上得到传承和发扬。

第二节　诚信管理体系通用要求

一、原　　则

食品企业应根据本标准的要求建立、实施、保持和持续改进诚信管理体系，并将相关要求和诚信管理体系的范围形成文件。在食品企业实施该体系过程中逐步建立诚信策划机制、体系运行机制、检查改进机制、评价公示机制。

二、诚 信 方 针

食品企业最高管理者应确定诚信方针，确保其满足与诚信有关的法律法规、政策和其他要求；适合食品企业生产、服务、安全和保障的要求；失信预防和持续改进；为诚信目标和指标提供方向；形成文件，付诸实施；传达到相关人员；能为社会公众所获取。

三、策　　划

(一)基本要求

食品企业建立和实施诚信管理体系时，应识别其生产、服务、安全和保障活动中与诚信因素有关的法律法规、政策和其他要求，并满足如下条件：及时获取这些要求，确保有效；确保这些要求应用于诚信管理体系的建立及实施；通过内部制度的确立，确保诚信管理从策划、采购、生产、储运、营销、服务等全过程的规范化、程序化和制度化。

(二)诚信因素

食品企业应建立、实施并保持诚信因素识别程序。

食品企业在建立、实施和保持诚信管理体系时，应充分考虑诚信因素。诚信因素包括但不限于：生产经营、产品供应、广告宣传和服务等活动中涉及的诚信因素；与新项目有关的诚信因素；影响诚信的其他因素。诚信因素识别程序应形成文件，并适时予以更新。

(三)社会责任

食品企业应以多种方式承担和履行社会责任，完善诚信管理体系，树立良好社会形象，以充分满足：提供安全的食品；依法纳税；依法执行劳动合同、保险；符合环境保护、资源节约和生态平衡等要求；合同履约；公共安全。

(四)诚信文化

食品企业应开展以诚信为核心的企业文化建设，树立诚信经营理念。诚信文化建设应包括：质量安全责任感；企业价值观；员工归属感、荣誉感；企业团队精神；企业诚信环境；与相关方的关系等。

(五)目标、方案和指标

食品企业应针对其内部有关组织机构和职能，建立、实施并保持形成文件的诚信目标、方案和指标。

食品企业在建立诚信目标时，应符合诚信方针，并考虑重要诚信因素；适宜时，制订量化指标；财务、信用状况；其他应遵守的要求。

(六)文件

诚信管理体系文件应包括：诚信方针、目标和(或)指标；对诚信管理体系覆盖范围的描述；对诚信管理体系要素及其相互作用描述的相关文件或查询途径；对诚信因素实施有效管理及控制所需的管理文件和记录。

四、实施与运行

(一)资源、职责和权限

最高管理者应确保为本企业诚信管理体系的建立、实施、保持和改进提供必要的资源保障，包括人力资源和专项技能、基础设施和财力等。

食品企业应有效开展诚信管理，对职责和权限作出明确规定，建立食品安全事故内部责任追究、内部失信预防与惩戒公示等制度，形成文件，并予以传达。

最高管理者应任命诚信负责人，明确规定其职责和授信权限，以确保按照本标准的要求建立、实施和保持诚信管理体系；报告诚信管理体系的运行情况；协调处理相关方投诉；负责内部诚信信息管理。

（二）教育、培训和能力

最高管理者应建立诚信教育机制，确保自身及其员工具有道德意识和社会责任意识，保障全员和代表企业工作的人员具有诚信意识、职业道德、安全管理和相应规定的资质与能力。

食品企业应提供与诚信管理体系有关的培训，包括对食品质量安全和诚信体系管理人员的培训，使员工理解诚信方针和诚信管理体系要求的重要性；个人在诚信管理方面的作用与职责；个人对企业诚信的影响及个人工作改进带来的效益；违背诚信规定的后果；失信行为对个人的影响。

（三）信息交流与控制

食品企业应建立、实施并保持诚信信息交流与控制程序，规定内部、外部信息交流的内容、范围与形式。

实施与诚信因素和诚信管理有关的信息交流时，应满足食品企业内部各层次和职能部门间的诚信信息交流；与外部相关方的诚信信息交流，包括诚信风险信息收集等；诚信信息的及时性、真实性和可追溯性。

（四）文件控制

食品工业企业应建立、实施并保持文件控制程序，以确保对本标准和诚信管理体系所要求的文件进行控制。

（五）记录控制

食品企业应根据需要，建立并保持必要的诚信记录，用来证实对诚信管理体系及本标准要求的符合，适用时包括企业生产经营和关键岗位人员诚信行为等诚信档案。

食品企业应建立、实施并保持程序，规定诚信记录的标识、存放、保护、检索、留存和处置。

诚信记录应真实可靠，标识明确，并具有可追溯性。

（六）运行控制

食品企业应根据诚信方针、目标和所确定的诚信因素，建立、实施并保持运行控制程序，以确保诚信方针和目标的实现；在程序中明确运行准则，包括质量管理体系、危害分析与关键控制点体系、良好操作规范等；必要时，将运行控制程序通报相关方。

（七）应急准备和响应

食品企业应建立、实施并保持应急准备和响应程序，以应对可能对诚信造成影响的紧急情况或事故，采取产品追溯、召回和上报制度等有效措施，预防或减少因失信产生的影响。

食品企业应定期评审应急准备和响应程序。必要时，进行程序修订，特别是当事故或紧急情况发生后。

食品企业应定期演练上述程序，并保持相关的记录。

五、检查和改进

(一)监测和测量

食品企业应建立、实施并保持一个或多个程序，对可能具有失信影响的关键特性进行监测和测量。程序中应规定监测诚信绩效、适用的运行控制、目标和指标符合情况的信息。

监测和测量的内容应包括但不限于：合规情况；过程控制；产品质量；履约情况；财务状况；企业形象。

食品企业应确保所用的监测和测量设备经过检定或校准，并予以妥善维护，且应保持相关的记录。

(二)不符合识别、纠正、预防及信用修复

为识别不符合(包括体系、产品、行为等)，食品企业应对体系运行监督检查，建立、实施并保持不符合识别、改进及信用修复的程序，对不符合采取纠正措施和(或)预防措施。程序应满足：识别和纠正不符合，并采取措施减少失信所造成的影响；对不符合进行调查，确定产生原因，并采取措施避免再发生；措施的适宜性、有效性；对诚信影响程度的评价；信用修复所采取的措施应与失信事件性质和产生影响的严重程度相符。

(三)内部核查

食品企业应建立、实施和保持内部核查程序，确保对诚信管理体系进行内部核查，以满足诚信管理体系的有效与更新。

食品企业应明确内部核查员与职责，确定核查准则、要求、范围、频次和方法。

核查结果应向最高管理者报告。

食品企业保存内部核查策划、结果、报告等相关记录。

六、评价与声明

(一)合规性评价

为了履行遵守法定要求和其他要求的承诺，食品企业应建立、实施并保持程序，以定期评价食品企业和员工对适用法律法规的遵守情况，并注意最新法规、政府规定政策的时效性。

食品企业应保持相关的记录。

(二)体系评价

食品企业应保持对诚信管理体系的评价，以确保其持续适宜性、充分性和有效性。

体系评价的输入应包括：内部核查和符合性评价的结果；与外部相关方的信息交流，包括顾客抱怨，信贷信用，政府、行业协会和社会监督；食品企业的诚信绩效；信用修复及其他改进措施的状况；上一次体系评价的改进措施。

（三）征信评价

食品企业应收集内部和外部诚信信息，以验证企业诚信管理体系的有效性，并持续改进。适宜时，实施第三方评价。

（四）声明

食品企业可对诚信管理体系有关评价结果进行声明。

第三节　诚信管理体系的策划与建立

企业建立诚信管理体系的主要过程包括准备阶段、文件编制阶段、实施运行阶段和改进阶段。本节内容将重点介绍策划与建立诚信管理体系的各个阶段的实施要点。

一、诚信管理体系建立的准备

任何企业要建立诚信管理体系都要做以下几项准备工作。

1. 确定企业的领导小组，任命诚信负责人

1）领导小组的作用　负责组织诚信管理体系的协调和领导工作，对诚信管理体系的建立、运行和保持改进工作给予支持和配合，参加体系评价和战略评价，参与应急预案的领导工作。

2）领导小组的组成　最高管理者任组长，诚信负责人任副组长，由最高管理层和中层主要负责人组成领导小组，组长对诚信绩效和失信事故负主要领导责任。

3）实施小组的组成　实施小组由诚信负责人负责组成，以牵头部门为主，各个部门任命业务骨干为内部诚信管理员（或内部核查员）。

4）实施小组的作用　负责诚信管理体系文件的编制，负责体系运行的推动和监督管理，参与内部核查。

5）诚信负责人的作用和要求　诚信负责人的作用可参见在标准理解的章节里的相关阐述。诚信负责人的个人要求：第一，是本企业的一名管理人员，得到一定授权；第二，个人诚信意识较强，能顾全大局，有一定的协调沟通能力；第三，熟悉公司业务流程，熟悉诚信管理体系相关标准，有较强的处理问题的能力。

2. 确定范围　诚信领导小组应确定企业的诚信管理体系覆盖范围，确定覆盖的产品、经营活动和服务，确定与产品经营活动和服务有关的场所，同时确定企业诚信管理体系与相关方的关联。

3. 确定方针　诚信方针是企业诚信战略的核心，按照企业的宗旨和使命，包含管理层的诚信意识，确定企业的诚信方针，诚信方针要符合诚信管理体系标准要求的内容。

4. 准备对内对外自我声明　企业在完成诚信管理体系建立策划的基础上，确定自我声明文件，表明企业的诚信方略和承诺目标，并确定自我声明公开与传达的范围，并把这些声明作为自身的要求加以有效控制。

自我声明，一方面是为了向企业内部员工表明领导层和全体员工对诚信经营的态度和决心，利于形成各部门、各岗位人员步调一致，严格约束自己的信条。另一方面有利于企业向外界表明自身的态度和作为，表明企业已经全面、系统地建立了诚信管理体系，通过加强诚信教育，形成诚信氛围，完善诚信机制，将企业的失信风险控制在一个可接受的范围，并接受相关方的监督。

二、文件编制

（一）诚信管理体系文件概述

编制诚信管理体系文件是建立、实施和保持诚信管理体系的依据。诚信管理体系文件的编制和使用是一个动态的高增值的过程。一方面，在编制文件的过程中体现了策划的成果，是企业诚信管理经验和现行方法的总结和提高；另一方面，文件的使用有利于沟通意图，统一行动，鼓励诚信，约束失信，减少失信带来的危害，使用文件的过程中还能不断地发现各种因素的变化，从而更新策划和改进体系。

诚信管理体系文件还有助于满足企业内部或客户及相关方对诚信的要求和实现改进；有助于为员工提供适宜的培训；有助于保证履约能力和提高企业全员的诚信意识；有助于提供满足诚信管理体系要求的客观证据；有助于评价诚信管理体系的有效性和持续适宜性。值得注意的是，编写文件并不是目的，它是一项有益于组织诚信管理的增值活动。具体来讲，诚信管理体系文件化将主要给企业带来以下益处。

(1) 对企业的诚信管理体系有一个明确的描述，提供清晰、高效的运作框架。明确诚信管理和诚信作业标准，使各项控制目标有所依循，从而实现从人治到法治的转变。一个明确的文件化的诚信管理体系，操作具有一致性，使业务运转相对稳定。同时为跨职能群体提供信息，便于各自更好地理解相互间的关系，为诚信的目标提供依据，为组织内的诚信氛围和约束机制提供基础。

(2) 有助于增强企业内部信心，建立组织间信任。通过诚信管理体系文件向员工传达管理者对诚信的承诺，有助于员工了解其在组织内的责任，增强员工诚信意识，同时可以在员工和管理者之间建立起相互理解和信任的关系。诚信管理体系的文件化还可以为顾客提供信心，向相关方证明企业在诚信经营方面的能力。在对相关方的要求过程中，形成清晰的诚信框架。

通过文件的制定—修改—执行—完善这样一个不断循环的过程，达到体系完善与经验积累的目的。在文件的不断运行与修改过程中，会留下许多证据，为持续改进体系提供支持。

对核查工作来讲，诚信管理体系文件又为下列活动提供客观依据：①过程已被识别并确定；②文件已被批准；③文件的更改处于控制之中。

单一的诚信管理体系文件的结构通常可分为 4 个层次：诚信管理手册、诚信管理程序文件、诚信管理作业指导文件(包括工具书、诚信管理记录)及其他相关文件，多体系文件可以采用整合体系文件的方法进行编制。

（二）文件的编写原则

诚信管理体系文件反映了一个企业诚信管理体系的系统特征，通过不同层次文件对诚信管理体系过程的描述，能够清楚地反映体系的层次和接口关系。诚信管理体系文件的编制应从企业的整体出发，统一策划，反映出企业诚信管理体系的特点，满足标准要求，根据需要覆盖多个方面的控制要素，并体现各要素的功能和它们之间的相互关系。文件的内容要形成一个有机整体，各文件之间要做到逻辑相关、层次清晰、接口明确、结构合理、协调有序。

体系文件应具有以下几个特点。

(1)法规性和权威性：诚信管理体系文件一经最高管理者批准发布，就成为企业内部必须执行的法规性文件，是指导企业一切诚信管理活动的行为规范和实施核查的重要依据。

(2)适宜性、符合性和可操作性：诚信管理体系文件的编制应依据企业的实际情况，充分体现企业的经营特点、性质和规模，反映企业诚信因素的类别、技术状况和人员素质。体系文件还应考虑企业内外部客观需求的不断变化。当企业的经营战略发生重大调整、科技进步、市场导向发生变化、相关的法律法规改变时，体系文件应能够及时跟上这种变化，应反映出动态的特性，并随着诚信管理体系的不断改进而得以完善。诚信管理体系文件的策划和编制要反映企业经营管理活动的客观需求，文件编制要始终围绕符合性，标准要求的一定要写到，写到的一定是能够做到的，而且不仅要做到，还要确保其有效。无论体系文件是简是繁，其详略程度都应与企业的人员素质、技能和培训水平相适宜。

文件的适宜性还体现在文件数量和详略程度的变化上。企业的产品、规模、过程的流程、人员状况、社区诚信环境、基础设施等因素是不断变化的，诚信管理体系文件也应随着这种变化而调整。

(3)规范性和见证性：各个层次的体系文件应保持统一的文件格式。文件的制订、修订也应经过严格的相应职能部门的评价、确认和审批过程。体系文件可作为客观证据，包括适用性证据和有效性证据，向管理者、相关方和第三方评价机构证实组织诚信管理体系的正常运行。

(4)确定性：在描述任何诚信活动的过程中，必须使其具有确定性。即何时、何地、做什么、由谁来负责、依据什么文件、怎么做及应保留什么记录等，必须加以明确规定，排除人为的随意性，只有这样才能保证过程的一致性。

(5)相容性：各种与诚信管理体系有关的文件之间，应保持良好的相容性，即不仅要协调一致不产生矛盾，而且要各自为实现总目标承担相应的任务。从诚信管理体系策划开始就应当考虑保持文件的相容性。

(三)诚信管理手册的编制

诚信手册是组织诚信工作的“基本法”，是企业最重要的诚信法规性文件，它具有强制性。对企业内部，诚信手册起着确立各项活动及其指导方针、原则的作用。一切涉及企业诚信影响的活动都应遵循诚信手册。诚信手册应明确体系文件的结构、职责分配和主要业务流程。对企业外部，它既能证实诚信管理体系的存在，又能向客户或评价机构描述清楚诚信管理体系的状况，覆盖的要素，每个要素开展哪些控制活动，对每个活动控制到什么程度，能提供什么样的诚信保证等。诚信手册对外不属于保密文件，为此，写到什么程度要适当，既要让外部看清楚诚信管理体系的全貌，又不宜涉及控制的细节。诚信手册提出的各项要素的控制要求，应在诚信管理体系程序和作业文件(记录)中作出相应的规定。

在编制诚信手册时应特别关注那些过去不曾开展过的诚信活动的新要求(如对诚信因素识别、内部核查、社会责任、企业文化等)，务必准确地理解及把握住其控制要点。

诚信手册没有固定的格式要求，企业可以根据企业内部的文件格式进行确定。

1)诚信手册包括的内容

(1)标题、范围和适用领域。

(2)目录。

(3)介绍页(包括对企业的简介及手册本身的介绍)。

企业简介主要包括对于运营环境、关键的组织关系、竞争环境和战略挑战、诚信绩效改进等方面的简要说明。企业简介应反映组织运营环境的内外部因素,这些因素包括组织使命、愿景、价值观、道德观、诚信战略、竞争环境及其他因素。

(4)企业的诚信方针和目标。

(5)组织结构、职责和权限的说明。

(6)诚信管理体系要素和引用控制程序的描述。

(7)定义(对行业术语和本企业习惯用语加以定义)。

(8)诚信手册使用指南(包含诚信手册的管理)。

(9)支持性资料的附录。

2)诚信手册的某一章节(描述要素的章节)一般包括的内容

(1)目的和范围:明确为什么要开展此项要素活动及活动所预期的管理目标。例如,内部核查的目的在于检查诚信管理体系涉及各部门的活动是否符合计划安排及规定要求,诚信管理体系是否有效地保持、实施和改进,为诚信管理体系的改进提供依据。控制范围是诚信管理体系涉及的范围。

(2)职责:在手册中宜明确到该要素的归口管理部门及主要相关部门。

(3)措施和方法:为达到要素要求所采取的措施和方法,应说明工作流程,保持合理的编排顺序,任何需要注意的异常或特殊情况的处置规则,可考虑采用流程图。

(4)文件和引用文件:明确该要素活动涉及的文件和表格或必须记录的数据。

(5)记录:明确该要素所产生的记录、记录的保存地点和保存期。

除上面提到的诚信管理体系文件的编写原则外,还应注意以下几点。

(1)应体现诚信方针,保证诚信目标、指标和自我声明的实现。各项活动的控制力度要与诚信方针、目标、承诺相一致。

(2)注意各项要素的界面和接口。

(3)不宜照抄标准,要联系本组织的实际,对标准的不确定语作出明确的规定。

(4)控制对象要明确。

(四)诚信管理程序文件的编制

程序文件是指描述企业的经营活动如何按诚信标准规定进行开展的渠道或方法文件。程序文件是诚信手册的具体展开,是诚信管理体系文件的重要组成部分,是对诚信手册的有力支持。它应当说明何时、何地、做什么、由谁来做、怎样做、为什么要这样做。同时,必须标明该项活动应依据什么文件、应留下什么记录。记录表样式可作为程序文件的一部分。

程序文件宜由熟悉业务的部门人员编写,如设计部门负责编制设计缺陷控制程序,销售部门负责编制合同评审程序等,公用部分由诚信实施小组编制。

诚信管理体系程序文件应根据标准要求,密切结合企业实际,创造性地研究如何优化活动过程,降低失信风险。

程序文件的范围和详略程度，应取决于工作的复杂程度、所用的方法及承担该项活动的人员素质。程序文件可以引用更为详细的作业文件（相应的作业指导书、管理标准、法规体系和工作标准等）。

结合程序文件中常见的问题，应关注以下编制要点。

（1）程序文件应能支持诚信手册。程序文件与诚信手册的接口关系一定要处理好。通常诚信手册由诚信小组组织编写，程序文件由归口管理部门组织编写，注意保持两者之间的接口和协调。

（2）职责、权限和相互关系协调一致。例如，要素活动中的职责、权限和相互关系应与诚信手册的管理职责中的各类人员职责、部门要素活动职能分配和管理体系组织结构图的规定相一致。

（3）程序文件的控制力度与诚信方针、目标相一致。经常看到诚信方针、目标的要求很高，但程序文件不能保证方针、目标的实施。

（4）应急准备和响应程序文件应注意识别紧急违约事件、重大灾难等可能发生的各种应急情况并加以控制。应作出预防性的控制安排，以免一旦发生这种情况而失去控制。

（5）搞清各项活动过程的输入和输出，并加以全面控制。

（6）必须符合企业实际，注意可操作性。

（五）制度、作业文件和有关档案记录的编制

作业文件包括技术性的作业指导书及管理性的工作标准。在编写作业文件时，应注意作业文件与程序文件的接口。凡是在程序文件中引用的内容，在作业文件中都应有相应的确定。

作业文件内容不限定在所选诚信标准要求的范围之内，它可以包容其他的业务活动控制要求。

作业文件应支持程序文件，在怎样做方面，作出更为细化的描述。比如在《服务连续性应急方案》中要明确当服务人员发生变化时，客户的连续性服务遭到破坏时，如何巩固客户，包括由谁来代替负责、怎样协调沟通、具体的联系电话等问题。

作业记录要依据企业的实际编制，填写时应真实、详细、准确，不得涂改。应注意记录的保存期限。

（六）机制的形成

食品企业通过建立方针、目标、程序、制度、记录和档案等文件化的诚信管理体系，最终形成企业的诚信教育机制、诚信因素识别机制、体系运行机制、自查自纠改进机制、征信评价机制和失信惩戒公示机制。

三、诚信因素的识别与失信风险评价

诚信管理体系是一种以预防为主的风险管理方式，内部失信引起工作间的不顺畅，产品质量及服务出现问题；外部失信的后果有时更为严重，类似南京冠生园和石家庄三鹿集团，因失信造成破产的企业已不在少数，因此加强失信风险评价，确定重大失信风险因素是诚信管理体系的重点，而确定失信源离不开用科学的方法对企业的经营活动过程中的诚信因素进行识别。

（一）诚信因素识别

诚信因素的种类分为积极的诚信因素和消极的失信风险因素，诚信管理体系更注重失信风险预防，所以诚信因素识别的最后是重大失信风险因素清单，对此进行管理方案的制订，加以控制这些失信隐患。

诚信因素的识别一般可按排查法进行识别，通过认真分析和识别工作流程和岗位职责，确定诚信因素，排查可以以部门为对象，分析部门的所有产品，所有活动和服务存在的失信风险，也可以按过程分析在某一过程中涉及哪些部门、哪些岗位存在失信风险，查明失信隐患，控制防范失信风险。

（二）失信风险评价

对于能够造成严重损失、发生失信频次较高或可能性极大、影响程度和控制难度较大，威胁可能性较高及高危险高污染性的应重点分析评价。

失信风险的评价可以利用统计表、威胁树、鱼刺图、打分等方法。

四、目标指标和管理方案的制订

企业根据诚信因素识别重大失信风险因素，制订诚信目标和指标，诚信目标要有一定的可操作性，尽量予以量化，形成具体指标。

根据制订出来的诚信目标，制订确保目标实现的具体控制方案。管理方案是作业文件中的一种，应针对重大失信行为的风险和确定要达到的诚信目标进行方案设计，以便加强管理，在日常工作中，明确工作顺序，分清轻重缓急，进行系统化管理。

第四节　诚信管理体系的实施与运行

一、诚信管理体系文件的发布

文件发布是企业诚信管理体系正式运行的第一步，文件发布标志着管理层认可的统一，标志着企业诚信承诺的公开，标志着企业内部诚信法规的执行和约束机制的建立，标志着社会责任的履行。文件发布之日可以举行发布活动。

二、诚信管理体系的实施

诚信管理体系的实施应该按照诚信管理体系文件进行管理和运作。

重点关注以下内容的实施：识别管理行动和确定诚信管理风险控制的优先顺序；实施风险控制计划以达到控制目标，包括对资金的考虑和落实；实施控制目标和控制措施；进行培训，提高诚信意识；管理运行有关程序和方案；管理资源；实施程序和应急反应的控制措施等。

三、征信平台的建立与使用

企业内部应该建立征信平台，使大家在一个较为透明的管理模式下发挥自己的优势。征信平台的形式多种多样，征信信息表达不拘一格，比如通过板报、广播、评比、会议等形式，都能体现诚信的观念。褒扬诚信，抑制失信，发扬以诚信为本的传统文明，是每一个组织的社会责任和道德义务。

第五节　诚信管理体系的检查与改进

一、诚信管理体系的检查

诚信管理体系的检查与改进是诚信管理体系要分析运行效果、寻求改进机会的重要过程。如果发现一个控制措施不合理、不充分，就要采取纠正措施，以防止诚信管理体系处于不可接受的失信风险状态。

1）企业执行监测和测量控制程序与其他控制措施的目的

（1）适时发现运行过程中的错误。

（2）及时识别失信危险和失信事故。

（3）能够使组织预期的目标按照既定时间安排，程序要求如期实现。

（4）确定诚信威胁的行为得到有效的监控和畅通的信息传递。

2）企业通过多种方式检查诚信管理体系的运行状况及对其业绩进行监视所包括的管理过程

（1）执行程序和其他控制以快速监测处理经营运行结果中的错误；快速识别诚信管理体系中的失信威胁；能使管理者确认人工或自动执行的活动在诚信的环境中达到的预期结果；按照失信风险级别确定解决失信行为所要采取的措施；接受其他组织和组织自身的诚信经营经验。

（2）常规评价诚信管理体系的有效性；收集诚信运行信息、事故及来自所有股东和其他相关方的建议和反馈，定期对诚信管理体系的有效性进行评价。

（3）评价失信风险要考虑以下方面的变化：组织规模、员工素质、业务目标和过程；识别威胁和外部事件，如法律、法规的环境变化和社会环境发生的变化；定期评价失信风险的状态。

（4）执行内部核查程序以确定规定的体系文件是否符合标准及是否按照预期的目的进行控制。核查的目的就是按照规定的周期（最多不超过一年）检查诚信管理体系的所有方面是否行之有效。核查的依据包括标准和组织所发布的诚信管理文件。应该进行充分的核查策划，以便核查任务能在核查期间按部就班的展开。

（5）第三方评价：为确保营业范围内保持诚信管理体系运行的充分性，以及诚信管理体系过程的持续改进得到识别和实施，组织应按要求对诚信管理体系进行正式的第三方评价。

（6）记录并报告能影响诚信管理体系有效性或业绩的所有活动、事件。

二、内部核查

（一）内部核查员的选择

1）内部核查员的条件和素质　　在诚信管理体系中，核查员的“素质”将直接影响到诚信管理体系的内部核查质量，进而影响到诚信管理体系运行的有效性和运行执行力。

核查的一致性，是诚信管理体系核查活动的最基本的要求。它是指不同的核查员在相同的条件下，其核查结果应该是基本相同的。为了达到这一目的，应该对内部核查员提出相应的要求，以确保核查工作的质量。

内部核查员的注册不是强制性的，核查机构可以自己任命内部核查员，但要具备相应能力，有培训合格证明，内部核查员一般应考虑以下几个方面。

(1)学历、工作经历、诚信信用管理的经验，如销售、供应、客服等工作经验。

(2)需接受被授权机构的培训，并取得培训合格证书。

(3)思路开阔、成熟，有较强的判断和分析能力，看问题客观公正，坚持原则。

(4)了解内部核查程序、方法和技巧；熟悉机构组织情况、管理体系文件、相关的法律规范基础知识。

(5)掌握基本的核查知识，了解核查方案策划，核查实施计划的编制；编制核查检查表；核查的方法、技巧；不合格(不符合)项的确定与不合格(不符合)报告的编写；核查结果的汇总分析；核查报告的编写；纠正措施的验证；组织首、末次会议。

2)内部核查员的职责与作用

(1)内部核查员的职责：①在确定的核查范围内进行工作；②收集和分析与受核查部门的诚信管理体系有关并足以对其下结论的证据；③将观察结果整理成书面材料；④汇报核查结果，向核查组交流核查发现的有关问题；⑤配合和支持内部核查组长的工作。

(2)内部核查员的作用：①诚信准则的宣传员；②诚信工作的推动者；③诚信管理体系的诊断师、监督员。

(3)内部核查组长的职责：①全面负责内部核查的工作；②协助选择核查组的成员；③制订核查计划，起草工作文件，给核查组成员布置工作；④及时向诚信负责人报告关键性的不合格(不符合)情况和失信威胁，报告核查过程中遇到的重大障碍；⑤核查组长有权对核查工作的开展和核查结果作出最后的决定；⑥清晰、明确地报告核查结果，不无故拖延，验证由核查结果导致的纠正措施的有效性。

(4)内部核查员的工作方法和技巧：①正确使用检查表。②核查时注意不要轻易偏离检查表，以保证核查工作有序地按计划进行，但同时要注意灵活应用，不要过多的受检查表的束缚，必要时要调整检查表。③少讲、多看、多问、多听。④信息是通过看、问、听获得的，不能从讲话中获得。不要去做裁判，当受核查部门内部发生争执时，内部核查员不要扮演裁判的角色。⑤不要重复阐述。有的核查部门负责人未参加首次会议，或参加了未注意听，对核查工作模糊不清，会发生临时请教内部核查员的情况，此时内部核查员不必过多重复阐述核查组长的讲话，应请他学习文件或向部门内核查员了解。⑥选择正确的提问对象，并正确地提出问题，集中精力处理主要问题。⑦封闭式和开启式问题相结合。封闭式问题，可以用“是”、“否”、“有”、“无”等简单的词来回答，可得出明确无误的答案，但信息量少。开启式问题，需对方做详细的解释或说明，信息量大，但占用时间较多。核查时，一般以封闭式问题开始，再提出开启式问题，最后以一两个封闭式问题结束。开启式问题可以分为以下几类：主题式问题；扩展式问题；征求意见式问题；设想式问题。⑧提问与观察相结合。提问中常问及文件及其实施情况，因此在提问的同时要查看文件及观察现场。使用此方法时，应注意避免受核查部门出示文件后，内部核查员只埋头细读而中止提问的情况，文件宜带回去细读。⑨联想与追溯。如从顾客抱怨信息来看，就应联想到产品的包装、交付过程有无问题，并注意观察易被遗忘的角落。

（二）诚信管理体系内部核查

诚信管理体系的状态是不断变化的，及时追踪变化是体系有效性的保障，第三方评价机构由于时间和地点的原因无法做到以切实有效的无时差的状态观测，因此需要组织做好内部的核查工作。这种核查要有条理、适时和文件化。内部核查不同于外部核查，其核查程序应由组织按照核查的基本要求和自身特点制订。内部核查应简明可行、严格完整、闭环运转。

内部核查的步骤如下。

1）核查准备　核查计划为核查组和受核查部门充分了解；责任落实，包括建立核查组并明确分工，各核查部门负责人届时在场并已有准备；工作文件落实，包括各类文件记录都能得到理解并能有效应用。

专项核查时，由核查组长制订专项核查活动计划，准备核查工作文件，通知核查。

2）建立内部核查小组　根据核查活动的目的、范围、部门、过程及核查日程安排，选定核查组长和成员，建立核查小组。

小组成立后，应明确各成员的分工和要求，这是核查组长的责任。核查组长应坚持“核查员不能核查自己的工作”的原则。

内部核查员（或称内部诚信管理员）按分配任务做好各项准备工作。主要有：熟悉必要的文件和程序；根据要求编制检查表；考虑前次核查结果应跟踪的项目。

小组成立后通常应举行核查组会议，以确保核查前准备工作全部完成，每个内部核查员对核查任务完全了解。

3）制订核查计划，核查计划要得到批准　核查计划包括年度核查计划和核查活动计划（核查大纲）。年度核查计划是核查策划的始端也是总纲，核查活动计划则是按照年度核查计划安排具体实施。

核查计划的内容可包括：核查目的、范围、核查准则、核查组成员及分工、主要核查活动的时间安排、首末次会议时间等。核查组向受审部门通知具体的核查日期、安排和要求。

组织年度核查计划应以文件的形式颁发，核查活动计划应有核查组长签名和主管领导的批准。

4）准备工作文件　工作文件的准备主要是指核查所依据的标准、准则和文件，现场核查检查表，不合格（不符合）报表等。标准和文件必须是有效版本，必须已在现场实施。它们主要有：诚信管理体系标准；诚信手册、程序文件、诚信战略规划和记录档案；合同要求；有关法律、法规；有关产品、服务标准。

检查表是需准备的重要文件。

5）编制检查表　检查表是内部核查员核查前需准备的一个重要工作文件，应精心策划。为了提高核查的有效性和效率，核查员一般应根据分工，准备现场核查用的检查表。检查表的内容多少，取决于被核查部门的工作范围、职能、抽样方案及核查要求和方法。

编写检查表需着重注意以下几个问题。

（1）与编制核查计划相似，当以部门核查为主时，要充分运用：计划—执行—检查—处理，即 PDCA 过程方法，编制检查表。

(2)检查表的依据是诚信管理体系标准通用条款要素和受核查方的诚信管理体系文件及其他核查准则。

(3)应注意只有经验证的信息才可作为核查证据。

(4)核查检查表的形式和详略程度可采取灵活方式。

（三）内部核查实施

1)文件的审查 文件审查的目的是对组织的诚信管理体系文件的审查。它主要的目的是评价诚信管理体系文件是否满足核查目的、范围和核查准则的要求，以确定受审方是否具备体系运行的内部核查条件。通常分为文件初审和现场核查时的文件审查。文件初审主要检查诚信管理体系文件与评价准则的符合性和充分性，现场核查时重点审查诚信管理体系文件的适宜性和可操作性。

2)内部核查实施的基本内容 以召开首次会议为核查实施开端。根据标准、准则、文件、检查表和计划安排，核查员进入现场核查、核实，开始核查的主要活动——现场核查。在现场核查中，核查员运用各种核查策略和技巧，把收集到的客观证据适时记入《现场核查记录表》，通过对核查证据、核查发现的整理分析和判断，并经受核查部门确认后开具不合格项报告，最后以末次会议结束现场核查。核查组长应实施核查的全过程控制。

3)首次会议 首次会议是实施核查的开端，是核查组全体成员与受核查方领导及有关人员共同参加的会议。首次会议由核查组长主持，向受核查部门介绍具体内容和方法，并协调、澄清有关问题。到会人员要有签到记录。

4)现场核查 首次会议结束后，即进入现场核查阶段。现场核查应按计划安排进行，具体的核查内容应按准备好的检查表进行。

现场核查是使用抽样检查的方法寻找客观证据的过程。在这个过程中，内部核查员的个人素质和核查策略、技巧可以得到充分的发挥。一个称职的核查员会在轻松自如并使受核查方心悦诚服的情况下，完成核查任务。

现场核查在整个核查工作中占有着非常重要的位置。核查工作大部分时间是花在现场核查上的，最后的核查结论都是依据现场核查的结果作出的，因此对现场核查的控制及现场核查中的一些核查策略、技巧的应用就成为实现核查一次成功的关键。

5)征信评议 内部核查中的一个重要环节，是对有与外界接触的部门，进行相关方的调查工作，一般是查看本部门的调查记录，内部核查员还可以亲自做诚信信息调查验证，但花费时间不宜过长。

6)不符合(不合格)项报告 不符合(不合格)项报告是对现场核查得到的核查发现进行评价并经受核查部门领导确认的对不符合(不合格)项的陈述，是内部核查报告的一部分，是内部核查组提交给末次会议和受核查部门的正式文件。

7)末次会议 现场核查以末次会议结束，末次会议是诚信负责人、内部核查组和有关职能部门负责人员参加的会议。宣读核查发现，确定核查结论，规定整改时间，提出整改要求。

（四）内部核查报告

现场核查结束后，应提交核查报告。其包括：核查报告的编制，批准，分发，归档，考核奖惩，纠正、预防和改进措施的提出、确认和分层分步实施的要求。

核查报告是核查组结束核查工作后必须编制的一份文件。核查报告将由核查组长在核查后规定期限内以正式文件的方式提交给最高管理者或诚信负责人。核查报告提交后，核查即告结束。

核查报告是对核查中的核查发现(不符合项)的统计、分析、归纳、评价。报告应规范、定量、具体。要统计分析不符合项，对核查对象的活动及结果进行综合评价，与受核查部门共同制订纠正措施和实施要求。提交核查报告前，应与受核查部门负责人协商交底，核实修正报告内容，取得原则同意后，提交最高管理者或其代表审查批准。被批准的核查报告应分送有关部门和人员。

1) 内部核查报告的内容　包括：核查的目的、范围和核查准则；核查组成员、核查活动的日期和地点；核查计划；受审方及负责人或代表的名单；核查过程概述；在核查范围内未涉及的区域和核查发现；核查组和受核查部门之间没有解决的不一致的问题；经协商的核查后续活动计划和对纠正措施完成时间的要求；核查结论；核查报告的分发名单(受核查方有关的部门、最高管理者、诚信负责人)。

2) 内部核查报告中的核查结论　核查结论必须写入核查报告中。核查报告不仅是组织领导最为关心的核查结果，也是核查组最需慎重的决定。核查结论应在所有核查发现汇总分析的基础上作出。

核查报告应包括诸如以下方面的结论：管理体系在核查范围内是否符合核查原则；管理体系在核查范围内是否得到有效实施；诚信方针和诚信目标实施的有效程度；诚信管理体系的持续充分性、适宜性和有效性的能力；产品、服务和过程满足用户要求与法律法规要求的能力和程度；持续改进机制是否建立，永续发展战略是否展开；核查报告还应有核查发现，即符合项和不符合项的描述，核查不符合项应以准则明示要求和相关方投诉为依据，对隐含要求的不符合项可在核查报告中适当描述。

3) 内部核查报告中的纠正、预防和改进措施及要求　内部核查是管理工具，重点是推动内部改进，因此提出纠正、预防和改进措施及要求应成为核查的一项重要任务和报告的一项重要内容。

4) 内部核查报告的处理方式　根据核查结果及综合评价，由核查小组提出建议，报管理层对受核查部门进行考核奖惩，重点是预防失信风险；根据核查报告中提出的纠正或改进措施，组织分层分步实施，并对实施情况进行跟踪报告；将核查过程中形成的有关文件、资料整理归档，以便统计分析、查询和利用；报告应分发至有关领导和部门，以便采取纠正和预防措施。

5) 内部核查报告的格式　无统一的格式，由组织自行规定，但报告的格式应规范、紧凑、突出重点、照顾一般。不同核查对象的核查报告应有区别。

6) 注意事项

(1) 内部核查报告应力求客观，对事不对人，应肯定受核查部门的工作，不要一味谈不足之处。

(2) 内部核查报告应先征得受核查部门负责人的同意，取得组织领导的批准后，方能分发、实施。

(3) 内部核查报告应突出重点，容易理解；应简明扼要，避免长篇陈述；应定量、具体，用典型事实、数据说话；应能抓住领导和用户关心的问题。

(4)内部核查报告应及时分发至相关的部门和人员。

(5)措施的制定不能就事论事，应通过局部看全局；应可操作、可控制、可评价；应从预防、系统、发展的角度制订；应循序渐进，分层分步骤地制订实施措施。

(五)跟踪核查

应加强对核查后的区域、过程的实施及纠正情况进行跟踪，并在下一次核查时，对措施的实施情况及效果进行复查评价，写入报告，实现核查闭环管理，以推动连续的改进。在任何组织中，从核查得到的真正益处最终均来自“自身”的核查。

核查结论可以表明对正确的失信预防措施和改进活动的需要。纠正措施的完成和有效性应通过适当的程序得到验证。这个验证过程是连续核查的一部分。所以说，核查跟踪是核查活动的一部分，是内部核查的延伸。

核查跟踪是对受核查部门采取的纠正措施进行评价、验证，并对纠正结果进行判断和记录的一系列核查活动的总称。

1)核查跟踪的目的　促使受核查部门实施有效的纠正和预防措施，防止内部或外部失信再次发生；验证纠正和预防措施的有效性；确保消除核查中发现的不符合项。

2)核查跟踪的范围　核查跟踪以核查中发现的不符合项纠正情况为主，但常因需要而扩大范围，对有效性的验证也因内部管理的需要而更为严格。

3)核查跟踪的作用　核查跟踪能促使受核查部门建立防止不符合项再发生的有效机制，促使受核查部门的工作和诚信意识不断加强。通过核查跟踪，向管理层及时反馈受核查方的纠正情况及体系运行的情况。

三、体系评价

(一)体系评价的目的和作用

体系评价是由最高管理者主持实施的。目的是确保诚信管理体系持续的适宜性、充分性和有效性。其作用主要是在现有诚信管理体系评价的基础上，确定对变更的需要。例如，诚信方针、诚信目标的修订，某一措施或某项活动的改进。

(二)体系评价时机

对于新建立的诚信管理体系，在运行的初期，可根据运行实施需要召开体系评价，以确保诚信管理体系能够持续、适宜和有效地满足所选标准的要求。随着诚信管理体系的日趋完善、成熟，体系评价的次数可减至每年两次，但至少每年必须进行一次。当遇到业务重大调整、组织机构变更、出现重大失信事故、诚信管理体系发生变更等情况时，应根据情况增加体系评价的频次。

(三)体系评价的策划

对体系评价进行有效的策划可以确保诚信管理体系运行信息为组织带来有形或无形资产的增值，通过评价重大发现进行失信危机控制。

实施体系评价前，一般由最高管理者提出要求，由诚信负责人或主管部门(如诚信办或信监办)拟定体系评价计划，报最高管理者批准后，由主管部门于评价前分发、通知参加体系评价的部门并收集体系评价所需的信息。

(四)体系评价的输入

作为体系评价输入的信息，一般包括：合规性评价的结果；内部核查、外部审核、自我评价和社会征信评价(公信力)的结果；与外部相关方信息交流分析结果，包括顾客抱怨，信贷信用，政府、行业协会和社会监督；食品企业的诚信绩效；信用修复及其他改进措施的状况；上一次体系评价的改进措施；新的失信风险隐患或可控关键点；可能影响诚信管理体系的各种变更(包括内、外部环境的变化而引起的体系的变更)；资源需求的提出。

(五)体系评价的实施

最高管理者主持评价，各职能部门领导参加，针对计划所列评价议题及各部门提交的体系评价资料进行评价，并就重点问题展开充分讨论，对诚信管理体系持续的适宜性、充分性和有效性进行评价。识别出组织诚信管理体系改进的机会及变更的需要并形成决议。由主管部门对体系评价的主要内容及形式进行记录。

(六)体系评价的输出

(1)组织对现有的诚信管理体系及控制措施的有效性提出改进。例如，明确控制措施的适用范围，需修改现有的体系文件，需增加一些操作文件等。

(2)组织应针对内外部环境的变化考虑自身资源的适宜性、充分性，以及因改进所引起的资源需求。例如，涉及人员不能满足工作需要，需要对现有人员进行培训等。

(七)体系评价报告

体系评价的输出应形成记录，如《体系评价纪要》或《体系评价报告》，一般包括以下内容：①评价的目的、依据、内容和范围；②参加评价的人员及评价日期；③评价的主要内容、存在的问题及整改要求；④需要持续改进的主要方面及改进措施；⑤体系评价的结论。

(八)体系评价的后续工作

责任部门及负责人对体系评价提出的问题及要求进行整改；主管部门组织对整改结果进行跟踪验证，并记录验证结果；对于富有成效的改进，涉及文件改进时，应更改原有的文件。

(九)体系评价中常出现的问题

体系评价中常出现的问题主要体现在以下方面。

(1)最高管理者不知道体系评价的作用，面对重大失信事故，对诚信管理体系的评价结论仍为“适宜、有效”。个别组织在体系评价作出“适宜、有效”的评价结论后，就陷入诚信危机的困境。

(2)由于体系评价的自我纠错、自我改进和自我完善功能未得到发挥，最高管理者不仅感受不到体系评价带来的任何好处，反而认为是“包袱”。

(3) 未对诚信目标进行评价，对诚信管理体系的适宜性、充分性和有效性的判断缺乏充分的依据。

(4) 体系评价必须由具有决策权的最高管理者主持，否则体系评价过程不但难以深入，提出的问题也不能得到解决，作出的决策得不到贯彻和执行。

(5) 评价的时机选择不当。大多数组织一年安排一次内部核查，通常选择在评价机构审核前进行。由于组织一般都在年终才统计和汇总各种数据，体系评价得不到全面的信息。有些组织在发生重大安全事故或对组织结构进行重大调整时，没有及时进行体系评价。

(6) 体系评价的输入不够充分和全面。参与评价的部门不全；有的部门未按要求提供相应的体系评价材料和充分信息。有些虽然提供了材料，但内容不全面，对本部门的业务没有进行深入的分析。有的材料中甚至没有采取纠正和控制措施的有关信息。

(7) 输入以往的体系评价信息不全面。输入的体系评价信息只有不合格项的数量、方法、分析情况和内部核查报告的结论，而没有原来体系评价的纠正措施、措施实施计划和实施情况等相关信息。

(8) 未输入外审的结果。外审往往具有一定的深度，而且客观、公正，有助于企业发现深层次的问题。由于在体系评价中没有对外审结果进行认真的分析和研究，这在一定程度上影响了体系评价的效果。

(9) 体系评价时间太短，未能进行充分的讨论和深入的研究。

(10) 没有对体系评价中发现的系统性问题提出纠正措施要求或没有进行跟踪验证。

(11) 没有输入相关方对企业的评价信息，包括工商、税务等机关的评价信息。

四、内部核查和体系评价的联系和区别

体系评价和内部核查一样，都要求企业根据评价结果制订相应的措施，以改进或纠正评价中发现的问题，并对措施的实施情况及其效果进行跟踪。

通过不断地进行内部核查和体系评价，可以及时发现诚信管理体系中存在的不足和薄弱环节，以便采取纠正预防措施，不断提高企业的诚信管理绩效，达到持续改进诚信管理体系的目的。

内部核查和体系评价都涉及对诚信管理体系整体的评价，但彼此在内容、范围和所涉及问题的层次上又有本质的区别。

1) 概念不同　组织的内部核查是一个系统化、文件化和客观的验证过程，应符合通用标准条款的要求。

体系评价是企业的最高管理者就诚信方针、目标和指标及诚信管理体系的现状和适用性所进行的自我评价。

2) 管理的级别不同　内部核查通常由诚信负责人负责，指定审核组长和批准审核组的组成。内部核查可采用查阅文件(或记录)、面谈和现场观察 3 种方式进行。审核时要记录审核结果，提出发现的不符合及纠正措施建议，并通知受审核部门的负责人，对出现的不符合项进行纠正，分析不符合项产生的原因，采取措施，防止类似事件的发生，经内部诚信管理员验证有效后，编写审核报告。

体系评价由最高管理者主持进行，各部门领导汇报实现诚信绩效的关键环节、风险和范

围、资源方面有何困难、所需的帮助等，由主管部门记录评价会议结果并编制评价报告。

3）目的不同　内部核查是判断体系的符合性及是否得到正确的实施和保持，解决的是体系符合性评价问题。

体系评价着眼于体系的持续改进，目的是验证诚信管理体系是否持续有效、适宜，是否需要随变化了的内、外部条件而修改。内部核查的结果只是对体系作出评价的因素之一。

4）时机不同　内部核查是由与受审核区域无直接责任的内部核查员（内部诚信管理员），按预先编制的审核计划，定期对一个或几个部门、一个或几个要素进行审核，但每年应覆盖所有的部门和要素，也可集中在一段时间内完成。

体系评价一般在全面的内部核查结束后进行。

5）准备内容不同　内部核查前应确定审核范围、目的和准则，编制审核计划，编制检查清单等。

在体系评价前应编制计划，由诚信负责人组织主管部门准备评价资料，包括：①诚信管理体系文件，有关文件的执行计划、措施及执行记录或报告；②相关方要求的信息反馈单、系统运行记录；③内部核查提出的不符合项及改进措施的执行、验证记录、内部核查报告；④各部门对执行诚信计划、目标、指标情况的自我评价、成绩、问题、改进措施、目标。

6）控制的内容不同

(1) 内部核查控制的主要内容有：诚信管理体系文件是否适合于企业诚信管理的需要。所有活动是否遵守了法律、法规、标准、社会公德和国际公约。目标、指标和管理方案是否得到实现；对未能实现的目标、指标和方案应查找原因，写进内部核查报告并与有关部门确定改进方案。对诚信表现措施的成本进行统计与核算，与所指定的目标、指标相比较。确定措施的选取，尽可能地提出最经济、最合理的指标和措施选取建议。全体员工的诚信意识和诚信管理水平是否得到提高，是否履行了各自的职责。所有的运行文件是否按手册、程序和作业指导书的要求进行。是否有新的失信风险因素出现，是否已得到了识别、评价和控制。

(2) 体系评价控制的主要内容有：诚信方针的持续有效性；诚信目标、指标的持续适宜性。诚信目标、指标和诚信绩效的实现程度。诚信管理体系内部审核的结果，审核报告提出的建议及纠正预防措施的实施情况。诚信带来的经济效果，竞争的机遇。失信风险预防措施的适宜性，从诚信危机中应吸取的教训。相关方关注的问题，内外部反馈的信息。

五、征信评价

食品企业应及时收集内部和外部的诚信信息，验证诚信管理体系的有效性。征信评价有内部征信和外部征信。

征信信息可以来源于主管部门和直接客户及内部员工，还可以来源于监管或相关部门，如农业、工信、商务、卫生、质检、工商、食药监、劳动保障、环保、安监、税务、审计、银行、司法、行业组织等部门。

征信评价建议进行第三方征信。员工对征信结果有知情权。

诚信管理体系的需求和改进机会的情况包括：在某些方面日益增长的诚信证明要求（招投标、商务交流）；对诚信管理的日益重视；相关方和社区环境的要求；市场及政策的要求（环保、税务政策对诚信的政策支持）；企业经营的变化；诚信观念的变化等。

总之，诚信管理体系各要素之间是相互联系、相互配合、相互协调的，通过风险预防、持续改进和遵守法律法规这 3 个要素，将所有体系要素串联起来。

复习思考题

1. 什么是食品企业诚信管理体系？建立该体系有何意义？
2. 如何进行诚信因素的识别和重要诚信因素的判断？
3. 诚信方针包括哪些内容？如何制订？
4. 企业的社会责任包括哪些内容？如何体现？
5. 如何进行合规性评价？

主要参考文献

GB/T 19000—2008/ISO9000: 2005. 2008. 质量管理体系　基础和术语. 北京: 中国标准出版社
GB/T 19001—2008/ISO9001: 2008. 2008. 质量管理体系　要求. 北京: 中国标准出版社
GB/T 19004—2011/ISO9004: 2009. 2011. 追求组织的持续成功　质量管理方法. 北京: 中国标准出版社
艾志录, 鲁茂林. 2006. 食品标准与法规. 南京: 东南大学出版社
蔡健, 李延辉. 2010. 食品质量与安全. 北京: 中国计量出版社
曹斌. 2006. 食品质量管理. 北京: 中国环境科学出版社
陈乃俊. 1990. 质量认证. 北京: 中国标准出版社
陈宗道, 刘金福, 陈绍军. 2012. 食品质量与安全管理. 北京: 中国农业大学出版社
刁恩杰. 2010. 食品安全与质量管理学. 北京: 化学工业出版社
杜继刚. 2011. 班组长综合素质提升读本. 北京: 机械工业出版社
冯叙桥. 1995. 食品质量管理学. 北京: 中国轻工业出版社
高庆华. 2012. 卓越 6S 管理实战手册(图解版). 北京: 化学工业出版社
宫智勇, 刘建学, 黄和, 等. 2011. 食品质量与安全管理. 郑州: 郑州大学出版社
国家食品药品监督管理局, 广东省食品药品监督管理局. 2008. 企业食品安全管理. 北京: 中国医药科技出版社
哈益明. 2008. 农产品加工质量安全与 HACCP. 北京: 中国农业科学技术出版社
胡凡启. 2011. 5S 管理与现场改善. 北京: 中国水利水电出版社
黄合水. 2000. 市场调查概论. 上海: 东方出版中心
贾英民. 2006. 食品安全控制技术. 北京: 中国农业出版社
姜南. 2003. 危害分析和关键控制点(HACCP)及在食品生产中的应用. 北京: 化学工业出版社
李怀林. 2004. 食品安全管理体系通用教程. 北京: 中国计量出版社
李家林, 江雨蓉. 2011. 图说工厂 7S 管理. 北京: 人民邮电出版社
李明荣. 2012. 质量管理基础与实践. 大连: 东北财经大学出版社
李少华, 雷培莉. 2001. 市场调查与数据分析. 北京: 经济管理出版社
林荣瑞. 2009. 品质管理. 厦门: 厦门大学出版社
刘广第. 2003. 质量管理学. 北京: 清华大学出版社
刘先德. 2010. 食品安全与质量管理. 北京: 中国林业出版社
刘勇. 1999. 市场调查精要. 北京: 石油工业出版社
马林, 罗国英. 2003. 全面质量管理基本知识. 北京: 中国经济出版社
麦克斯万. 2006. 食品安全与卫生基础. 吴永宁, 张磊, 李志军译. 北京: 化学工业出版社
裴山. 2006. 食品安全管理体系建立与实施指南. 北京: 中国标准出版社
邱澄宇. 2003. 食品企业质量管理学. 北京: 海洋出版社
全国质量专业技术人员职业资格考试办公室. 2004. 质量专业理论与务实. 北京: 中国人事出版社
沈明浩, 滕建文. 2008. 食品加工安全控制. 北京: 中国林业出版社
舒惠国, 上官新层. 2005. 食品质量与安全. 北京: 中国人事出版社
谭跃雄. 2004. 现代质量管理学(修订版). 长沙: 中南大学出版社
唐书泽. 2012. 食品安全应急管理. 广州: 暨南大学出版社
唐晓芬. 2004. HACCP 食品安全管理体系实施问答 88 例. 北京: 中国计量出版社
王克娇. 2009. 2008 版质量管理体系国家注册审核员培训教程. 北京: 中国质量认证中心
魏恒远. 2011. 质量管理体系及认证概论. 北京: 化学工业出版社
翁鸿珍, 周春田. 2007. 食品质量管理. 北京: 高等教育出版社
吴志军. 2010. 质量管理体系与认证. 北京: 科学出版社

西安交通大学中国管理问题研究中心. 2012. 中国社会管理发展报告. 北京: 科学出版社
夏延斌, 钱和. 2010. 食品加工中的安全控制. 2版. 北京: 中国轻工业出版社
杨国伟. 2008. 食品质量管理学. 北京: 化学工业出版社
姚小远, 杭爱明. 2006. 市场调查原理与方法. 上海: 立信会计出版社
于永泉. 2013. 食品企业成本核算与控制. 财经界(学术版): 40-41
越前行夫. 2011. 图解生产管理: 5S推进法. 北京: 东方出版社
曾振华, 李翔, 胡国华, 等. 2006. 市场调查——基本方法与应用. 广州: 暨南大学出版社
张晓燕. 2010. 食品安全与质量管理. 北京: 化学工业出版社
中国国家认证认可监督管理委员会. 2002. 果汁HACCP体系的建立与实施. 北京: 知识产权出版社
中国国家认证认可监督管理委员会. 2004. 中国认证认可年鉴. 北京: 中国标准出版社
中国国家质量检验检疫总局质量管理司. 中国质量监督检验检疫年鉴2002～2007. 北京: 中国标准出版社
中国质量协会. 2006. 全面质量管理. 北京: 中国科学技术出版社
周树南. 1997. 食品生产卫生规范. 北京: 中国标准出版社
周小理. 2007. 食品安全与品质控制原理及应用. 上海: 上海交通大学出版社
朱明. 2008. 食品安全与质量控制. 北京: 化学工业出版社
朱胜. 2004. 市场调查方法与应用. 北京: 中国统计出版社

附录 诚信因素识别表

质检部诚信因素识别表

部门	因素类别	因素分析	失信表现	失信结果	控制措施	重要诚信因素评价		重要诚信因素判定(是/否)	相关岗位
						后果严重性	可能性		
质检部	法律法规	法律法规	没有及时收集、转化；没有收集齐全	违反法律法规	完善并执行《合规性评价控制程序》，使企业符合法律法规的要求				部长 检验员
		企业规章制度	没有按照法律法规转化成企业制度；制度制订不合理；没有相应规定	企业经营管理出现漏洞	根据合规性评价，修订、补充完善制度、法律法规识别控制表；查看制度的执行记录				部长 检验员
		质量标准	没有收集齐全所需质量标准，没有按质量标准执行	产品质量出现问题	完善并执行《合规性评价控制程序》，使企业符合相关质量标准的要求	严重	大	是	部长 检验员
	人员结构	配备情况	配备不合理；层次不合理	管理混乱、经常加班	明确岗位，确定岗位职责。建立人才储备库，执行《人才储备管理制度》				部长 检验员
		任职资格及要求	不具备资格	不能完成工作	依据《岗位职责》，编制任职要求；含健康证及健康状况要求。参加入职前培训	严重	大	是	部长 检验员
		岗位能力	不具备岗位工作能力	不能按时完成工作并且不能胜任工作	完善并执行《年度培训计划》、岗位技能培训，提升岗位能力；月度/年度岗位考核，针对个人座谈，改进和提升工作能力				部长 检验员
		行为和素质要求	不认真履行工作职责等	发生个人失信行为，影响企业形象	企业诚信文化培训、道德培养（诚信教育机制）；岗位职责要求/采购规程等；行为考核				部长 检验员
	环境设施	内部环境	对员工行为不端管理不严格	诚信氛围不好，不能形成友好、轻松的办公环境，影响产品质量	失信行为责任追究及惩戒制度				部长
		外部环境	不能准确掌控市场；服从市场潜规则	信息有误，增加企业成本；产品质量不过关	培训、企业文化、行为规范等提升自身能力并进行约束，形成良好的诚信经营环境				部长 检验员

续表

部门	因素类别	因素分析	失信表现	失信结果	控制措施	重要诚信因素评价		重要诚信因素判定(是/否)	相关岗位
						后果严重性	可能性		
质检部	环境设施	设施设备	设备配置，设备状态，周期检定，维护保养	检测结果有误；产品质量不过关	定期检定、检验、检测设备，查看执行记录	严重	大	是	检验员
	信息沟通	内部沟通	与管理层沟通不畅，不了解企业发展；与相关部门沟通不利	不了解企业经营发展战略,没有集体荣誉感和归属感;不能完成相应配合工作	完善并执行《诚信信息交流与控制程序》等				部长 检验员
		外部沟通	工作职责的外部相关部门沟通不畅	外部失信,影响企业发展	完善并执行《诚信信息交流与控制程序》；按相关工作职责与外部进行沟通				部长